U0243478

Patterns and Characteristics of Pollution Generation
and Discharge for Discrete-oriented Industries

"十四五"国家重点出版物
出版规划项目

工业
污染源
控制与管理
丛书

Patterns and Characteristics of Pollution Generation
and Discharge for Discrete-oriented Industries

离散型工业产排污
规律与特征

乔 琦　黄秋鑫　白 璐　等编著

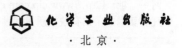

化学工业出版社
·北京·

内容简介

本书以离散型工业产排污特征分析与污染控制为主线，主要介绍了离散型工业行业生产特征及划分、常见离散型行业及典型工艺流程，重点对电子行业、机械行业、木材家具行业、文教相关用品与橡胶塑料制品行业产排污规律与特征、产污环节辨识、治理技术及运行情况分析、产排污定量识别诊断技术等进行介绍，并以电子行业为例，分析了离散型行业特征污染物 VOCs 的污染防治对策。

本书具有较强的针对性和技术应用性，可供从事离散型工业产排污特征分析与污染防治等的工程技术人员、科研人员和管理人员参考，也可供高等学校环境科学与工程、生态工程及相关专业师生参阅。

图书在版编目（CIP）数据

离散型工业产排污规律与特征 / 乔琦等编著． — 北京：化学工业出版社，2024.4
（工业污染源控制与管理丛书）
ISBN 978-7-122-44745-6

Ⅰ．①离… Ⅱ．①乔… Ⅲ．①工业污染防治－研究
Ⅳ．①X322

中国国家版本馆CIP数据核字(2024)第038051号

责任编辑：刘兴春　卢萌萌　刘　婧　文字编辑：王云霞　王文莉
责任校对：宋　玮　　　　　　　　　装帧设计：王晓宇

出版发行：化学工业出版社
　　　　　（北京市东城区青年湖南街13号　邮政编码100011）
印　　装：北京建宏印刷有限公司
787mm×1092mm　1/16　印张20½　字数435千字
2025年1月北京第1版第1次印刷

购书咨询：010-64518888　　　　　售后服务：010-64518899
网　　址：http://www.cip.com.cn
凡购买本书，如有缺损质量问题，本社销售中心负责调换。

定　　价：158.00元　　　　　　　　版权所有　违者必究

《离散型工业产排污规律与特征》
编 著 者 名 单

编 著 者：乔 琦　黄秋鑫　白 璐　张 玥　熊松松　方植彬

司菲斐　刘景洋　刘雅如

前言
PREFACE

我国是全世界唯一拥有联合国产业分类中所列全部工业门类的国家，工业总量、工业规模和企业数量都居世界第一位，工业污染防治是我国生态文明建设中重要的一项工作。工业行业依据产品结构和生产制造的工艺流程特点，一般可划分为流程型和离散型，而离散型行业占据了《国民经济行业分类》（GB/T 4754—2017）中小类行业的大多数，企业数量巨大且中小企业占比高、产品类型数量繁杂且更新换代速度快、生产工艺类型复杂且技术水平高、使用原辅材料种类成千上万且辅料占比高等均是离散型行业的基本特征，从而决定了该类行业对生态环境影响的复杂性，难以通过传统的环境管理模式和监控技术手段有效地识别其产排污状况，以评估其对生态环境的影响，分析并制定针对性的污染防治对策。

近年来，国家加大了对工业污染源的监管和治理力度，掌握了大量工业污染的基础数据，对普遍性污染物指标治理技术发展及其减排控制对策有明显的促进作用。然而，对于离散型行业污染源，现行管理制度和污染排放控制标准等均存在管理上、技术上的滞后，很多污染源未得到有效监管，污染源自身的管理和污染治理水平也不足，有些行业的产排污环节甚至成为管理上、技术上的"盲点""难点""痛点"，没有有效的污染防治对策，导致问题日益突显。

《离散型工业产排污规律与特征》是在对离散型行业进行了多年行业现场调查和技术研究的基础上编著而成，旨在为离散型工业的产排污规律与特征分析提供思路及方法参考，为产排污分析结果的应用提供方向，为典型离散型行业及产排污工段提供技术分析和污染防治对策基础。本书主要介绍了工业代谢的一般概念和基本分析方法，厘清了离散型行业生产特征，提出了国民经济行业分类中以该特征为主的离散型行业；对各离散型行业及其发展进行了概述性介绍，并重点介绍了电子行业和机械行业两个最具特点的行业；分别对电子行业、机械行业、木材家具行业、文教相关用品与橡胶塑料制品行业的产排污特征分析、产污环节辨识、治理技术及运行情况分析、产排污定量识别诊断技术等进行介绍，其中以电子行业为例，对行业特征污染物 VOCs 的污染防治对策进行了研究分析。

本书主要工作内容来源于多项科学技术研究及服务项目，主要包括：第二次全国污染源普查工业污染源产排污核算项目，工业污染源产污系数和产排污量核算方法补充、更新、完善与校核项目，第二次全国污染源普查工业污染源产污系数、产排污量及普查数据的更新与校核项目，电子工业 VOCs 排放管控现状及深度减排方案研究，东莞市第二次全国污染源普查质量提升帮扶项目，重点行业重点类别危险废物环境管理指南编制，等等。

本书由乔琦、黄秋鑫、白璐、张玥、熊松松、方植彬、司菲斐、刘景洋、刘雅如编著，具体编著分工如下：第1章由张玥、白璐、乔琦编著；第2章由黄秋鑫、乔琦编著；第3章由熊松松、方植彬、司菲斐、刘雅如编著；第4章由黄秋鑫、乔琦、司菲斐、刘景洋编著；第5章由乔琦、黄秋鑫、刘景洋、白璐编著；第6章由张玥、乔琦编著；第7章由白璐、黄秋鑫编著；附录1由方植彬、司菲斐、刘雅如编著；附录2由熊松松编著；附录3由方植彬整理。全书由黄秋鑫、张玥统稿和校审，由乔琦审定。同时，感谢第二次全国污染源产排污核算项目电子行业、机械行业、木材家具行业、文教相关用品与橡胶塑料制品行业课题实施单位及课题组成员对本书编著所付出的智慧和贡献。

限于编著者水平及编著时间，书中存在不足和疏漏之处在所难免，敬请读者提出修改建议。

编著者

2023 年 9 月

目录
CONTENTS

第 1 章
概述

□ 工业代谢
□ 工业代谢与产排污规律

1.1 工业代谢

代谢（metabolism）一般是指生物体的新陈代谢，包括物质代谢和能量代谢两个方面。工业代谢（industrial metabolism）的概念首次出现于1989年，由Ayres等提出，借助于代谢本身的含义，Ayres将工业代谢定义为：一系列将原材料（生物质、燃料、矿物质、金属等）转化为产品和废物的物理化学转化过程的集合。在社会经济系统中，经济学家通常将这些物理化学的转化过程称为"生产"，而将具有经济价值的货物转变为服务（以及废物）的进一步转化称为"消费"。总体来说，工业代谢包括使得经济系统运行（也即生产和消费）的所有物质和能量的转化过程。工业代谢的演进历史简图如图1-1所示。

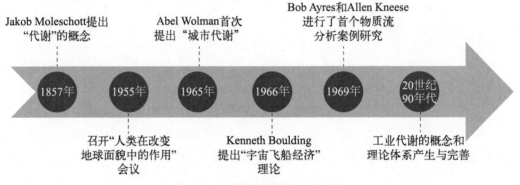

图1-1　工业代谢的演进历史简图

工业代谢概念的提出实质上是一种隐喻和类比，即将工业体系视为一个复杂的生命体，以自然资源和能源为"食物"，将其"消化"转化为产品以及"排泄物"（也即废物），以生命体的新陈代谢过程来类比工业体系的代谢过程，如图1-2所示。

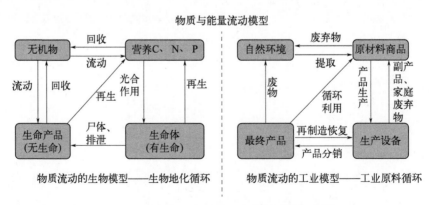

图1-2　自然界和工业界物质与能量流动概念模型

　　工业代谢是工业生态学的重要组成内容，其源于借鉴生命体代谢过程，通过对输入输出复杂工业体系的物质流动状态、路径和代谢量等进行追踪和量化，反映其所在工业体系的运行机制。工业代谢的主要研究目的是通过识别和追踪这一系列转化过程中某一研究对象（物质或能量）的变化（代谢）反映其所在工业体系的运行机制，通过工业代谢的研究，人类可以从整体上了解工业体系的运行机制并识别污染问题产生的原因，还能够了解环境污染的历史与变化过程，特别是对污染物的累积程度进行整体认识，并通过制定和采取各种政策措施来预防和控制污染物的迁移转化，从而进一步通过机制调节和优化这种代谢关系来达到保护生态环境、实现可持续发展的目的。

　　我国的工业代谢研究自20世纪90年代末开始起步。1998年，杨建新等在对产业生态学基本理论的探讨中提到了工业代谢的概念，提出"工业代谢是模拟生物和自然生态系统代谢功能的一种系统分析方法"，并指出工业代谢的主要任务是"通过分析经济系统结构变化、进行功能模拟和分析物质流来研究产业生态系统的代谢机理和控制论方法"。21世纪初，国内的工业代谢研究逐渐活跃，并取得了许多新的突破。段宁等提出的产品代谢和废物代谢概念进一步完善了工业代谢的内涵，并将物质代谢引入循环经济领域，指出"研究循环经济的自然科学理论应该以物质代谢为出发点"；在对国内外工业代谢理论研究与实践进行回顾与总结的基础上，首次提出将工业代谢划分为产品代谢和废物代谢，即"以产品流为主线的代谢称为产品代谢，以废物流为主线的代谢称为废物代谢"。

1.2　工业代谢与产排污规律

1.2.1　工业生产基本代谢过程

　　工业生产是将资源和能源转化为产品、副产品和污染物的代谢过程。工业生产中，需要土地、劳动力、资金、技术、资源、能源和原辅材料的投入，除此之外工业生产的正常运转还需要政策和相关措施的保障。工业生产是一个非常复杂、非线性的过程，现代的工业生产基本上包括投入过程、转换过程、产出过程、去除过程四个部分，如图1-3所示。

　　① 投入过程：以产品转化为目标，有目的性地选择原料、辅料、能源、空气、水的过程。

　　② 转换过程：原料转化为产品的过程，产品制造的工艺路线，具体包括工艺过程、工艺参数和技术装备水平等。

　　③ 产出过程：产品产出的过程，往往伴随着污染物的产生。

　　④ 去除过程：从污染物产生到经末端治理设施处理后，排放到环境中的过程。

　　不同的行业、同行业中不同的产品生产、同产品生产中不同的工艺路线，其资源和

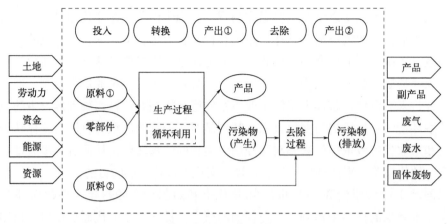

图1-3　工业生产过程

能源的消耗均有所差异，甚至是完全不同的，因此产生的污染物从种类到性质也有很大差别，经过处理排放到环境中造成的影响也不尽相同。因此，工业代谢过程与产污、排污规律有着密切的联系，代谢过程的各种因素也将构成污染物产生与排放的影响因素。

1.2.2　污染物产生与排放的影响因素

（1）污染物产生的主要影响因素

各类工业行业生产过程千变万化，影响污染物产排量的因素众多，相互间关系复杂且多变。科学而合理地选定影响工业源污染物产排量的关键和共性因素尤为重要，影响因素应该对行业同类工艺环节的污染物产生量具有显著影响。在识别这些影响因素时需要遵循和把握变繁为简、重点突出、繁简适度的原则，识别筛选出可量化、可获取的主要因素。区分不同行业工业生产活动过程的主要因素一般包括原材料、产品、生产工艺、生产设备、技术水平等客观因素，而管理制度和员工技能主要体现在同行业同类型企业之间的差异，属于主观因素。除此之外，同行业同类型企业之间的差异还反映在生产规模上。

主要影响因素是指影响显著、起决定性作用和可量化的共性因素；其他影响因素是行业独有的影响因素，并与主要影响因素有相同的作用。清洁生产审核中提出的原材料、技术工艺、生产设备、过程控制、管理水平、员工技能、产品和废弃物8个影响因素是企业进行环境诊断的8个方面，也代表了工业生产过程中有共性的影响因素，对上述8个影响因素进行了主观因素和客观因素的划分，确定了污染物产生的主要影响因素，如图1-4所示。其中原材料、产品、技术工艺、生产设备、过程控制等是由外界条件决定的，属于客观因素，而管理水平和员工技能主要和人的作为相关，属于主观因素。在客观因素中，技术工艺、生产设备和过程控制对污染物产生较明显的相关性影响，在实际应用中获取产排污数据时，主要体现为生产工艺和生产规模数据。一般情况下，主要影响因素是原材料、生产工艺、生产规模、产品和其他因素（如果存在）中2~5个因素的组合。

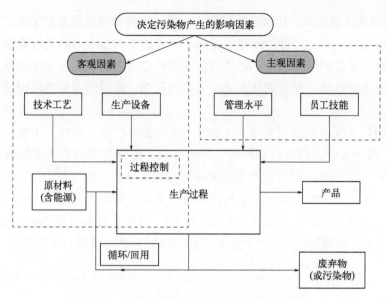

图1-4 生产过程中污染物产生的影响因素

（2）污染物排放的主要影响因素

理论上，污染治理过程也是工业生产的一个过程，是工业生产过程有机整体的一个部分。污染治理（去除）过程的影响因素与生产过程类似，如图1-5所示。

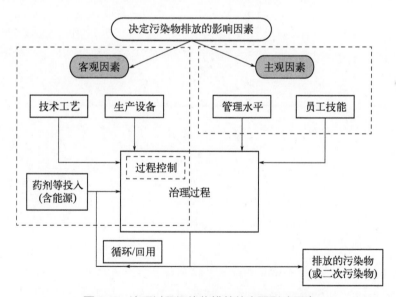

图1-5 治理过程污染物排放的主要影响因素

① 治理技术的影响 对于工业企业的污染物治理过程来说，末端治理技术直接决定了污染物的去除情况，其去除效率同样决定了污染物的去除量。一般来说同一种治理技术在不同的行业由于所处理的污染物组分和性质不同，其去除效率也有所差异。

② 末端治理设施实际运行状态的影响　治理技术的种类虽然直接决定了污染物的削减情况，但需同时注意同一种治理技术在同一行业的不同企业内的处理效果、运行状态可能有所差异。企业的管理水平、对环保的重视程度等因素决定了末端治理设施的运行状态。污染物去除量除了受治理技术去除效率的影响，还受到末端治理设施运行状态的影响。

例如，同行业同类型的两家企业A和B（具有相同产品、原料、工艺、规模、末端治理技术），其中A企业所在区域环境管理水平高、监管要求严格，末端治理设施全年稳定运行，开工率100%；B企业所在区域环境管理水平低、监管要求低，末端治理设施非稳定运行，开工率50%。两家企业污染物排放量的最终结果是，由于企业B的末端治理设施非稳定运行，污染物去除量是企业A的1/2，导致企业B的污染物排放量远高于企业A。由此可见，治理设施的运行状态也对污染物的最终排放具有重要影响。

第 **2** 章
离散型行业概述

- ☐ 离散型行业定义
- ☐ 行业生态环境保护法律体系

2.1 离散型行业定义

2.1.1 工业行业分类

分类是科学研究中最重要的基础要素。科学分类就是依据某些带有客观性的依据和主观性的原则，按照事物的性质、特点、用途等建立划分的标准，将符合同一标准的事物聚类，将具有差异的事物进行区分的方法，是对特定的研究对象进行聚类的过程和一种认识事物的手段。工业行业分类研究，顾名思义是将不同的工业生产活动根据某一类特征或生产要素划分为不同门类的研究。工业行业分类无论在理论上还是在实践上都具有不容忽视和不可小觑的意义。在理论上，它对于全面认识工业系统的总体画像、洞悉工业生产活动的构成框架、明晰不同生产要素和管理要素之间的关联、把握工业生产活动的研究范围、预测工业生产的变化和趋势等均是不可或缺的。在实践上，它对于工业生产活动的管理、工业发展政策的制定、工业生产要素的配置、工业生产活动信息的收集等均具有重要的作用。

工业生产的分类研究历史较长，目前有诸多的分类方法，比较常见的包括按照投入方式分类的方法、按照产品性质分类的方法、按照生产对象分类的方法 [也即《国民经济行业分类》（GB/T 4754—2017）中的门类划分]、按消耗水平分类的方法、按生产过程分类的方法。我国工业行业的分类方式如图2-1所示。

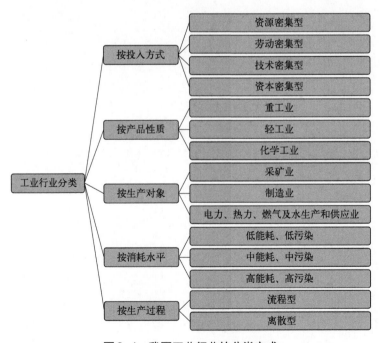

图2-1 我国工业行业的分类方式

2.1.2　工业代谢与行业分类

20世纪80年代末R. Frosch等通过类比生物的新陈代谢过程和生态系统的循环再生过程开展了"工业代谢"研究。工业代谢是将产业生态系统与自然生态系统相比较，将产业生态系统分成"生产者""消费者""再生者""外部环境"4个基本组分，通过进行功能模拟和产业流（输入流、产出流）分析来研究产业生态系统的代谢机理和控制。

工业代谢是分析从物质（原辅材料）和能源（燃料）的投入，经过一系列的物理化学变化，转化为最终产品与废物的工业生产程物质转化方式和关键节点物质平衡的一种方法，是目前广泛应用于工业系统物料损失分析和污染物产生机制的一种成熟的技术方法。工业代谢分析，以污染控制为最终目标，追踪工业生产整个过程中物质和能量的流向，以辨识工业系统的污染物产排规律，解析造成污染的主要环节和机制。在对工业污染源进行刻画、对污染物的产生排放规律进行识别时，工业代谢是很重要的一种工具。

从工业代谢的视角对我国所有工业行业的环境行为进行评估，可以发现，物质和能量输入工业生产系统后，按照其运动方向和代谢路径大致可以归为两类：一类是呈现单一方向聚集的线性运动；另一类则是呈现多方向聚集的线性运动（如图2-2所示）。进一步考虑污染产生与排放特征后发现，污染产排环节相对聚集但又局部分散，且部分行业尽管产品不同，但产排污规律存在一致性或相似性。若按照已有分类方法，诸如广泛应用的《国民经济行业分类》（GB/T 4754—2017）对工业污染源产排污规律进行识别和刻画研究，则必然会造成重复和冗余。

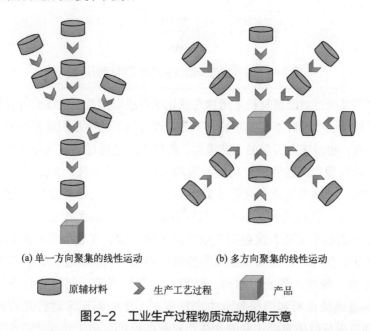

(a) 单一方向聚集的线性运动　　　　(b) 多方向聚集的线性运动

原辅材料　　　生产工艺过程　　　产品

图2-2　工业生产过程物质流动规律示意

在对大量工业生产活动共性特点和规律研究的基础上，以聚焦生产活动对产排污的影响而非工艺或产品本身为原则，对工业行业开展规律识别和归类研究。根据生产过程工业代谢特点，按照生产过程加工方式等的不同，建立了基于产排污行为与生产要素响应关系的行业分类评价指标体系，根据各项指标表现的差异，依据产排污规律的一致性或相似性，结合产品构成和生产制造的工艺流程特点，将工业行业划分为流程型行业和离散型行业（图2-3）。

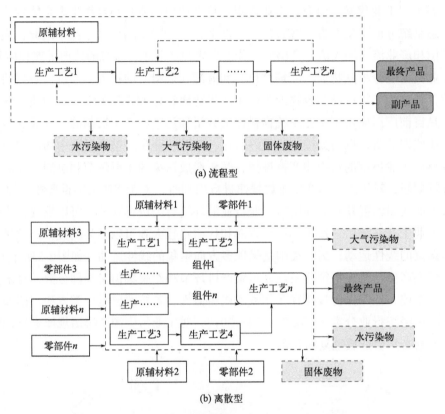

(a) 流程型

(b) 离散型

图2-3　流程型与离散型生产的工业代谢示意

流程型生产是通过对原辅材料采用物理或化学方法以批量或连续的方式进行生产的过程，其工艺过程是连续进行不能中断的；工艺过程的加工顺序是固定不变的，生产设施按照工艺流程布置；物料按照固定的工艺流程，连续不断地通过一系列设备和装置被加工处理成为成品。流程型生产过程中，物料一般均匀地和连续地按一定工艺顺序运动，在生产中原料（物料）的物理性质和化学性质不断改变，一般是经过混合、分离、成型或化学反应使材料增值，伴随着物质转化与迁移形成产品。以流程型生产为主要工艺过程的加工制造业称为流程型工业。流程型工业生产连续性强，工艺流程相对固定，原料（物料）一般来源于自然界，产品很难还原为原料（物料）。流程型工业主要包括食品、造纸、化工、原油、橡胶、陶瓷、塑料、玻璃、冶金、能源、制药等行业。对于流程型工业生产，保证连续供料和确保每一生产环节在工作期间正常运行是管理的重点，任何一个生产环节出现故障都会引起整个生产过程的瘫痪。由于这类产品和生产工艺相对稳定，因此有条件采用各种自动化装置，以实现对生产过程的实时监控。由此可见，流程型工业具有设备大型化、自动化程度较高、生产周期较长、过程连续或批处理等特征。

　　离散型生产是对多个零件装配组合的加工生产过程，各零件的加工过程各自独立，整个产品的生产工艺是离散的，制成的零件通过部件装配和总装配最后成为成品，因此有时也称为车间任务型生产，其生产过程主要发生物料物理性质（形状、组合）的变化。离散型生产过程中，物料一般离散地按一定工艺顺序运动，产品通过多个零部件经过一系列并不连续的工序加工装配而成，在生产中不改变零部件的化学性质。以离散型生产为主要工艺过程的加工制造业称为离散型工业，包括机械制造、电子电气产品制造等行业，通常每项生产任务仅需要企业组织的一部分能力和资源就可以完成。离散型生产将功能类似的设备按空间和行政管理组成生产组织（工段或工序），如车、铣、磨、钻等。在每一部门，零件从一个工作中心到另一个工作中心，进行不同类型的工序加工。这样的流转，必须以主要工艺为中心安排生产设备的位置，以使物料的传输距离最短。对于离散型工业企业的组织方式，其生产设备的使用是灵活的，即同一工序有可替换的工作中心，工艺路线也可以是灵活的。对于离散型生产过程的管理，是按产品物料清单的要求控制零部件的生产进度和数量，保证生产的成套性，如果生产的品种、数量不成套，缺少一种零件就无法装配出成品，必然也会延长整个产品的生产周期。由此可见，离散型工业生产连续性差，零部件生产及加工过程相对独立，产品品种或性能变化频繁，工艺流程错综复杂，原料以零部件为主且来源多样化，产品可进行分拆还原成装配之前的零部件，在生产工艺上实现设备大型化、自动化难度较大。

2.1.3　离散型行业生产特征

　　离散型行业终端产品一般是由各种物料、部件、组件等装配而成，产品与所需物料之间有比较确定的数量比例。其生产工序是非连续的、可独立存在的，企业可以选择只进行一部分生产工序，将另一部分生产工序交由其他企业完成。随着生产制造装备的集成化、自动化、信息化、智能化，越来越多的离散型行业企业中的部分工序也逐渐呈现"流程型"的特征。一般情况下，离散型行业生产特征主要包括以下几个方面。

（1）行业生产链复杂，行业污染源分散

　　离散型行业依靠生产制造供应链上下游企业的分工开展生产活动，使用上游产品进一步加工、组装生产下游产品，越复杂的产品生产链越长，污染源企业多且分散，生产水平不一，产排污状况复杂。离散型行业生产制造供应链结构如图2-4所示。

（2）各生产工艺工序相对独立，产排污关联性小

　　离散型行业企业内生产过程各工艺工序（生产车间）可相对独立，污染物间关联性小，上下游工序间污染物不相关，且一般可以在不影响其他工艺工序的情况下对某一生产工艺进行修改或调整，导致产排污节点、类型、水平变化。

　　图2-5所示为某电风扇企业全生产过程工艺（车间）流程。

图2-4　离散型行业生产制造供应链一般结构

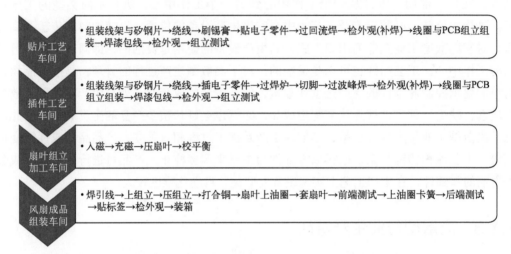

图2-5　某电风扇企业全生产过程工艺（车间）流程

PCB—印制电路板

（3）原辅材料繁杂，污染物类型多

离散型行业生产使用的原辅材料类型多，如金属材料、聚合物材料、半导体材料、溶剂、涂料等，且很多材料只在生产过程中使用，但留在最终产品中的量很少，甚至不会留在最终产品中，最终以污染物的形式排放。

表2-1所列为某款温控探头的原辅材料清单。

表2-1　某款温控探头的原辅材料清单

序号	材料名称	所属部件	材料性质
1	白色织物线套		聚合物材料
2	白色电线皮		聚合物材料
3	银色金属电线芯	白色线感应器	金属材料
4	黑色热缩管		聚合物材料
5	铜色金属		金属材料

续表

序号	材料名称	所属部件	材料性质
6	黑色胶水	白色线感应器	聚合物材料
7	感应头		其他材料
8	桃红色电线皮	桃红色线感应器	聚合物材料
9	铜色金属		金属材料
10	黑色胶水		聚合物材料
11	感应头		其他材料
12	白色塑胶	排插	聚合物材料
13	银色金属		金属材料
14	红色塑胶		聚合物材料
15	黑色电线皮	黑色线感应器	聚合物材料
16	感应头		其他材料
17	浅灰色塑胶线夹		聚合物材料
18	黑色塑胶线套		聚合物材料
19	透明塑胶管		聚合物材料

（4）产品结构复杂，污染产生源头复杂

离散型行业企业生产的产品多由各类材料、零件、组件、电子件等组装而成，且这些组件均可单独作为一种中间产品分配到各个工段或车间生产，污染源头复杂多变。

图 2-6 所示为某机械产品结构中零部件组成分解示意。

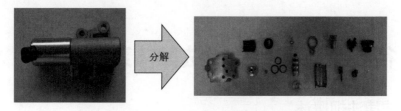

图 2-6　某机械产品结构中零部件组成分解示意

2.1.4　典型离散型行业

根据离散型生产及流程型生产的定义及代谢特点和评价方法，《国民经济行业分类》（GB/T 4754—2017）41 个大类行业中 29 个属于流程型行业，12 个属于离散型行业，最终所识别的结果如表 2-2 所列。

表2-2　基于产排污行为与生产要素响应关系的行业分类结果

流程型行业	离散型行业
06 煤炭开采和洗选业	35 专用设备制造业
07 石油和天然气开采业	36 汽车制造业
08 黑色金属矿采选业	37 铁路、船舶、航空航天和其他运输设备制造业
09 有色金属矿采选业	38 电气机械和器材制造业
10 非金属矿采选业	39 计算机、通信和其他电子设备制造业
11 开采专业及辅助性活动	40 仪器仪表制造业
12 其他采矿业	41 其他制造业
13 农副食品加工业	42 废弃资源综合利用业
14 食品制造业	43 金属制品、机械和设备修理业
15 酒、饮料和精制茶制造业	44 电力、热力生产和供应业
16 烟草制品业	45 燃气生产和供应业
17 纺织业	46 水的生产和供应业
18 纺织服装、服饰业	
19 皮革、毛皮、羽毛及其制品和制鞋业	
20 木材加工和木、竹、藤、棕、草制品业	
21 家具制造业	
22 造纸和纸制品业	
23 印刷和记录媒介复制业	
24 文教、工美、体育和娱乐用品制造业	
25 石油、煤炭及其他燃料加工业	
26 化学原料和化学制品制造业	
27 医药制造业	
28 化学纤维制造业	
29 橡胶和塑料制品业	
30 非金属矿物制品业	
31 黑色金属冶炼和压延加工业	
32 有色金属冶炼和压延加工业	
33 金属制品业	
34 通用设备制造业	

2.2　行业生态环境保护法律体系

2.2.1　法律法规概述

　　我国的生态环境保护法律体系建设可追溯至改革开放伊始，即1979年《中华人民共和国环境保护法（试行）》颁布实施之时。党的十八大以来，以习近平同志为核心的党中央把生态文明建设纳入中国特色社会主义事业总体布局，在推进生态文明建设的实践中，形成了习近平生态文明思想。在习近平生态文明思想引领下，生态环境领域立法工作取得显著成效，相关法律达到31件/部，还有100多件/部行政法规和1000余件/部地方性法规，初步形成了生态环保法律体系，包括环境保护法、生物安全法等综合性法律，针对大气、水、土壤、固体废物（简称固废）、噪声、放射性等污染防治的专门法律，涉及防沙治沙、水土保持、野生动物保护等环境和生物多样性保护的法律，森林、草原、湿地等资源保护利用的法律，以及长江保护法、黄河保护法、黑土地保护法等特殊地理地域类法律，涵盖山、水、林、田、湖、草、沙等各类自然系统，是一个覆盖全面、务实管用、严格严密的法律体系。我国还将不断增强立法的系统性、整体性、协同性，使生态环保法律体系更加科学完备、协调统一。

我国环境基本法为《中华人民共和国环境保护法》，该法于1989年公布施行，2014年修订完善。该法明确了环境的概念和范围、保护环境的基本国策和基本原则，完善了环境管理基本制度，突出强调了政府监督管理责任，强化了信息公开和公众参与的要求，完善了环境经济政策，加强了农村环境保护要求，加大了违法排污的责任，体现了生态文明建设和可持续发展的理念。

环境污染防治法主要包括《中华人民共和国水污染防治法》《中华人民共和国大气污染防治法》《中华人民共和国环境噪声污染防治法》《中华人民共和国固体废物污染环境防治法》《中华人民共和国放射性污染防治法》等，其基本情况详见表2-3。自然资源保护法、生态环境保护法、资源循环利用法等法律法规共计15件/部，详见表2-4。此外，党中央、国务院或中共中央办公厅、国务院办公厅、生态环境部等根据需求适时发布与生态环境保护相关的文件（表2-5），作为法律法规的补充要求或说明，有效支撑法律法规的落地实施。

表2-3　我国环境污染防治法基本情况

序号	法律名称	制修订情况	内容概述
1	《中华人民共和国水污染防治法》	1984年5月11日通过，1996年5月进行了第一次修正，2008年2月进行了全面修订，2017年6月进行了第二次修正	保护和改善环境，防治水污染，保护水生态，保障饮用水安全，维护公众健康，推进生态文明建设，促进经济社会可持续发展；省、市、县、乡建立河长制；分别对工业水污染防治、城镇水污染防治、农业和农村水污染防治、船舶水污染防治提出了具体要求
2	《中华人民共和国大气污染防治法》	1987年9月5日通过，1995年8月进行了第一次修正，2000年4月进行了第一次修订，2015年8月进行了第二次修订，2018年10月进行了第二次修正	防治大气污染应当以改善大气环境质量为目标，坚持源头治理，规划先行，转变经济发展方式，优化产业结构和布局，调整能源结构，加强综合防治、联合防治、协同控制；分别对燃煤和其他能源污染防治、工业污染防治、机动车船等污染防治、扬尘污染防治、农业和其他污染防治提出了具体要求
3	《中华人民共和国土壤污染防治法》	2018年8月31日通过	土壤污染防治应当坚持预防为主、保护优先、分类管理、风险管控、污染担责、公众参与的原则。分别规定了规划、标准、普查和监测，预防和保护，风险管控和修复，保障和监督，法律责任等要求
4	《中华人民共和国噪声污染防治法》	2021年12月24日通过，并于2022年6月5日起施行	噪声污染防治的监督管理；分别对工业噪声污染防治、建筑施工噪声污染防治、交通运输噪声污染防治、社会生活噪声污染防治提出了具体防治措施

续表

序号	法律名称	制修订情况	内容概述
5	《中华人民共和国固体废物污染环境防治法》	1995年10月30日通过，2004年12月进行了第一次修订，2013年6月、2015年4月、2016年11月进行了三次修正，2020年4月进行了第二次修订	固体废物污染环境防治坚持减量化、资源化和无害化的原则，坚持污染担责的原则；国家推行生活垃圾分类制度；对工业固体废物、生活垃圾、建筑垃圾、农业固体废物等危险废物的污染防治提出了具体要求
6	《中华人民共和国放射性污染防治法》	2003年6月28日第十届全国人大常委会第三次会议通过	放射性污染防治的监督管理；分别对核设施的放射性污染防治、核技术利用的放射性污染防治、铀（钍）矿和伴生放射性矿开发利用的放射性污染防治、放射性废物管理提出了具体要求

表2-4　我国其他环境法律法规基本情况

序号	类型	法律名称	制修订情况	内容概述
1	自然资源保护法	《中华人民共和国土地管理法》	1986年6月25日通过，1988年12月第一次修正，1998年8月修订，2004年8月第二次修正，2019年8月第三次修正	十分珍惜、合理利用土地和切实保护耕地是我国的基本国策；国家实行土地用途管制制度，严格限制农用地转为建设用地，控制建设用地总量，对耕地实行特殊保护
2		《中华人民共和国水法》	1988年1月21日通过，2002年8月修订，2009年8月、2016年7月两次修正	国家制定全国水资源战略规划，保护全国水资源，综合开发利用水资源，坚持兴利与除害相结合，兼顾利益，并服从防洪的总体安排；加强对水资源、水域和水工程的保护；国务院发展计划主管部门和国务院水行政主管部门调整水资源配置，鼓励节约用水
3		《中华人民共和国森林法》	1984年9月通过，1998年4月、2009年8月进行了两次修正，2019年12月进行了修订	在中华人民共和国领域内从事森林、林木的保护、培育、利用和森林、林木、林地的经营管理活动。国家实行森林资源保护发展目标责任制和考核评价制度；地方人民政府可以根据行政区域森林资源保护发展的需要，建立林长制
4		《中华人民共和国矿产资源法》	1986年3月19日通过，1996年8月、2009年8月两次修正	矿产资源的所有权归属问题；国家实行探矿权、采矿权有偿取得制度，并制定探矿权、采矿权转让条件；国家鼓励矿产资源的合理开发、综合利用，鼓励矿产资源勘查、开发的科学技术研究
5		《中华人民共和国草原法》	1985年6月18日通过，2002年12月修订，2009年8月、2013年6月、2021年4月三次修正	保护、建设、合理利用草原；草原的所有权、使用权等问题；国家鼓励单位和个人投资建设草原，按照谁投资、谁受益的原则保护投资建设者的合法权益；国家实行基本草原保护制度，并组织相关职能部门对草原的建设及开发利用情况进行监督检查；同时规定破坏草原等行为的法律责任
6		《中华人民共和国渔业法》	1986年1月20日通过，2000年10月、2004年8月、2009年8月、2013年12月四次修正	国家对渔业生产实行以养殖为主，养殖、捕捞、加工并举，因地制宜，各有侧重的方针；国家对渔业的监督管理，实行统一领导、分级管理；国家鼓励全民所有制单位、集体所有制单位和个人充分利用适于养殖的水域、滩涂，发展养殖业

序号	类型	法律名称	制修订情况	内容概述
7	生态环境保护法	《中华人民共和国野生动物保护法》	1988年11月8日通过，2004年8月、2009年8月两次修正，2016年7月第一次修订，2018年10月第三次修正，2022年12月第二次修订	国家保护野生动物及其栖息地；鼓励支持开展野生动物科学研究与应用；国家对珍贵、濒危的野生动物实行重点保护，国家重点保护的野生动物分为一级保护野生动物和二级保护野生动物，地方重点保护野生动物名录，由省、自治区、直辖市人民政府组织科学论证评估，征求国务院野生动物保护主管部门意见后制定、公布
8		《中华人民共和国防沙治沙法》	2001年8月31日通过	预防土地沙化，治理沙化土地，维护生态安全，促进经济和社会的可持续发展；制定防沙治沙的工作遵循原则，规定相关的负责管理部门，明确治理措施及法律责任
9		《中华人民共和国水土保持法》	1991年6月29日通过，2010年12月25日修订	水土保持工作实行预防为主、保护优先、全面规划、综合治理、因地制宜、突出重点、科学管理、注重效益的方针。县级以上人民政府应当依据水土流失调查结果划定并公告水土流失重点预防区和重点治理区
10		《中华人民共和国自然保护区条例》	1994年10月9日发布，2011年1月第一次修订，2017年10月第二次修订	自然保护区建设的条件与流程，规定自然保护区的管理要求及主管机构职责；针对自然保护区的破坏行为制定相应的法律责任；鼓励对自然保护区的科学研究，体现自然保护区的生态价值，保护生态环境的和谐统一
11	资源循环利用法	《中华人民共和国清洁生产促进法》	2002年6月29日通过，2012年2月修正	国家鼓励和促进清洁生产，该法规定相关各级人民政府的职责，制定鼓励措施和法律责任；鼓励新工艺、新技术的开发利用，淘汰落后产能、技术、工艺，优先选用节能、节水、废物再生利用等有利于环境与资源保护的产品
12		《中华人民共和国循环经济促进法》	2008年8月29日通过，2018年10月修正	发展循环经济的原则，制定相应的基本管理制度与激励措施，鼓励再利用资源化，并规定相应管理部门的法律责任；国家对钢铁、有色金属等行业的重点企业，实行能耗、水耗的重点监督管理制度；国家努力促进循环经济发展，提高资源利用效率，保护和改善环境，实现可持续发展
13		《中华人民共和国节约能源法》	1997年11月1日通过，2007年10月修订，2016年7月、2018年10月两次修正	节约资源是我国的基本国策，国家实施节约与开发并举、把节约放在首位的能源发展战略；鼓励发展节约环保型产业，鼓励支持节能科学技术的研究、开发、示范和推广，促进节能技术创新与进步，分别对工业节能、建筑节能、交通运输节能、公共机构节能、重点用能单位节能做出了明确规定
14		《中华人民共和国可再生能源法》	2005年2月28日通过，2009年12月26日修正	国家鼓励和支持可再生能源并网发电；国家扶持在电网未覆盖的地区建设可再生能源独立电力系统，为当地生产和生活提供电力服务；国家鼓励清洁、高效地开发利用生物质燃料，鼓励发展能源作物
15		《中华人民共和国海洋环境保护法》	1982年8月23日通过，1999年12月25日第一次修订，2013年12月28日、2016年11月7日、2017年11月4日三次修正，2023年10月24日第二次修订	国家优先将生态功能极其重要、生态极敏感脆弱的海域划入生态保护红线，实行严格保护；海洋环境保护坚持保护优先、预防为主、源头防控、陆海统筹、综合治理、公众参与、损害担责的原则；并对陆源污染物污染防治、工程建设项目污染防治、废弃物倾倒污染防治、船舶及有关作业活动污染防治做了具体规定

表2-5　中共中央、国务院或中共中央办公厅、国务院办公厅等部分有关文件

序号	发布机构	文件名称
1	中共中央	《中国共产党问责条例》
2	中共中央　国务院	《中共中央　国务院关于加快推进生态文明建设的意见》
3		《生态文明体制改革总体方案》
4		《中共中央　国务院关于全面加强生态环境保护　坚决打好污染防治攻坚战的意见》
5	国务院	《消耗臭氧层物质管理条例》
6		《全国污染源普查条例》
7		《废弃电器电子产品回收处理管理条例》
8		《突发公共卫生事件应急条例》
9		《政府督查工作条例》
10		《排污许可管理条例》
11		《地下水管理条例》
12	中共中央办公厅　国务院办公厅	《党政领导干部生态环境损害责任追究办法（试行）》
13		《环境保护督察方案（试行）》
14		《开展领导干部自然资源资产离任审计试点方案》
15		《生态环境损害赔偿制度改革试点方案》
16		《关于省以下环保机构监测监察执法垂直管理制度改革试点工作的指导意见》
17		《生态文明建设目标评价考核办法》
18		《关于全面推行河长制的意见》
19		《关于划定并严守生态保护红线的若干意见》
20		《领导干部自然资源资产离任审计规定（试行）》
21		《建立国家公园体制总体方案》
22		《关于建立资源环境承载能力监测预警长效机制的若干意见》
23		《关于深化环境监测改革提高环境监测数据质量的意见》
24		《生态环境损害赔偿制度改革方案》
25		《关于在湖泊实施湖长制的指导意见》
26	国务院办公厅	《国务院办公厅关于加强环境监管执法的通知》
27		《国务院办公厅关于印发生态环境监测网络建设方案的通知》
28		《国务院办公厅关于印发编制自然资源资产负债表试点方案的通知》
29		《国务院办公厅关于健全生态保护补偿机制的意见》
30		《国务院办公厅关于印发控制污染物排放许可制实施方案的通知》

续表

序号	发布机构	文件名称
31	国家环境保护总局	《环境监测管理办法》
32		《电子废物污染环境防治管理办法》
33		《环境保护行政许可听证暂行办法》
34	环境保护部	《环境保护主管部门实施按日连续处罚办法》
35		《环境保护主管部门实施查封、扣押办法》
36		《环境保护主管部门实施限制生产、停产整治办法》
37	生态环境部	《环境监管重点单位名录管理办法》
38		《碳排放权交易管理办法（试行）》
39		《国家危险废物名录（2021年版）》
40		《固定污染源排污许可分类管理名录（2019年版）》
41		《新化学物质环境管理登记办法》
42		《环境影响评价公众参与办法》
43		《生态环境统计管理办法》

2.2.2　环境影响评价制度

环境影响评价、排污许可制与生态环境执法是我国固定污染源环境治理的三项重要制度，妥善处理三者之间的关系是构建以排污许可制为核心的固定污染源监管制度体系的内在要求。环境影响评价是三者中最基本的制度，其意义是从源头上预防生态破坏、环境污染等问题，并对环境质量实施高效管理，如图2-7所示。

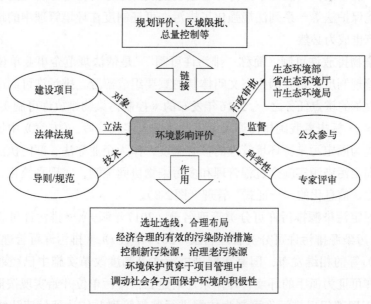

图2-7　环境影响评价制度框架

环境影响评价在我国经济社会和生态环境保护工作中起到了重要的作用，主要体现在以下几个方面：

① 对建设项目布局、选址的合理性以及建设和建成后的生态环境保护等方面具有显著作用，对原有污染源进行了治理，同时提出了环境污染预防措施，以预防新污染源的出现。

② 在经济管理、规划计划管理以及建设管理过程中均要求考虑生态环境保护内容，确保生态环境保护工作可以充分渗透到经济建设的各个领域，并促进其协调发展。

③ 有效的环境影响评价可以全面调动社会各个领域对生态环境保护工作的积极性，有利于全面提升我国生态环境保护水平。

2016年11月，国务院办公厅印发的《控制污染物排放许可制实施方案》（国办发［2016］81号）明确了环境影响评价、排污许可制与生态环境执法的衔接要求，即排污许可制有机衔接环境影响评价制度，依排污许可证严格开展生态环境执法，实现"一证式"执法监管，各级生态环境部门以此为目标，推动三项制度各自不断完善、相互逐步衔接，有效缓解了我国大多数环境污染问题。

2.2.3 排污许可制度

我国排污许可证制度可追溯至20世纪80年代中后期，由试点逐步扩大至全国范围，在很大程度上规范了排污单位的环境管理行为，促进了污染防治、改善生态环境等工作。随着经济社会发展，原排污许可证制度逐渐出现了一些问题，其中包括排污许可证制度的实施缺乏顶层方案设计，制度框架结构体系还不够健全、完整，也缺乏明确的标准支撑，证后监管技术支撑不完善，缺乏相应的指导文件等，导致实施过程中存在一定的滞后性，监管缺位，阻碍了排污许可证制度成为地方对污染源管理的有效抓手。此外，随着环境保护法等一系列法规强化了排污许可证制度在环境管理中的地位，排污许可证制度改革也成为必然。

控制污染物排放许可制（简称"排污许可制"）是依法规范企事业单位排污行为的基础性环境管理制度，是我国生态文明体制的重要组成部分，排污许可制改革是我国生态文明体制改革的重点任务之一。2016年发布的《控制污染物排放许可制实施方案》（以下简称《方案》）标志着我国排污许可制度改革进入实施阶段。《方案》中提出，将排污许可制建设成为固定污染源环境管理的核心制度，作为企业守法、部门执法、社会监督的依据；对固定污染源实施全过程管理和多污染物协同控制，实现系统化、科学化、法治化、精细化、信息化的"一证式"管理（图2-8）。

随着《固定污染源排污许可分类管理名录（2017年版）》《排污许可管理办法（试行）》《固定污染源排污许可分类管理名录（2019年版）》《排污许可管理办法》（修订征求意见稿）等的相继发布，国家在推进排污许可制度改革实施中已经取得了显著进展，以排污许可证为抓手的环境管理体系逐渐建立：排污单位开始实现按证排污、自证守法，环境管理部门以排污许可制为依据进行监督管理并依法惩处违法排污行为。自

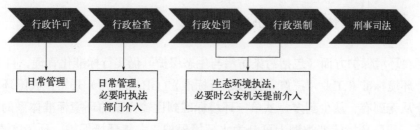

图2-8　排污许可"一证式"管理示意

2017年开始，在火电、造纸两个行业排污许可先行先试，于2017年6月完成行业排污许可证的核发。在总结试点经验后分行业逐步推进，于2019年底前完成了31个行业排污许可证的核发，于2020年底前完成了覆盖所有固定污染源的排污许可证的核发。2021年3月正式实施的《排污许可管理条例》（国令第736号）标志着真正意义的排污许可制全面展开，排污许可改革进入深化改革完善。"十三五"期间，全国共有273.44万家排污单位被纳入排污许可管理，涉及年许可排放化学需氧量约470.80万吨、氨氮约49.67万吨、二氧化硫约560.65万吨、氮氧化物约790.04万吨。"十四五"期间，要深化排污许可改革，以"全面实行排污许可制"为主线，聚焦提升排污许可证质量、强化依证监管、深化制度联动等重点任务，充分发挥好排污许可在固定污染源监管中的效力，为持续深入打好污染防治攻坚战、推进高质量发展提供有力支撑。

排污许可证是指污染物排放企业单位根据自身需求向环境保护行政主管部门提出申请，由环境保护行政主管部门经审查合格后发放的允许企业单位排放一定限值污染物的凭据。排污许可证的申请、审核、颁发、中止、吊销、监督管理以及处罚等各项规定共同组成了排污许可证制度。排污许可证包含了原辅材料、生产设施和工艺、污染治理和污染排放各控制环节，是对污染物从产生到排放的全过程进行控制的综合性管理制度。水污染物排放、气体污染物排放、能源消耗、噪声、废物产生与利用、化学品使用等环节的环境影响都在许可证当中有所体现，并明确企业证后自行监测、台账记录、执行报告、信息公开等监管要求。持有排污许可证的企业单位必须严格遵循许可证中所核定的污染物类型、排放方式以及总量控制指标进行排污；未取得排污许可证的企业不得排放污染物。

排污许可制是以污染物总量控制为基础，对排污者排污的定量化管理手段，是点源排污管理核心工具，其发挥污染减排效应的目标是对企业排污总量和排放标准的限定。污染源企业在利润最大化驱使下往往会因生产计划调整或生产线管理问题而突破排污总量限值。排污许可制按不同行业，对每一个排污口的污染物类别、排放总量、浓度标准等做了具体规定，并明确了自行监测、信息公开、监督执法等内容。污染源企业为遵循排污许可证的规定，防止违法行为，需要调整产品供需，或进行可行技术改造，选择最优的生产技术或排放技术，或通过排污权交易提高排污总量。

2022年4月2日，生态环境部印发了《"十四五"环境影响评价与排污许可工作实施方案》（环环评〔2022〕26号），该文件在回顾排污许可改革进展的同时，也指出排污许可制的制度体系有待健全、预防效能仍待提升、责任落实尚待加强。

2.2.4　环境保护标准化体系

　　我国在环境保护方面（包括污染防治与生态保护）仍实行标准化管理。自1973年颁布第一个环境标准《工业"三废"排放试行标准》（GBJ 4—73）开始，我国环境标准经历了一个从无到有、从少到多、从单一环境标准到比较完整的环境标准体系的过程。到目前为止，我国环境标准类型上可分为水环境保护、大气环境保护、环境噪声与振动、土壤环境保护、固体废物与化学品环境污染控制、核辐射与电磁辐射环境保护、生态环境保护、环境影响评价、排污许可、污染防治技术政策、可行技术指南、环境监测方法标准及监测规范以及其他环境保护标准等，这些标准已成为保护生态环境、控制环境污染的重要工具和依据。在标准层级上，包括了国家标准、行业标准、地方标准，随着国家标准化工作的改革，还将出现一系列的团体标准和企业标准，以此形成标准化有机体系，更好地支撑我国的绿色发展和生态文明建设。

　　离散型工业污染源相关排放标准如表2-6所列。

表2-6　离散型工业污染源相关排放标准

序号	领域	标准名称（标准号）	内容概述	实施日期
1	水污染物	《污水综合排放标准》（GB 8978—1996）	本标准按照污水排放去向，分年限规定了69种水污染物最高允许排放浓度及部分行业最高允许排水量。本标准适用于现有单位水污染物的排放管理，以及建设项目的环境影响评价、建设项目环境保护设施设计、竣工验收及其投产后的排放管理	1998-01-01
2		《电子工业水污染物排放标准》（GB 39731—2020）	本标准规定了电子工业企业、生产设施或研制线的水污染物排放控制要求、监测要求和监督管理要求。电子工业污水集中处理设施的水污染物排放管理也适用于本标准	2021-07-01
3		《电池工业污染物排放标准》（GB 30484—2013）	本标准规定了电池工业企业水和大气污染物排放限值、监测和监控要求，对重点区域规定了水污染物和大气污染物特别排放限值	2014-03-01
4		《汽车维修业水污染物排放标准》（GB 26877—2011）	本标准规定了汽车维修企业水污染物排放限值、监测和监控要求，以及标准的实施与监督等相关规定。本标准适用于现有一类和二类汽车维修企业的水污染物排放管理。本标准适用于对一类和二类汽车维修企业建设项目的环境影响评价、环境保护设施设计、竣工环境保护验收及其投产后的水污染物排放管理。本标准适用于法律允许的污染物排放行为。本标准规定的水污染物排放控制要求适用于企业直接或间接向其法定边界外排放水污染物的行为	2012-01-01
5		《电镀污染物排放标准》（GB 21900—2008）	本标准规定了电镀企业水和大气污染物排放限值、监测和监控要求。为促进区域经济与环境协调发展，推动经济结构的调整和经济增长方式的转变，引导工业生产工艺和污染治理技术的发展方向，本标准规定了水污染物特别排放限值	2008-08-01
6		《橡胶制品工业污染物排放标准》（GB 27632—2011）	本标准规定了橡胶制品企业水和大气污染物排放限值、监测和监控要求	2012-01-01

序号	领域	标准名称（标准号）	内容概述	实施日期
7	水污染物	《合成树脂工业污染物排放标准》（GB 31572—2015）	本标准规定了合成树脂（聚氯乙烯树脂除外）工业企业及其生产设施的水污染物和大气污染物排放限值、监测和监督管理要求	2015-07-01
8		《陶瓷工业污染物排放标准》（GB 25464—2010）及其修改单	本标准适用于陶瓷工业企业的水污染物和大气污染物排放管理，以及对陶瓷工业企业建设项目的环境影响评价、环境保护设施设计、竣工环境保护验收及其投产后的水污染物和大气污染物排放管理。本标准不适用于陶瓷原辅材料的开采及初加工过程的水污染物和大气污染物排放管理	2010-10-01
9		《油墨工业水污染物排放标准》（GB 25463—2010）	本标准适用于油墨工业企业的水污染物排放管理，以及油墨工业企业建设项目的环境影响评价、环境保护设施设计、竣工环境保护验收及其投产后的水污染物排放管理	2010-10-01
10		《合成革与人造革工业污染物排放标准》（GB 21902—2008）	本标准规定了合成革与人造革工业企业特征生产工艺和装置水和大气污染物排放限值。本标准适用于现有合成革与人造革工业企业特征生产工艺和装置的水和大气污染物排放管理	2008-08-01
11		《无机化学工业污染物排放标准》（GB 31573—2015）及其修改单	本标准规定了无机化学工业企业水和大气污染物排放限值、监测和监督要求	2015-07-01
12		《钢铁工业水污染物排放标准》（GB 13456—2012）及其修改单	本标准规定了钢铁生产企业或生产设施水污染物排放限值、监测和监控要求，以及标准的实施与监督等相关规定。本标准适用于现有钢铁生产企业或生产设施的水污染物排放管理	2012-10-01
13	大气污染物	《大气污染物综合排放标准》（GB 16297—1996）	本标准规定了33种大气污染物的排放限值，同时规定了标准执行中的各种要求	1997-01-01
14		《锅炉大气污染物排放标准》（GB 13271—2014）	本标准规定了锅炉大气污染物浓度排放限值、监测和监控要求	2014-07-01
15		《挥发性有机物无组织排放控制标准》（GB 37822—2019）	本标准规定了VOCs物料储存无组织排放控制要求、VOCs物料转移和输送无组织排放控制要求、工艺过程VOCs无组织排放控制要求、设备与管线组件VOCs泄漏控制要求、敞开液面VOCs无组织排放控制要求，以及VOCs无组织排放废气收集处理系统要求、企业厂区内及周边污染监控要求	2019-07-01
16		《恶臭污染物排放标准》（GB 14554—93）	本标准分年限规定了八种恶臭污染物的一次最大排放限值、复合恶臭物质的臭气浓度限值及无组织排放源的厂界浓度限值	1994-01-15
17		《电池工业污染物排放标准》（GB 30484—2013）	本标准规定了电池工业企业水和大气污染物排放限值、监测和监控要求，对重点区域规定了水污染物和大气污染物特别排放限值	2014-03-01
18		《玻璃工业大气污染物排放标准》（GB 26453—2022）	本标准规定了玻璃工业大气污染物排放控制要求、监测和监督管理要求	2023-01-01

序号	领域	标准名称（标准号）	内容概述	实施日期
19	大气污染物	《印刷工业大气污染物排放标准》（GB 41616—2022）	本标准规定了印刷工业大气污染物排放控制要求、监测和监督管理要求	2023-01-01
20		《铸造工业大气污染物排放标准》（GB 39726—2020）	本标准规定了铸造工业大气污染物排放控制要求、监测和监督管理要求	2021-01-01
21		《钢铁烧结、球团工业大气污染物排放标准》（GB 28662—2012）及其修改单	本标准规定了钢铁烧结及球团生产企业大气污染物排放限值、监测和监控要求	2012-10-01
22		《工业炉窑大气污染物排放标准》（GB 9078—1996）	本标准按年限规定了工业炉窑烟尘、生产性粉尘、有害污染物的最高允许排放浓度、烟气黑度的排放限值	1997-01-01

2.2.5 绿色制造

绿色发展是指在遵循经济规律、社会规律、生态规律的基础上，在生态环境容量和资源承载力的约束条件下，实现经济、社会、人口和资源环境可持续发展的一种新型发展模式，追求的是人、自然生态、经济社会的协同发展，是具有中国特色的当代可持续发展新形态。

我国是工业制造大国，但与世界先进水平相比，制造业仍然是大而不强，资源环境问题是制约我国向工业强国发展的重要因素之一。在碳达峰、碳中和及绿色发展大背景下，实现绿色过程是我国工业绿色发展的重要目标，绿色过程包括节能与减排、资源清洁高效利用、高度重视制造的环境影响以及实现产品的绿色设计等。绿色工业制造就是指能耗低、排放低、污染少、高技术、高附加值的工业制造，工业制造全过程的绿色化是最终目标，即从"原料→生产过程→产品＋废弃物"的单向线性生产方式转变为"原料→生产过程→产品＋原料"的循环生产方式，而且源头、生产过程和产出全面绿色化。当然，这种循环生产方式的实现仍然面临众多要解决的问题，且最终的循环方式很可能是全产业链甚至是全社会层面的循环，特别是对于某一生产过程的末端除了产品外的部分，如何转化为"原料"并有效利用，"变废为宝"，是绿色化过程要解决的关键问题。我国制造业需要大力推行绿色制造，推进供给侧结构性改革，加快制造业绿色转型升级。

2016年7月，工业和信息化部发布《工业绿色发展规划（2016—2020年）》，提出围绕绿色产品、绿色工厂、绿色园区和绿色供应链构建绿色制造标准体系。2016年9月20日，工业和信息化部办公厅发布《工业和信息化部办公厅关于开展绿色制造体系建设的通知》（工信厅节函〔2016〕586号），计划到2020年建设百家绿色工业园区和千家绿色工厂，开发万种绿色产品，绿色制造体系初步建立，绿色制造相关标准体系和评价体系基本建成。至此，我国绿色制造正式启动。绿色制造贯彻全过程绿色化的本质要求，包括能源结构的转型、发展清洁生产、大力发展循环利用、发展再制造、大力发展生态设计等方面。绿色制造推动制造业的能源结构从过去主要依托化石能源向更多地依靠可再生能源、清洁能源转变，实现能源结构的合理优化，在节能减排方面取得实效。在发展清洁生产上要求生产过程当中使污染最小化、排放最少化；在发展循环利用上要求推动制造业生产废弃物的综合利用；在发展再制造上要求通过大幅度减少废旧资源的废弃，提高资源的整体利用效率；在生态设计上要求产品设计时就考虑到各个环节的绿色化，如使用不含或少含有毒有害物质的材料、可降解或可回收利用的材料，选择排放更少、可循环、可回收的工艺设计。

　　为发挥标准规范的引领作用，工业和信息化部在绿色制造标准化体系建设方面加大了投入力度，截至2022年9月，共发布41个行业的绿色工厂评价标准；发布161个绿色设计产品评价标准，涉及石化、钢铁、有色金属、建材、机械、轻工、编织、通信、包装等行业；发布机械、汽车、电子电气3个行业绿色供应链管理企业评价指标体系。离散型行业相关绿色制造标准规范见表2-7。

表2-7　离散型行业相关绿色制造标准规范

序号	类型	标准号	标准名称	行业
1	绿色工厂评价标准	QB/T 5575—2021	《制鞋行业绿色工厂评价导则》	轻工
2		SJ/T 11744—2019	《电子信息制造业绿色工厂评价导则》	电子
3		YD/T 3838—2021	《通信制造业绿色工厂评价细则》	通信
4	绿色设计产品评价标准	GB/T 32161—2015	《生态设计产品评价通则》	—
5		GB/T 32162—2015	《生态设计产品标识》	—
6		T/CMIF 14—2017	《绿色设计产品评价技术规范　金属切削机床》	机械
7		T/CMIF 15—2017	《绿色设计产品评价技术规范　装载机》	机械
8		T/CMIF 16—2017	《绿色设计产品评价技术规范　内燃机》	机械
9		T/CMIF 17—2017	《绿色设计产品评价技术规范　汽车产品M1类传统能源车》	机械
10		T/CEEIA 296—2017	《绿色设计产品评价技术规范　电动工具》	机械
11		T/CAGP 0031—2018，T/CAB 0031—2018	《绿色设计产品评价技术规范　核电用无缝不锈钢仪表管》	机械
12		T/CAGP 0032—2018，T/CAB 0032—2018	《绿色设计产品评价技术规范　盘管蒸汽发生器》	机械
13		T/CAGP 0033—2018，T/CAB 0033—2018	《绿色设计产品评价技术规范　真空热水机组》	机械
14		T/CAGP 0041—2018，T/CAB 0041—2018	《绿色设计产品评价技术规范　片式电子元器件用纸带》	机械
15		T/CAGP 0042—2018，T/CAB 0042—2018	《绿色设计产品评价技术规范　滚筒洗衣机用无刷直流电动机》	机械
16		T/CEEIA 334—2018	《绿色设计产品评价技术规范　家用及类似场所用过电流保护断路器》	机械
17		T/CEEIA 335—2018	《绿色设计产品评价技术规范　塑料外壳式断路器》	机械
18		T/CMIF 48—2019	《绿色设计产品评价技术规范　叉车》	机械

序号	类型	标准号	标准名称	行业
19	绿色设计产品评价标准	T/CMIF 49—2019	《绿色设计产品评价技术规范 水轮机用不锈钢叶片铸件》	机械
20		T/CMIF 50—2019	《绿色设计产品评价技术规范 中低速发动机用机体铸铁件》	机械
21		T/CMIF 51—2019	《绿色设计产品评价技术规范 铸造用消失模涂料》	机械
22		T/CMIF 52—2019	《绿色设计产品评价技术规范 柴油发动机》	机械
23		T/CMIF 57—2019，T/CEEIA 387—2019	《绿色设计产品评价技术规范 直驱永磁风力发电机组》	机械
24		T/CMIF 58—2019	《绿色设计产品评价技术规范 齿轮传动风力发电机组》	机械
25		T/CMIF 59—2019	《绿色设计产品评价技术规范 再制造冶金机械零部件》	机械
26		T/CEEIA 374—2019	《绿色设计产品评价技术规范 家用和类似用途插头插座》	机械
27		T/CEEIA 375—2019	《绿色设计产品评价技术规范 家用和类似用途固定式电气装置的开关》	机械
28		T/CEEIA 376—2019	《绿色设计产品评价技术规范 家用和类似用途器具耦合器》	机械
29		T/CEEIA 380—2019	《绿色设计产品评价技术规范 小功率电动机》	机械
30		T/CEEIA 410—2019	《绿色设计产品评价技术规范 交流电动机》	机械
31		T/CMIF 64—2020	《绿色设计产品评价技术规范 办公设备用静电成像干式墨粉》	机械
32		T/CMIF 120—2020	《绿色设计产品评价技术规范 一般用途轴流通风机》	机械
33		T/CMIF 138—2021	《绿色设计产品评价技术规范 塔式起重机》	机械
34		T/CMIF 139—2021	《绿色设计产品评价技术规范 液压挖掘机》	机械
35		T/CMIF 157—2022	《绿色设计产品评价技术规范 一般用喷油回转空气压缩机》	机械
36		T/CNLIC 0063—2022	《绿色设计产品评价技术规范 真空杯》	轻工
37		T/CNLIC 0061—2022	《绿色设计产品评价技术规范 手动牙刷》	轻工
38		T/CAGP 0023—2017，T/CAB 0023—2017	《绿色设计产品评价技术规范 标牌》	轻工
39		T/CCSA 255—2019	《绿色设计产品评价技术规范 通信电缆》	通信
40		T/CCSA 256—2019	《绿色设计产品评价技术规范 光缆》	通信
41		T/CCSA 302—2021	《绿色设计产品评价技术规范 通信用户外机房、机柜》	通信
42	绿色供应链管理企业评价指标体系	—	机械行业绿色供应链管理企业评价指标体系	机械
43			汽车行业绿色供应链管理企业评价指标体系	汽车
44			电子电器行业绿色供应链管理企业评价指标体系	电子

　　绿色工厂作为构建绿色制造体系的关键一环，是实施绿色制造工程的重点任务，也是促进工业各行业结构优化、脱困升级、减污降碳、协同增效的重要途径。目前国内已有的相关评价要求大多集中在绿色工厂的某一方面，评价结果相对片面。而企业通过绿色工厂评价，有助于在行业内树立标杆，引导和规范工厂实施绿色制造，在工厂全面实现"厂房集约化、原料无害化、生产洁净化、废物资源化、能源低碳化"。截至2022年，全国绿色工厂创建已达2783家，其中超过100家的省份包括江苏、山东、广东、浙江、河南、安徽、河北、湖南。

第 **3** 章

常见离散型行业及发展概况

- □ 电子行业
- □ 机械行业
- □ 其他离散型行业

3.1 电子行业

3.1.1 电子行业范围

根据《国民经济行业分类》（GB/T 4754—2017），电子行业主要包括38电气机械和器材制造业（不包括3825光伏设备及元器件制造、384电池制造），39计算机、通信和其他电子设备制造业，40仪器仪表制造业，435电气设备修理业，436仪器仪表修理业，439其他机械和设备修理业，共计92个行业小类。其中：

① 38电气机械和器材制造业中有7个中类，包括电机制造，输配电及控制设备制造，电线、电缆、光缆及电工器材制造，家用电力器具制造，非电力家用器具制造，照明器具制造，其他电气机械及器材制造，共计33个小类，如图3-1所示。

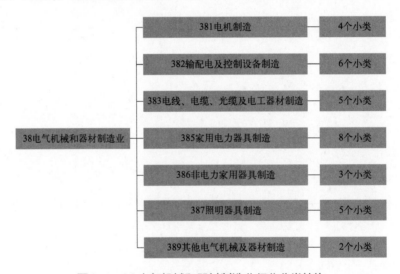

图3-1　38电气机械和器材制造业行业分类结构

② 39计算机、通信和其他电子设备制造业中有9个中类，包括计算机制造、通信设备制造、广播电视设备制造、雷达及配套设备制造、非专业视听设备制造、智能消费设备制造、电子器件制造、电子元件及电子专用材料制造、其他电子设备制造等，共计36个小类，如图3-2所示。

③ 40仪器仪表制造业中有6个中类，包括通用仪器仪表制造、专用仪器仪表制造、钟表与计时仪器制造、光学仪器制造、衡器制造、其他仪器仪表制造业等，共计20个小类，如图3-3所示。

④ 43金属制品、机械和设备修理业中有3个中类，包括电气设备修理、仪器仪表修理、其他机械和设备修理业，共计3个小类，如图3-4所示。

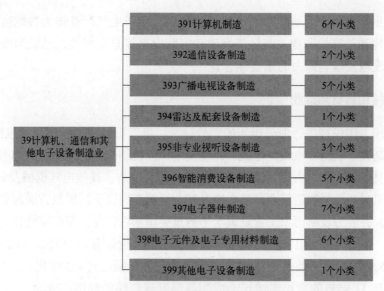

图3-2　39计算机、通信和其他电子设备制造业行业分类结构

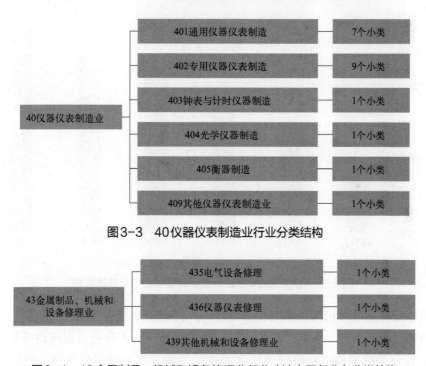

图3-3　40仪器仪表制造业行业分类结构

图3-4　43金属制品、机械和设备修理业行业（涉电子行业）分类结构

3.1.2　电子行业发展历史及现状

进入信息化、智能化时代，随着工业化、信息化、绿色化、智能化的发展，电子电气相关产品作为一种高科技产品，在机械制造、家用电器、计算机通信、仪器仪表类行

业以及日常生活的各个领域都得到了广泛的应用。电子电气产业作为各地区基础性、支柱性、先导性和战略性产业,与经济发展和国防安全等息息相关,已成为衡量国家或地区现代化程度以及综合国力的重要标志。

(1)电气机械和器材制造业

根据我国《国民经济行业分类》的划分标准,电气机械和器材制造业包括电机制造,输配电及控制设备制造,电线、电缆、光缆及电工器材制造,电池制造(本书中不涉及),家用电力器具制造,非电力家用器具制造,照明器具制造,其他电气机械及器材制造8个中类。电气机械和器材制造行业产品在提升产业经济和国民生活质量方面起着不可替代的基础性作用,并成为反映国家工业发展水平的重要指示性行业。据国家统计局统计,截至2017年5月,全国规模化电气机械和器材制造业企业单位数有23646家,较2016年增长了2.3%(图3-5),主营业务收入达到73290.7亿元,利润总额达到4936.8亿元,2012 ~ 2017年以平均每年11.85%的增长率增长,成为我国发展较快的经济产业之一。

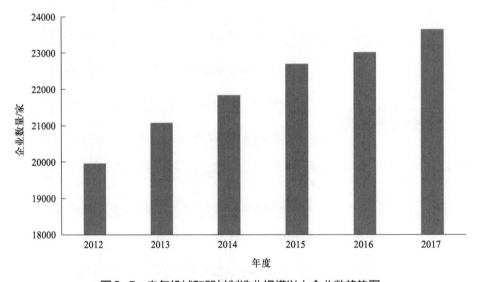

图3-5 电气机械和器材制造业规模以上企业数趋势图

电机制造业是电气机械工业的基础行业,广泛应用于冶金、电力、石化、煤炭、矿山、建材、造纸、市政、水利、造船、港口装卸等领域,在商业及家用设备等领域凡需要将电能转化为机械能或将机械能转化为电能的地方都必须用到电机。电机产品种类繁多,根据能量转换方式,电机可以分为发电机和电动机,根据电流性质、结构及工作原理、功率大小、定子铁芯高或定子铁芯外径等级、照明能效等方式可进一步分类。各类电机的结构大致相同,一般包括定子总成(定子铁芯、定子绕组、包装铁皮)、转子总成(转子铁芯、转子绕组、转子平垫),以及端盖、支架、调压器、尾盖总成、碳刷、螺栓等几部分。我国电机制造业属于劳动密集型加技术密集型产业,技术含量相对不高,导致行业技术准入壁垒较低,产品同质化较为严重,产品间差异性较小。近年来部分企业逐步由"大而全"向"专业化、集约化"转变，进一步推动了电机行业中专业化生产模式的发展。根据国家统计局数据，截至2015年6月，我国电机制造业规模以上的企业共有2685家，总资产规模达到7288.40亿元。同时，随着新材料如稀土永磁材料、磁性复合材料的出现，使得各种新型、高效、特种电机层出不穷。近十几年，由于国际社会对节约能源、环境保护及可持续发展的重视程度迅速提高，生产高效电机已成为全球电机工业的发展方向。

输配电及控制设备是电网建设中不可或缺的一部分，其作用是接受、分配和控制电能，保障用电设备和输电线路的正常工作，并将电能输送到用户。国家智能电网的建设，为智能配网自动化系统、智能变电自动化系统、用电信息采集系统及终端、高低压费控系统、智能电能表、高低压开关及成套设备等产品提供了广阔的市场空间，成为行业发展的主要动力。输配电及控制设备行业主要包括变压器、整流器和电感器的制造，电容器及其配套设备的制造，配电开关控制设备的制造，电力电子元器件的制造，光伏设备及元器件的制造（本书不涉及），以及其他输配电及控制设备的制造。该行业的产品主要应用于电力行业，与国家电力投资息息相关。我国电力工业发展迅速，"十五"期间年均新增发电装机3860万千瓦，"十一五"期间年均新增220千伏及以上输电线路约37700千米。在"十五"与"十一五"高速发展的基础上，我国在"十二五"实现了世界领先的发电装机规模，2015年底我国发电装机容量已达150828万千瓦，"十三五"期间累计投资不低于1.7万亿元。

电线、电缆、光缆及电工器材制造是国民经济的重要基础性产业，是电力和通信两大国民经济支柱行业的配套行业，其产品对能源输送和信息交互起着重要的作用，因此常被称为国民经济的"血管"或"神经"。2014年，我国电线、电缆制造业销售收入总额（规模以上工业企业销售收入之和）达到12502.718亿元，同比增长5.23%；2016年，我国电线、电缆制造行业销售收入达到13133亿元。"十二五"期间，电线、电缆制造业经济总体实现了持续、平稳的增长，线缆铜导体用量由2010年的约480万吨增至2015年的约660万吨，线缆铝导体用量约200万吨；至"十二五"末，我国线缆五大类产品中主要品种的年产量为：各种架空导线（含绝缘架空电缆）约150万吨，高压及超高压电缆（66kV及以上）约1.5万千米，中压电力电缆约48万千米（折算单芯计算），各种光缆约2亿芯千米，各种绕组线约160万吨。该行业规模以上企业数量由"十二五"初期的3578家增加到"十二五"末的4075家。近些年，随着人工智能技术的发展和环保意识的提升，电线、电缆行业也开始向智能化、绿色化方向发展。一些企业还引入了自动化生产装配线和智能设备，提高了生产效率和产品质量。

家用电力器具主要是指在家庭及类似场所中使用的各种电器和电子器具，已成为现代家庭生活的必需品。家用电力器具种类繁多，其相关的制造行业也多种多样，分为家用制冷电器具制造、家用空气调节器制造、家用通风电器具制造、家用厨房电器具制造、家用清洁卫生电器具制造、家用美容和保健电器具制造、家用电力器具专用配件制造以及其他家用电力器具制造等。近年来，随着环保问题的日益凸显，非电力家用器具制造成为热点，包括燃气、太阳能及类似能源家用器具制造，通常指以液化气、天然气、人工煤气、沼气或太阳能作燃料，以镀锡钢板（马口铁）、搪瓷、不锈钢等为材料加工制成的家用器具。

照明产品是国民经济发展和人民生活的必需品，随着国民经济的发展和人民生活水平的提高，对照明产品的需求也在不断增长。照明器具的制造包括电光源制造、照明灯具制造、灯用电器附件及其他照明器具制造。随着我国经济社会的进步，荧光灯、节能灯、LED等新型光源的出现，使照明灯具发生了翻天覆地的演进。光源的丰富和多样化，也使照明灯具行业发展有了更广阔的前景。

（2）计算机、通信和其他电子设备制造业

计算机、通信和其他电子设备制造业是我国国民经济的支柱产业之一，早已在军事科技领域和日常生活的各个领域得到了广泛的应用，也成为衡量国家或地区现代化程度以及综合国力的重要标志，对我国经济的发展具有极其重要的意义。据国家统计局统计，截至2017年12月，计算机、通信和其他电子设备制造业规模以上（年主营业务收入2000万元及以上）的企业有15759家，如图3-6所示。

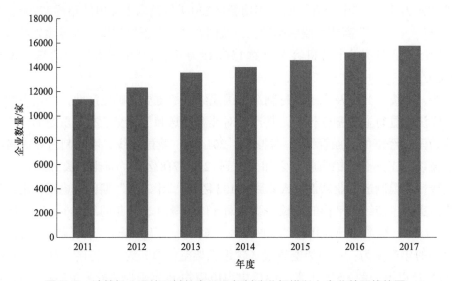

图3-6　计算机、通信和其他电子设备制造业规模以上企业数量趋势图

2016年，计算机、通信和其他电子设备制造业在工业产值排名中居首位，达98457亿元，占工业总产值的8.55%，2006～2016年年均增长率达到11.53%（图3-7）。

电子元器件制造业是电子电气产业的重要组成部分，应用领域十分广泛，几乎涉及国民经济各个工业部门和社会生活各个方面，既包括电力、机械、矿冶、交通、化工、轻纺等传统工业，也涵盖航天、激光、通信、高速轨道交通、机器人、电动汽车、新能源等战略性新兴产业。对发展信息技术、改造传统产业、提高现代化装备水平、促进科技进步都具有重要意义。

印制电路板（PCB）的主要功能是使各种电子零组件形成预定电路的连接，起中继

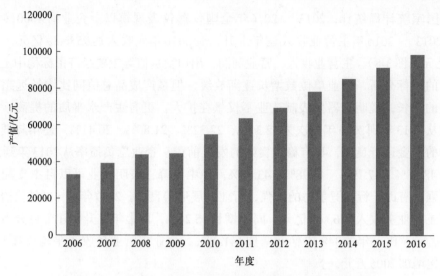

图3-7　计算机、通信和其他电子设备制造业年产值趋势图

传输作用，被称为"电子产品之母"。PCB 个人消费者需求主要集中在计算机、移动终端和消费电子等领域，企业级用户主要集中在通信设备、医疗、航空航天等领域。尽管全球 PCB 增速放缓，但中国 PCB 行业一直在稳步发展，全球影响越来越大。印制电路板行业受益于 5G、云计算、物联网等新兴技术的发展，2021 年全球市场规模达到了 800亿美元，同比增长了 23%。2022 年，全球印制电路板市场保持稳定增长，市场规模超过900 亿美元。亚洲是全球印制电路板的主要生产和消费地区，其中中国占据了重要的地位。通信和计算机是印制电路板的主要应用领域，占据了全球 PCB 市场近 70%的份额。随着电子产品对 PCB 的高密度化要求更为突出，封装基板、多层板等高端产品将有较快的增长。未来五年，全球 PCB 市场将保持温和增长，物联网、汽车电子、工业 4.0、云端服务器、存储设备等将成为驱动 PCB 需求增长的新方向。预计 2027 年全球印制电路板市场规模将超过 1000 亿美元，年均复合增长率接近 5%。

（3）仪器仪表制造业

随着工业发展规划的实施，以及人类生活水平的提高，仪器仪表行业已成为我国高端装备制造行业中的咽喉行业。仪器仪表应用领域广泛，覆盖了工业、农业、交通、科技、环保、国防、文教卫生、人民生活等各方面，在国民经济建设各行各业的运行过程中承担着把关者和指导者的任务。仪器仪表是多种科学技术的综合产物，品种繁多，通用性较强，使用广泛，而且不断更新，有多种分类方法。按使用目的和用途来分，主要有量具量仪、汽车仪表、拖拉机仪表、船用仪表、航空仪表、导航仪器、驾驶仪器、无线电测试仪器、载波微波测试仪器、地质勘探测试仪器、建材测试仪器、地震测试仪器、大地测绘仪器、水文仪器、计时仪器、农业测试仪器、商业测试仪器、教学仪器、医疗仪器、环保仪器等。

据国家统计局统计，2013～2016年全国仪器仪表规模以上企业有4000多家（表3-1），2013～2016年主营业收入逐年上升，到2016年底收入达9536.29亿元，利润达820.7亿元（图3-8）。主营业收入、营业利润、出口交货值等主要经济指标稳中上升。从更深层的指标分析，企业单位数增长逐渐放缓，但是产成品总值同比增长远超过企业单位数的增长，说明仪器仪表制造业不仅量在扩大，更有生产水平质的提高；固定资产比率从2013年到2016年依次为22.31%、22.32%、21.80%、20.41%，逐年降低，表明该行业的资金运行良好，具有稳定良好的发展前景；企业总负债率从2013年到2016年依次为48.08%、47.19%、44.98%、43.88%，稳中有降，表明行业可以自主支配资金的能力增强，有助于行业竞争力的增强，行业发展形势良好。2017年1～8月仪器仪表行业实现主营业务收入6360.08亿元，同比增长15.26%，比上年上升8.61个百分点。净增842.05亿元，比上年的348.12亿元增加141.88%。企业主营业务收入平均规模15143万元，同比增加2005万元。

表3-1　2013～2016年仪器仪表制造业规模以上工业企业主要经济指标

指标	2013年		2014年		2015年		2016年	
	年末累计数值	同比增长/%	年末累计数值	同比增长/%	年末累计数值	同比增长/%	年末累计数值	同比增长/%
企业单位数	4091个	7.60	4178个	2.13	4261个	1.99	4337个	1.78
产成品总值	309.34亿元	5.53	355.59亿元	14.95	387.42亿元	8.95	407.58亿元	5.20
固定资产合计	1446.05亿元	13.35	1631.22亿元	12.81	1749.67亿元	7.26	1802.56亿元	3.02
资产总计	6482.51亿元	10.91	7309.82亿元	12.76	8024.43亿元	9.78	8832.94亿元	10.08
主营业收入	7567.75亿元	13.69	8347.58亿元	10.30	8741.75亿元	4.72	9536.29亿元	9.09
营业利润	634.93亿元	13.96	686.85亿元	8.18	704.76亿元	2.61	767.13亿元	8.85
利润总额	663.37亿元	15.26	720.76亿元	8.65	743.75亿元	3.19	820.70亿元	10.35
负债合计	3117.09亿元	9.92	3449.67亿元	10.67	3609.18亿元	4.62	3875.70亿元	7.38
工业销售产值	7521.52亿元	13.61	8286.27亿元	10.17	8749.31亿元	5.59	9441.41亿元	7.91
出口交货值	1156.12亿元	10.58	1240.52亿元	7.30	1338.95亿元	7.93	1358.20亿元	1.44

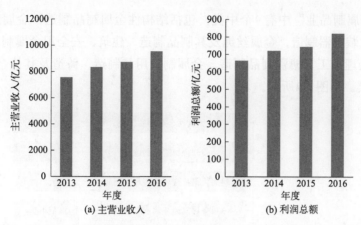

图3-8　2013～2016年仪器仪表制造业规模以上工业企业收入及利润趋势图

（4）电气设备、仪器仪表及其他机械和设备修理业

在电子电器产品的使用过程中，必然涉及正常的损耗、振动、腐蚀、污染等现象，导致产品发生故障，修理行业应需火热发展，但是除大型设备企业配备相应修理部门外，多以个体维修户为主，一般进行小规模的元器件更换、补焊等维修工作，或现场维修，大规模维修维护需要进厂完成。

市场调查结果显示，对于出现故障的设备，用户的处理方式主要有以下几种情况：

① 电饭煲等小型电器设备更新换代较快，考虑到维修成本、周期与效果等，通常选择不维修直接丢弃，相关数据显示此类产品维修率仅为1%。

② 仪器、机械类产品等大型设备，价格昂贵，使用寿命较长，维修工作通常为入户现场操作，多以更换零配件为主。

③ 仪表等精密设备，用户会选择送至专业修理部门维修，但因仪表体积小、维修工艺简单，维修部通常会选址在写字楼中。

3.2　机械行业

3.2.1　机械行业范围

根据《国民经济行业分类》，机械行业主要包括33金属制品业，34通用设备制造业，35专用设备制造业，36汽车制造业，37铁路、船舶、航空航天和其他运输设备制造业，43金属制品、机械和设备修理业［涉机械行业，即431金属制品修理，432通用设备修理，433专用设备修理，434铁路、船舶、航空航天等运输设备修理（不包括电镀工艺）］的47个中类、182个小类。其中：

①"33金属制品业"中有9个中类，包括结构性金属制品制造，金属工具制造，集装箱及金属包装容器制造，金属丝绳及其制品制造，建筑、安全用金属制品制造，金属表面处及热处理加工，搪瓷制品制造，金属制日用品制造，铸造及其他金属制品制造，共计29个小类。如图3-9所示。

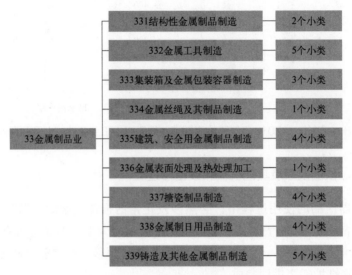

图3-9　33金属制品业行业分类结构

②"34通用设备制造业"中有9个中类，包括锅炉及原动设备制造，金属加工机械制造，物料搬运设备制造，泵、阀门、压缩机及类似机械制造，轴承、齿轮和传动部件制造，烘炉、风机、包装等设备制造，文化、办公用机械制造，通用零部件制造，其他通用设备制造，共计52个小类。如图3-10所示。

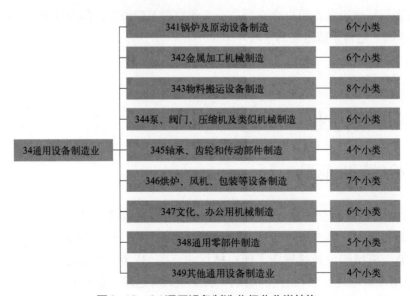

图3-10　34通用设备制造业行业分类结构

③"35专用设备制造业"中有9个中类，包括采矿、冶金、建筑专用设备制造，化工、木材、非金属加工专用设备制造，食品、饮料、烟草及饲料生产专用设备制造，印刷、制药、日化及日用品生产专用设备制造，纺织、服装和皮革加工专用设备制造，电子和电工机械专用设备制造，农、林、牧、渔专用机械制造，医疗仪器设备及器械制造，环保、邮政、社会公共服务及其他专用设备制造，共计56个小类。如图3-11所示。

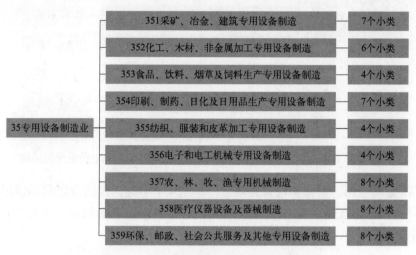

图3-11 35专用设备制造业行业分类结构

④"36汽车制造业"中有7个中类，包括汽车整车制造，汽车用发动机制造，改装汽车制造，低速汽车制造，电车制造，汽车车身、挂车制造，汽车零部件及配件制造，共计8个小类。如图3-12所示。

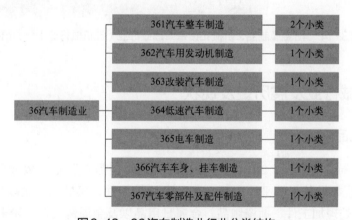

图3-12 36汽车制造业行业分类结构

⑤"37铁路、船舶、航空航天和其他运输设备制造业"中有9个中类，包括铁路运输设备制造，城市轨道交通设备制造，船舶及相关装置制造，航空、航天器及设备制造，摩托车制造，自行车和残疾人座车制造，助动车制造，非公路休闲车及零配件制造，潜水救捞及其他未列明运输设备制造，共计30个小类。如图3-13所示。

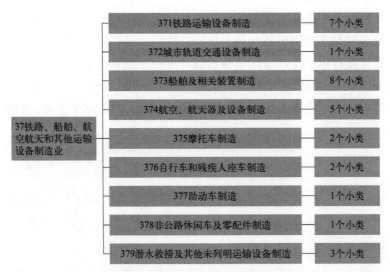

图3-13　37铁路、船舶、航空航天和其他运输设备制造业行业分类结构

⑥"43金属制品、机械和设备修理业"中有4个中类，包括金属制品修理，通用设备修理，专用设备修理，铁路、船舶、航空航天等运输设备修理，共计7个小类。如图3-14所示。

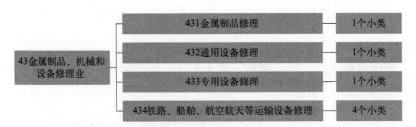

图3-14　43金属制品、机械和设备修理业行业（涉机械行业）分类结构

3.2.2　机械行业发展历史及现状

（1）33金属制品业

国家统计局数据显示，2016年和2017年"金属制品业"企业数分别为20731家和20974家，企业数量基本持平；主要产品是金属结构件、集装箱、金属丝绳及其制品、表面处理及热处理加工件、搪瓷制品、金属日用品以及金属铸锻件、粉末冶金件等。企业主要分布在广东、江苏、山东、福建、上海等地，技术水平以中低为主。

以铸造行业具体说明。我国铸造生产企业主要分布在濒海东部，西部较少。主要分布在河北、山东、江苏、浙江、安徽、辽宁、广东、山西、河南等地。从产业结构看，既有从属于主机生产厂的铸造分厂或车间，如汽车、机床、发电及电力、泵阀、市政、矿山冶金、重型机械等行业，也有大量的专业铸造厂。就规模和水平而言，既有工艺先进、机械化程度高、年产数万吨铸件的大型铸造厂，如重型工业、汽车工业、航空工业等一些先进的铸造厂，也有平均产能在几百吨到一两千吨的小铸造企业，有些企业工艺落后、设备简陋、手工操作，依靠粗放式的生产和低价劳动力的支撑勉强维持生产。

（2）34通用设备制造业

国家统计局数据显示，2016年和2017年通用设备制造业企业数分别为23680家和23849家，企业数量基本持平；行业集中度相对较低，产业链发展不平衡，行业内企业在高端产品市场竞争力不强。企业主要分布在江苏、辽宁、山东、浙江、四川、黑龙江、重庆、上海、广东、北京、河北、河南、山西等地。通用设备制造业主要产品包括锅炉及辅助设备，内燃机及配件，金属切削机床，机床功能部件及附件，专用起重机，电梯、自动扶梯及升降机，泵及真空设备，液压动力机械及元件，滚动轴承，齿轮及齿轮减、变速箱，制冷、空调设备，风动和电动工具，照相机及器材，金属密封件、紧固件，弹簧，工业机器人，增材制造装备等。其结构材料以钢材、铝合金材料、高分子材料为主；工艺材料以涂料、稀料、喷涂材料、焊材、矿物油、乳化液为主。技术水平有高、中、低之分。

随着技术水平的提高和市场对产品要求的提高，我国通用设备制造业高端产品的比重将逐渐加大，企业生产将逐渐从低端产品向高附加值产品转变。

（3）35专用设备制造业

国家统计局数据显示，2016年专用设备制造业企业数为17603家，2017年1～10月，专用设备制造业投资额超过5000亿元，在机械工业投资额占比中达到19.19%。其产品种类较多，主要包括模具、拖拉机、环境污染防治专用设备、农副食品加工专用设备、深海石油钻探设备、建筑材料生产专用机械等。企业主要分布在江苏、辽宁、山东、山西、浙江、上海、广东、福建等地。技术水平有高、中、低之分。主要原材料为钢铁等。

（4）36汽车制造业

国家统计局数据显示，2016年汽车制造业企业数为14493家，其中汽车整车制造企业445家（其中含发动机制造企业约100家）、改装汽车制造企业535家、低速载货汽车制造企业23家、电车制造企业100家、汽车车身及挂车制造企业293家、汽车零部件及配件制造企业13097家。

根据《中国汽车工业发展年度报告（2017）》，自2013年以来，中国汽车产量连续五年超过2000万辆，连续十年稳居世界第一。2017年我国产销各类汽车分别为2901.5万辆和2887.9万辆，汽车工业重点企业（集团）累计实现营业收入40074.09亿元。截至2017年底，我国机动车保有量达3.1亿辆，其中汽车2.17亿辆。

2016年广东、重庆、上海、吉林、广西、湖北和北京七省（自治区、直辖市）汽车产量突破200万辆，占全国总产量的70%以上。安徽、江苏、河北、辽宁四省汽车产量突破100万辆，四省汽车产量占全国总产量的20%以上。山东、四川、河南、浙江、江西和天津汽车产量突破50万辆，六省市汽车产量约占全国总产量的15%。

我国汽车零部件企业集群化发展，已经形成长江三角洲、京津区、珠江三角洲（广东）、东北、华中（湖北）、西南六大汽车零部件集群区域。六大产业集群区域零部件产值约占全行业总产值的80%，其中长江三角洲零部件产值份额约为37%；上海为全国最大的零部件产业基地，产值约占总产值20%；浙江和江苏产值约占总产值的17%。

根据中国汽车工业统计数据，广东、重庆、上海、吉林、广西、湖北和北京是汽车产业集中的省（自治区、直辖市），重庆、上海、北京、柳州、长春、广州、沈阳、保定、武汉、成都、天津、十堰、芜湖、南京、西安、合肥、盐城、烟台、成都、郑州、襄阳等是汽车产业集中的城市。

（5）37铁路、船舶、航空航天和其他运输设备制造业

国家统计局数据显示，2016年铁路、船舶、航空航天和其他运输设备制造业企业数共计4947家，其中铁路运输设备制造企业835家，城市轨道交通设备制造企业68家，船舶及相关装置制造企业1221家，航空、航天器及设备制造企业375家，摩托车制造企业1280家，自行车制造企业914家，非公路休闲车及零配件制造企业136家，潜水救捞及其他未列明运输设备制造企业118家。

① 铁路运输设备制造　2016年全国铁路机车拥有量为2.1万台，比上年增加87台，其中，内燃机车占41.8%，比上年下降0.9个百分点，电力机车占58.2%，比上年提高0.9个百分点。全国铁路客车拥有量为7.1万辆，比上年增加0.3万辆，其中，动车组2586标准组、20688辆，比上年增加380标准组、3040辆。全国铁路货车拥有量为76.4万辆。

② 船舶制造　2016年，全国造船完工量为3532万载重吨，同比下降15.6%；承接新船订单量为2107万载重吨，同比下降32.6%；截至2016年12月底，手持船舶订单量为9961万载重吨，同比下降19%。出口船舶在全国造船完工量、新接订单量、手持订单量中所占比重分别为94.7%、77.2%、92.6%。我国船企的主要建造船型为散货船、油轮、集装箱船。

③ 摩托车制造　2016年全年产销摩托车1682.08万辆和1680.03万辆，比上年下降10.68%和10.75%。其中跨骑车产销857.96万辆和857.03万辆，比上年下降13.75%和13.6%；弯梁车产销263.24万辆和266.08万辆，比上年下降19.9%和19.47%；踏板车产销352.24万辆和349.66万辆，比上年增长4.09%和3.37%。出口量排名前十位的企业依次为：隆鑫、广州大运、银翔、力帆、大长江、宗申、五羊-本田、新大洲本田、广州豪进和广州天马。

④ 自行车制造　2016年我国自行车总产量为8518.3万辆，其中脚踏自行车产量为5303.3万辆，助力自行车产量为3215万辆。全球自行车每年的需求量在1.1亿辆左右，

中国自行车整车出口量占世界贸易总量的 60% 以上。亚洲及北美市场占我国自行车出口市场的 80%。整车出口类型结构较稳定，出口仍然以中低端自行车为主，出口均价为 60 美元左右。自行车行业的产业集中度较高，集中在天津市、江苏省、广东省、浙江省和上海市，上述 5 个地区出口占全国出口的 95%，天津市出口占全国出口的 42.6%。经过多年的发展，目前全国已形成三大产业基地，构成了支撑区域经济发展的优势产业。我国自行车国内消费量也居世界第一。

3.3　其他离散型行业

3.3.1　木材加工行业

根据《国民经济行业分类》，木材加工行业主要包括 20 木材加工和木、竹、藤、棕、草制品业，共有 4 个中类、18 个小类。具体如表 3-2 所列。

表 3-2　木材加工行业分类表

大类	中类	小类
20 木材加工和木、竹、藤、棕、草制品业	201 木材加工	2011 锯材加工
		2012 木片加工
		2013 单板加工
		2019 其他木材加工
	202 人造板制造	2021 胶合板制造
		2022 纤维板制造
		2023 刨花板制造
		2029 其他人造板制造
	203 木制品制造	2031 建筑用木料及木材组件加工
		2032 木门窗制造
		2033 木楼梯制造
		2034 木地板制造
		2035 木制容器制造
		2039 软木制品及其他木制品制造
	204 竹、藤、棕、草等制品制造	2041 竹制品制造
		2042 藤制品制造
		2043 棕制品制造
		2049 草及其他制品制造

木材加工和木、竹、藤、棕、草制品业由于能源消耗低、污染少、资源有再生性，在国民经济中占有十分重要的地位。另外，随着经济的发展和人民生活水平的不断提高，加上城镇化建设步伐的加快以及生态文明建设的提出，我国对木材加工及木、竹、藤、棕、草制品业的需求将持续增长。

木材加工行业主要包括锯材、木片和单板三类产品。锯材是指以原木为原料，利用锯木机械或手工工具将原木纵向锯成具有一定断面尺寸（宽、厚度）的木材产品。木片是指利用森林采伐、造材、加工等剩余物和定向培育的木材，经削（刨）片机加工成的一定规格的产品。单板是指以原木为原料，利用旋切机等木材机械加工而成的产品。多用于单板层积材（LVL）、纺织用木质层压板、电工层压木板和木质层积塑料等的生产。随着科技的进步，装饰单板（厚度0.55mm以下的单板）发展很快，主要用于装饰贴面二次加工，如生产装饰贴面胶合板、实木复合地板、木质复合门窗、家具、楼梯、汽车内饰、木墙纸和踢脚线等其他人造板。随着人们生活水平的提高，对高品质木材的需求量也日益增加。所以对木材进行干燥、防腐、改性、染色加工等木材加工活动也越来越普遍。木材干燥是指采取适当的措施使木材中的水分（含水率）降低到一定的程度以提高木材的品质。常规蒸汽干燥在我国木材干燥中占主导地位，占80%以上。目前防腐工艺也越来越多地用在木材的保养与维护中，当前使用最多的是水溶性防腐剂，且大多使用的是对人类和环境危害大的传统的木材防腐剂。木材改性是指改善或改变木材的物理、力学、化学性质和构造特征的物理或（和）化学加工处理方法，木材改性技术包括木材塑合、木材浸渍、木材乙酰化、木材热处理、木材压缩和弯曲、木材漂白等。木材染色是染料与木材发生化学或物理化学结合，木材工业中常用的水溶性有机染料有直接染料、酸性染料、碱性染料和活性染料等。

《中国林业统计年鉴》（2007～2014年）统计数据显示（图3-15和图3-16），木材加工行业2014年全国木材产量为8233.30万立方米，比2013的8438.50万立方米有所下降，比2012年的8174.87万立方米增长0.71%，比2010年（"十一五"期末）的8089.62万立方米增长1.78%，比2005年（"十五"期末）的5560.31万立方米增长48.07%，2007～2014年全国木材产量变化趋势图如图3-15所示。锯材产量，2014年全国为6836.98万立方米，比2013年的6297.60万立方米增长8.56%，比2012年的5568.19万立方米增长22.79%，比2010年（"十一五"期末）的3722.63万立方米增长83.66%，比2005年（"十五"期末）的1790.29万立方米增长2.82倍。

《中国林业统计年鉴》（2014）数据显示，木片产量较大地区依次为山东、广西、江苏、河南、安徽、广东，木片总产量达3466.39万立方米，占全国木片总产量的80.4%；锯材产量山东、黑龙江居先，内蒙古、广西、安徽其次，五个主产区锯材产量达3902.38万立方米，占全国锯材总产量的57.1%。

《中国工业统计年鉴》（2013～2017年）统计数据显示，木材加工行业2017年规模以上企业数量达1614家，相比2016年略有下降，5年间总体呈上升趋势；2017年锯材加工行业规模以上企业637家，相比2016年下降了5.5%；木片加工行业规模以上企业数量

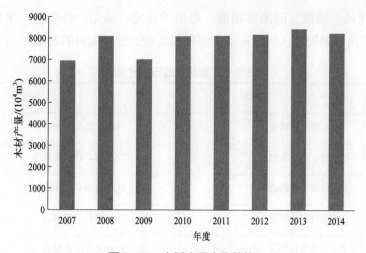

图3-15 木材产量变化趋势

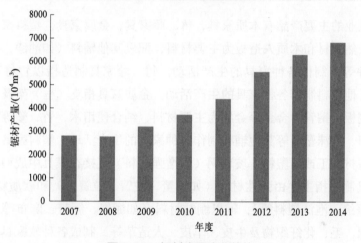

图3-16 锯材产量变化趋势

2017年达466家，相比2016年下降了2.3%；单板加工行业2017年规模以上企业数量达357家，2013～2017年五年间企业数量逐年递增；其他木材加工行业规模以上企业数量2017年同样呈现明显上升趋势，2017年为154家，较2016年增加14.9%。

有关资料显示，木材加工整体行业企业主要分布在辽宁、福建、江苏、广东、广西等地，企业数量占总登记企业数量的50%，锯材加工行业的企业相对集中地分布在辽宁、福建、内蒙古、吉林和黑龙江，占总企业数的58%，木片加工企业有18%分布在广东省，其他占比较高的依次为江苏省（16%）、广西壮族自治区（14%）、辽宁省（7%）。

3.3.2 家具制造行业

按照《国民经济行业分类》，家具制造行业主要包括21家具制造业，共有5个中类、5个小类，如表3-3所列。家具制造主要指用木材、金属、塑料、竹、藤等材料制作的，具有坐卧、凭倚、储藏、间隔等功能，可用于住宅、旅馆、办公室、学校、餐馆、医院、剧场、公园、船舰、飞机、机动车等任何场所的各种家具的制造。

表3-3　家具制造行业分类表

大类	中类	小类
21家具制造业	211木质家具制造	2110木质家具制造
	212竹、藤家具制造	2120竹、藤家具制造
	213金属家具制造	2130金属家具制造
	214塑料家具制造	2140塑料家具制造
	219其他家具制造	2190其他家具制造

家具制造业的主要产品有木质家具，竹、藤家具，金属家具，塑料家具等。木质家具制造指以天然木材和木质人造板为主要材料，配以其他辅料（如油漆、贴面材料、玻璃、五金配件等）制作各种家具的生产活动。竹、藤家具制造指以竹材和藤材为主要材料，配以其他辅料制作各种家具的生产活动。金属家具指支（框）架及主要部件以铸铁、钢材、钢板、钢管、合金等金属为主要材料，结合使用木、竹、塑等材料，配以人造革、尼龙布、泡沫塑料等其他辅料制作各种家具的生产活动。塑料家具制造指用塑料管、板、异型材加工或用塑料、玻璃钢（即增强塑料）直接在模具中成型家具的生产活动。其他家具制造指主要由弹性材料（如弹簧、蛇簧、拉簧等）和软质材料（如棕丝、棉花、乳胶海绵、泡沫塑料等），辅以绷结材料（如绷绳、绷带、麻布等）和装饰面料及饰物（如棉、毛、化纤织物及牛皮、羊皮、人造革等）制成各种软家具，以玻璃为主要材料，辅以木材或金属材料制成各种玻璃家具，以及其他未列明的原材料制作各种家具的生产活动。

根据中国家具协会的数据，中国家具行业总产值突破万亿元大关，连续5年成为世界家具生产和消费第一大国。随着规模的扩大，家具产业的地位也随之不断提升，家具产品目前已成为仅次于房地产、汽车、食品的第四大消费品，在国民经济中开始占据重要地位。据国家统计局数据，2006～2016年家具制造业产品产量情况见图3-17。2008年家具制造业产品数量为80799万件，与2007年产量数据相比，其增长率为66.7%，增速较快。2014～2016年家具制造业产品数量分别为77374.62万件、76961.70万件和79464.15万件，家具产量趋于稳定。

2016年，我国家具制造业规模以上企业主营业务收入达到8559.5亿元，同比增长8%。这一增速高于国家前三季度6.7%的GDP增速，也高于轻工行业整体6.6%的增速，家具行业整体发展保持稳定。2016年，家具行业累计完成产品数量79464.15万件，同比增长3.25%。在产量增速较小的情况下，利润总额保持了较高的增长速度，说明

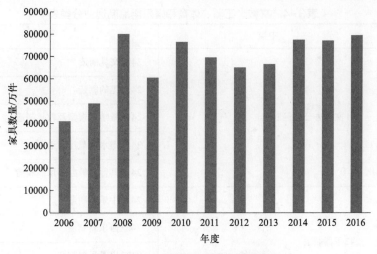

图 3-17　家具制造业产品产量情况

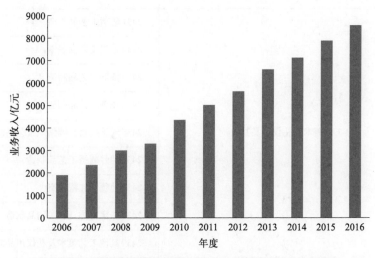

图 3-18　家具制造业规模以上工业企业主营业务收入情况

企业盈利能力有所提高，产品附加值进一步增加。目前我国家具产能占全球市场份额已超过 25%，成为世界排名第一的家具生产、消费及出口国。2006 ～ 2016 年家具制造业规模以上工业企业主营业务收入情况见图 3-18。其中，木制家具制造总体资产为3513.54 亿元，占比是最高的，为 63%；竹、藤及塑料家具制造总体资产占比最低，分别为 1% 和 2%。

3.3.3　文教、工美、体育和娱乐用品制造行业

按照《国民经济行业分类》，文教、工美、体育和娱乐用品制造业共计 6 个中类、33个小类，如表 3-4 所列。

表3-4 文教、工美、体育和娱乐用品制造业分类表

大类	中类	小类
24 文教、工美、体育和娱乐用品制造业	241 文教办公用品制造	2411 文具制造
		2412 笔的制造
		2413 教学用模型及教具制造
		2414 墨水、墨汁制造
		2419 其他文教办公用品制造
	242 乐器制造	2421 中乐器制造
		2422 西乐器制造
		2423 电子乐器制造
		2429 其他乐器及零件制造
	243 工艺美术及礼仪用品制造	2431 雕塑工艺品制造
		2432 金属工艺品制造
		2433 漆器工艺品制造
		2434 花画工艺品制造
		2435 天然植物纤维编织工艺品制造
		2436 抽纱刺绣工艺品制造
		2437 地毯、挂毯制造
		2438 珠宝首饰及有关物品制造
		2439 其他工艺美术及礼仪用品制造
	244 体育用品制造	2441 球类制造
		2442 专项运动器材及配件制造
		2443 健身器材制造
		2444 运动防护用具制造
		2449 其他体育用品制造
	245 玩具制造	2451 电玩具制造
		2452 塑胶玩具制造
		2453 金属玩具制造
		2454 弹射玩具制造

续表

大类	中类	小类
24 文教、工美、体育和娱乐用品制造业	245 玩具制造	2455 娃娃玩具制造
		2456 儿童乘骑玩耍的童车类产品制造
		2459 其他玩具制造
	246 游艺器材及娱乐用品制造	2461 露天游乐场所游乐设备制造
		2462 游艺用品及室内游艺器材制造
		2469 其他娱乐用品制造

我国是世界文教办公用品制造大国，产品种类繁多，相关企业数超万家，行业年产值 1200 多亿元，其中，文具制造年产值约 600 亿元，笔的制造年产值约 450 亿元，教学用模型及教具制造年产值约 80 亿元，墨水、墨汁制造年产值约 20 亿元，其他文教办公用品制造年产值约 60 亿元。

全国乐器制造行业年产值约 300 亿元，全国企业数约 300 家，产值过亿元的企业仅有 10 家，大多为私营和作坊式企业，这些小企业大多无环评批复和环保设施，主要集中在浙江、天津、河北、江苏、上海、广东等地。

工艺美术行业的产值最高，达 1.1 万亿元。广东、山东、江苏、浙江、福建等省是行业集中地区。其中，工艺美术及礼仪用品制造企业主要集中在广东、山东、福建、浙江和江苏五省，五省 2011～2015 年的工艺美术品生产企业数占总企业数的 69%～74%。工艺美术及礼仪用品制造行业涉及的产品门类多，因满足审美观赏和修饰的功能需求，生产工序较为繁杂，且大多为手工工艺，如雕塑工艺品、金属工艺品、漆器工艺品、天然植物纤维编织工艺品、抽纱刺绣工艺品、珠宝首饰及有关制品的成型修饰主要依赖人为的加工制作，因而主要是私营企业和家族作坊式企业，规模普遍较小，而且无环评批复和环保设施。从工艺美术品门类来看，根据 2011～2015 年我国工艺美术品制造行业（国民经济行业 4 级代码）的规模以上（主营业务年收入 2000 万元以上）企业数变化，工艺美术品制造行业的生产企业主要集中在其他工艺美术品制造、雕塑工艺品制造、天然植物纤维编织工艺品制造、抽纱刺绣工艺品制造（企业数量由高至低），金属工艺品和珠宝首饰及有关物品制造企业数较少（286～453 家），而地毯、挂毯制造，漆器工艺品制造和花画工艺品制造企业数更少，基本保持在 100 家左右。

根据中国玩具及婴童用品协会统计，截至 2015 年 6 月，按企业主营业务产品口径统计，我国玩具生产企业总数大口径（电子游戏类，节日礼品、派对类在内）8953 家，小口径（电子游戏类，节日礼品、派对类除外）为 7864 家。企业多为中小型企业，企业规模较小，产值较低，生产工艺多为离散型。玩具和婴童用品重要的产业群体，主要分布在广东省、浙江省、山东省、江苏省、福建省和河北省。在产品类别方面，广东省和福建省以电动和塑料玩具为主；江苏省以毛绒玩具、童车为主；浙江省以木制玩具、童车、安全座椅为主；山东省以毛绒玩具、童床为主；河北省以童车为主，形成较为明显的产业集群效应。其中，广东省又是我国最大的玩具生产和出口地区，主要集中在深圳、东莞、广州、汕头澄海、佛山南海、揭阳揭西等地。

3.3.4 橡胶和塑料制造行业

按照《国民经济行业分类》，橡胶和塑料制造行业主要包括29橡胶和塑料制品业、41其他制造业（不包括412核辐射加工），共4个中类、19个小类，如表3-5所列。

表3-5 橡胶和塑料制造行业分类表

大类	中类	小类
29橡胶和塑料制品业	291橡胶制品业	2911轮胎制造
		2912橡胶板、管、带制造
		2913橡胶零件制造
		2914再生橡胶制造
		2915日用及医用橡胶制品制造
		2916运动场地用塑胶制造
		2919其他橡胶制品制造
	292塑料制品业	2921塑料薄膜制造
		2922塑料板、管、型材制造
		2923塑料丝、绳及编织品制造
		2924泡沫塑料制造
		2925塑料人造革、合成革制造
		2926塑料包装箱及容器制造
		2927日用塑料制品制造
		2928人造草坪制造
		2929塑料零件及其他塑料制品制造

续表

大类	中类	小类
41其他制造业（不包括412核辐射加工）	411日用杂品制造	4111鬃毛加工、制刷及清扫工具制造
		4119其他日用杂品制造
	419其他未列明制造业	4190其他未列明制造业

2017年，全国橡胶制品业规模以上企业3644家，比2016年减少324家；主营业务收入9599.36亿元，比2016年增长8.21%；出口贸易总额465.4亿美元，比2016年增长4.94%；利润总额535.5亿元，比2016年增长1.80%；完成固定资产投资1725.5亿元，比2016年下降2.40%，其中轮胎投资427.0亿元，比2016年下降23.5%，且连续4年下降；资产总计8524.49亿元，比2016年增长8.62%。我国橡胶制品生产重点地区，以山东、江苏、浙江、河南、广东五省为代表，合计产值占全国橡胶制品业总产值的65%以上。其中，轮胎产品占总耗胶量70%以上，是橡胶制品业中的龙头和发展重点；而再生橡胶作为不可或缺的第三大橡胶资源，是废橡胶综合利用的生力军。

① 2911轮胎制造。2017年国家统计局统计轮胎制造行业主营业务收入为4979.5亿元，利润总额为214.9亿元，通过3C认证的企业有300多家，2017年全国轮胎总产量6.53亿条，比2016年增长7%，其中子午胎6.13亿条，比2016年增长8.5%，斜胶胎0.40亿条，比2016年下降11%，子午化率93.9%。子午胎中，全钢胎1.31亿条，比2016年增长8.2%，半钢胎4.82亿条，比2016年增长8.5%。轮胎总产量增速比上年下降0.9个百分点，全钢胎和半钢胎增速分别下降1.8个百分点和1.1个百分点。全行业全钢胎中无内胎轮胎占全钢子午胎总产量的45%左右，高性能半钢子午胎产量约占总产量的40%。

② 2914再生橡胶制造。全国再生橡胶企业有500多家，产量在2万吨以上的有100家左右，2017年再生橡胶的全国总产量约为480万吨，胶粉70万吨。调研选取一家再生橡胶企业——仙桃市聚兴橡胶有限公司，该公司2017年再生橡胶的产量为2.6万吨，是位于全国前十的企业。目前再生橡胶行业有两种工艺方式，一种是动态脱硫工艺，另一种是常压连续脱硫工艺，全国有20家左右的企业引进常压连续脱硫设备，仙桃市聚兴橡胶有限公司两种生产工艺都有，其中常压连续脱硫主要用来生产丁基再生橡胶。目前产量在2万吨以上的100家左右的企业均有环评批复和环保处理设施。

③ 2915日用及医用橡胶制品制造。全国日用及医用橡胶制品制造企业约200家，年产值最大的企业为10亿元左右，调研选取两家乳胶制品企业——桂林紫竹乳胶制品有限公司和广州双一乳胶制品有限公司，都是规模及产值前十、工艺管理完善的企业。全国企业大部分都具有环评批复和环保处理设施。

近年来，我国塑料制品行业保持快速发展的态势，产销量都位居全球首位，其中塑料制品产量占世界总产量的比重约为20%。根据统计，我国塑料加工业规模以上企业由2011年的12963家增加到2016年的约15000家。2017年，全国塑料制品行业年产量约7500万吨，年营业收入2.44万亿元。在产业布局方面，华东地区、华南地区以及华中地区是我国塑料制品行业相对较为集中的区域，形成了一批有较大影响力的产业集群，其中广东、浙江、河南、江苏、福建、四川、安徽、山东、湖北9省是全国塑料制品生产最为集中的地区。塑料人造革、合成革制品，规模以上企业428家，年产量375万吨、45亿平方米，产值1325亿元。主要分布在长江三角洲及珠江三角洲的江苏、浙江、福建和广东地区。

第 **4** 章

电子行业产排污规律识别与应用

- □ 主要环境问题分析
- □ 电子行业产排污特征分析
- □ 电子行业主要产污工段及治理技术
- □ 电子行业产排污定量识别诊断技术
- □ 电子行业 VOCs 污染防治对策

4.1 主要环境问题分析

电子电气相关行业是快速发展的行业，生产工艺、原辅材料等更新快，种类繁多，在产排污方式上均有一定的特点，归纳起来主要包括以下几个方面。

① 污染物指标类型方面，生产所需要的原辅材料众多，结构复杂，生产过程中会产生水污染物、大气污染物以及固体废物等。其中，行业废水主要包括金属废水、含氰废水、有机废水以及酸碱废水等，不仅有pH值、SS、NH_3-N、TP、TN、COD等一般指标，同时有Hg、Cr、Sn、Pb、Ni、Ag、Cd、Zn、Se等重金属毒害性污染指标，还有氰化物等特征污染指标；而废气主要包括酸碱废气以及生产过程中部分工段使用的有机溶剂而释放的有机废气（VOCs）等，大多数有毒有害物质均不存在于最终产品中，主要以废水为主，部分工段也存在较大的废气排放，生产过程也产生一定量的危险废物。各类污染物指标在不同的小类行业和产品类型间存在很大差异，受到不同原辅材料的直接影响。

② 污染物排放量方面，新型环保节能生产技术、清洁生产技术、无毒无害/低毒低害技术等得到较大力度的应用和推广，技术创新速度快，节能减排取得较明显的成效，进一步减少了污染物的产生。

③ 污染源分布方面，区域集中性较高，如珠江三角洲、长江三角洲、环渤海以及中西部区域的电子信息产品生产企业占据了全国的60%以上。华东地区的仪器仪表行业企业占据了全国的57%（图4-1）；东莞、中山、惠州、厦门等地是消费类电子产品、电脑零配件以及部分电脑整机的主要生产、组装基地；南京、无锡、苏州以及上海等地主要是笔记本电脑、半导体、消费类电子零部件的生产、组装基地；北京、天津、青岛、大连等地主要从事通信、元器件等的生产；成都、武汉以及西安等地主要是元器件、军工电子等的生产基地。

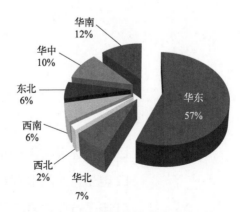

图4-1 我国仪器仪表生产区域分布情况

④ 污染源类型方面，随着分工细化、界限清晰，污染源企业具有明显的离散性，各企业生产工序、工艺不一，如整机产品企业基本通过部件、组件、元器件、材料等多级供应商企业实现最终产品的生产，且同级供应商数量很多，生产产品工序、工艺因上游供应商的需求不同而不同，从而导致污染源类型多样化、分散化。

⑤ 污染源规模方面，整机、组件、PCB、元器件等以规模化企业为主，其他零部件企业则较为杂乱，规模化难度较大，存在较多的小型加工制造企业，包括一些村级工业园区内的企业，有一定的区域集中性。此外，其还与产品的类型和经济价值有关，电脑等企业规模较大且较集中。

⑥ 全行业排污量占比方面，随着重污染行业清洁生产水平的逐年提高，电子电气行业排污量在全行业中的占比逐年有所增加，而计算机、通信和其他电子设备制造业排污量占比同样会随之增加；有关统计显示，计算机、通信和其他设备制造业的废水中产生量占工业行业总产量较大的污染物为化学需氧量、氨氮、石油类、氰化物、汞、总铬和铅，废气中占比较大的污染物为二氧化硫、氮氧化物和粉尘颗粒物。

⑦ 污染治理方面，目前我国已发布实施《电子工业水污染物排放标准》（GB 39731—2020），且部分地区已有针对性地对部分子行业进行了污染物排放控制，并制定了相应的标准，随着防治污染认识的不断提高，我国也陆续开始制定一些具有代表性的行业标准，目前计算机、通信和其他电子设备制造业的污染物治理技术相对较为成熟，污染物治理难度不大；此外，随着清洁生产技术的不断提高和成熟，电子行业领域的清洁生产技术也逐渐被广泛采用，污染治理方面也从单纯末端治理慢慢向源头控制和生产过程控制转化，同时也逐渐引入了绿色制造的理念。

⑧ 产排污季节性方面，该行业产品类型繁多，包括生产型、办公型、生活消费型、公共服务型等多种产品，这些产品的生产因市场需求的季节性变化而变化，特别是生活消费型产品（如供暖家用电器、节日灯具电器等）。有关数据显示（图4-2），行业城镇固定资产投资在每年下半年有明显的增长，且明显高于上半年，这类产品生产企业污染源所产生和排放的污染物也在下半年（特别是冬季）有明显的增加，产排污量甚至为上半年的4倍以上。

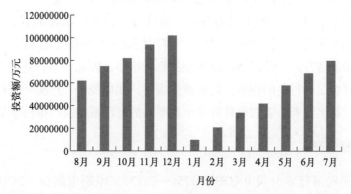

图4-2　计算机、通信和其他电子设备制造业城镇固定资产投资情况

4.2 电子行业产排污特征分析

4.2.1 产排污主要影响因素分析

电子行业各类工段的产排污情况一般受原辅材料、产品、生产工艺、生产设备、产排污节点、规模、污染因子类型及产量、污染处理工艺、生产管理水平、环境管理水平等因素的影响。其中：

① 生产管理水平、环境管理水平为主观人为因素，一定程度上也受到企业规模、工艺技术水平等的影响，对产排污量的影响无法直接通过系数法等客观计算方法进行减小或消除，可通过污染处理设施运行效率进行评价。

② 生产工艺和生产设备一般是相辅相成的，同一种工艺、不同设备的产污情况差异较小，因此对这两个影响因素进行合并，只考虑生产工艺的影响。

③ 同一类工段和工艺中的不同产排污节点与生产设备、管理等有关，因此对于同一类工段和工艺按一个产排污节点计，如有多个产排污节点时考虑其合并后的因素。

因此，电子行业污染源产排污关键影响因素包括原辅材料类型、产品类型、生产工艺（工段）、污染因子类型、产量、污染处理工艺、污染处理设施运行效率。

4.2.2 产污工段识别及划分依据

（1）整机生产

本行业涉及的38类、39类和40类行业中电子电气整机生产方式多以"组装"为主，通过上游供应商采购/定购合适的元器件、零部件、材料、印制电路板等进行焊接或机械"组装"或"装配"，生产工段主要包括印制电路板组件焊接、清洗、组件连接、安装、标识、包装等，主要产污工段为焊接、清洗等，行业产品之间存在很大的相似性，产污方式和排污状况存在很多相似之处，产排污情况主要取决于材料类型及使用量、生产工艺及设备和治理方式，受行业产品类型的影响很小。因此，本行业在进行产排污核算方法研究中，将这三个行业的整机（包括部分组件，如电源等）产排污进行合并研究，通过行业之间进行类比调查，以取得各行业小类产品的产污系数及产排污量核算方法。

（2）印制电路板生产

依据《国民经济行业分类》（GB/T 4754—2017），印制电路板（PCB）行业属于39类，但是绝大多数38类、40类行业产品的生产都离不开PCB，几乎所有PCB企业的生产都是根据下游供应商的需求进行定制，这两个行业所用的PCB的生产过程中产污排污均"被归属于"39类中，主要原因是这三个行业所用的PCB的生产有极大的相似性甚至相同，且所用工艺技术均可共用，相似性特征非常明显。因此，本行业中PCB是重点产污行业，仍将PCB生产归于39类中。

（3）元器件生产

依据《国民经济行业分类》（GB/T 4754—2017），38类中的电力电子元器件及39类中的电子元件、器件、集成电路等均为本次研究的重点，40类中所使用的元器件、集成电路等也来自38类和39类。但是，这三类行业产品所使用的元器件的生产工艺及设备、原辅材料、产品功能、污染治理方式等均存在许多相似甚至相同之处，产排污特征相似度很高。因此，在进行产排污核算方法研究中，将这三个行业的元器件产排污进行部分合并，通过行业之间进行类比调查，以取得各行业小类产品的产污系数及产排污量核算方法。

（4）电子专用材料与其他材料生产

本行业中3985电子专用材料制造业包括半导体材料、光电子材料、磁性材料、锂电池材料、电子陶瓷材料、覆铜板及铜箔材料、电子化工材料等的生产，其生产工艺与其他石油化工、金属冶炼及加工、陶瓷业等的生产工艺及产排污情况相似。因此，本行业与之相似生产工艺的产污系数通过行业类比调查方式取得，或直接采用这些相似行业的产排污核算方法。

（5）线缆生产

依据《国民经济行业分类》（GB/T 4754—2017），电线、电缆、光纤、光缆归属于38类中，因而39类、40类行业产品所使用的线缆的生产过程中的产排污也"被归属于"38类中，线缆生产的主要产污工段为注塑（套塑）、印刷等，同时会使用一些阻燃、光导材料等，产排污存在很大的相似性特征。因此，在进行产排污核算方法研究中，将这三个行业的线缆产排污进行部分合并研究，通过行业之间进行类比调查，以取得各行业小类产品的产污系数及产排污量核算方法。

（6）机械加工过程

本行业所涉及的企业在生产过程中，部分工段属于机械加工过程，生产工艺一般包括开模、冲击、切割、打孔、打磨、抛光、清洁、涂油、涂漆、焊接等，由于四个行业均归属于电子电气行业大类中，其产品所用的材料均为金属材料（不锈钢、纯金属材料、合金材料等）和聚合物复合材料（PVC、PP、PE、ABS、PTEF、树脂、橡胶等），行业产品生产之间存在很大的相似性，产污方式和排污状况也存在很多相似之处，产排污情况主要取决于材料类型、使用量、机械工艺和治理方式，受行业及产品类型的影响很小。因此，在进行产排污核算方法研究中，将这四个行业的机械加工、维修过程产排污进行合并研究，通过行业之间进行类比调查，以取得各行业小类产品的产污系数及产排污量核算方法。此外，本行业未覆盖到的产排污环节，可直接采用金属制品加工等行业的产排污核算方法。

（7）产排污方式

随着行业清洁生产技术水平的提升，资源回收利用率不断提高，企业使用环保节能新技术，将生产过程产生的贵重原材料资源（如铜、金、银等）及水资源进行回收或再利用，存在以下几种情况：

① 一部分产生的污染经内部处理后回收变成"资源"，进入其他生产过程中，未排放进入环境，如铜回收后用于其他产品的生产或由资源回收公司回收。

② 循环水经厂内反渗透等污染处理后再利用，污染物"暂时存放"于厂内，为"间断排放"。

③ 小型企业因产污量较小，污水等经集中存放一段时间后，再经处理后排放，为"间断排放"。

针对特殊的产排污方式，在研究过程中根据实际情况进行分析，尽量考虑影响较大的因素。

（8）产排污区域

本行业产品生产过程中的污染产生主要来源于生产过程中使用的金属、非金属、试剂、溶剂等原辅材料，且大多数为物理过程，只有少数为化学过程（如表面处理等）。生产过程中污染物通过较稳定的反应、转移等，最终进入废水、废气和固体废物中。在此过程中，主要受到原辅材料类型、生产工艺、产品类型、生产设备、污染治理技术及水平等因素的影响，且这些因素基本不受区域气候、地理条件等的影响，全国不同地区的同类行业产品生产过程中的产排污特征基本一致。因此，主要研究的代表性污染源企业集中在华南地区（珠江三角洲及其周边地区），并在全国其他地区（华东、华北、东北、华中、西南、西北），根据当地特色产品类型，选择代表性污染源企业进行调研，以完善产排污核算方法。

（9）电子机械维修工艺

依据《国民经济行业分类》（GB/T 4754—2017），维修归于43类中，本行业包括435、436和439三个中类（各一个小类），主要维修工艺包括机械和电子两个方面，基本为零散的手工维修，不成批量。更换配件是主要的电子维修手段，维修产污工段主要包括焊接、清洁等。产污类型以固体废物为主，还有少量废气和废水。维修厂分散，绝大多数属于综合维修厂，电子维修占多数。维修产品类型覆盖38类、39类和40类行业，相似性特征很明显。因此，维修行业的产排污核算参考38类、39类和40类行业的主要产污参数，通过类比方式取得主要的产污系数和产排污量核算方法。

4.2.3　主要污染物指标识别

根据行业生产原辅材料特点及工艺需求分析，离散型行业产污类型包括废水、废气和固体废物（含危险废物）三大类，不同生产工艺的产污类型有所不同，如焊接主要产生废气。此外，不同产品类型（行业小类）也呈现出一定的产污类型特征，按产品生产级别比较，终端整机制造、部件/组件制造、元器件生产、原材料生产的产污类型的数量依次递增且特征更加复杂，产污量也依次递增。其中，废水主要包括重金属废水、含氰废水、有机废水及酸碱废水等，主要污染物包括化学需氧量、氨氮、总磷、总氮、石油类、氰化物、氟化物、汞、镉、铅、铬、砷、铜、镍、锡、银等；废气主要包括酸碱废气、有机废气、烟气等，主要污染物包括颗粒物、挥发性有机物、氨、汞、铅等；固体废物主要包括感光材料、含重金属废物、废酸、废碱、有机树脂、氰化物、氟化物等多种危险废物及一般固体废物。以印制电路板制造行业为例，其重点生产工序产污特征分析示例如图4-3所示。

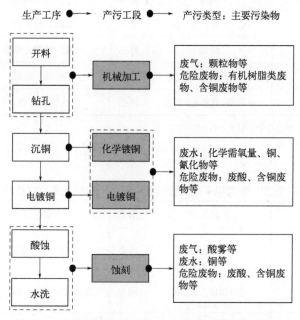

图4-3　印制电路板制造重点生产工序产污特征示意

电子行业产生危险废物类型很多、产生量较大，以电子电路板行业为例，单面电子电路板生产过程可产生废蚀刻液、废干膜渣、含重金属废液等16类危险废物（表4-1），双面、多层电子电路板生产过程共可产生35种危险废物（表4-2）。

表4-1　单面电子电路板制造过程中产生的危险废物及产生环节

序号	废物名称	产生工序	形态	主要成分	废物代码
1	废丝网	网版制作	固态	丝网、油墨	HW49900-041-49
2	废干膜渣	网版制作	固态	感光化学物质、胶片等	HW16231-002-16
3	沾染有毒有害物质的废抹布	网版制作	固态	沾染废有机溶剂	HW49900-041-49
4	废电子电路板基材	下料、划槽、打孔、入库检查、收集粉尘	固态	废电子电路板（含废边角料、废电路板、粉尘）	HW49900-045-49
5	废油墨	阻焊印刷/印文字工序	固态	染料、涂料	HW12900-253-12
6	废胶片	网版制作	固态	感光物质	HW16398-001-16
7	显影废液/定影废液	显影/定影	液态	含感光剂等感光物质	HW16398-001-16
8	去膜废液	去膜	液态	氢氧化钠、感光剂、油墨	HW16398-001-16
9	碱性蚀刻液	碱性蚀刻	液态	含铜碱液	HW22398-004-22
10	酸性蚀刻液	酸性蚀刻	液态	含铜酸液	HW22398-004-22
11	无机氟化物废物	氢氟酸蚀刻	液态	氟化氢、氟化物	HW32900-026-32
12	废助焊剂	喷锡	液态	有机溶剂	HW06900-404-06
13	抗氧化废液	OSP表面处理工序	液态	硫酸、有机物	HW34398-007-34
14	酸性废液	酸洗	液态	硫酸、盐酸、硝酸	HW34900-300-34
15	剥锡废液	剥锡（退锡）	液态	硝酸锡、硝酸	HW17336-066-17
16	含镍废液	电镀镍/化镍金/沉镍	液态	含镍化合物	HW17336-054-17

注：1. 废物代码参见《国家危险废物名录（2021年版）》。

2. OSP—有机可焊性保护层。

表4-2　双面、多层电子电路板制造过程中产生的危险废物及产生环节

序号	废物名称	产生工序	形态	主要成分	废物代码
1	废丝网	网版制作	固态	丝网、油墨	HW49 900-041-49
2	废干膜渣	网版制作、去膜等	固态	感光化学物质、胶片等	HW16 231-002-16
3	废电子电路板基材	下料、划槽、打孔、入库检查	固态	废电路板（含废边角料、废电路板、粉尘）	HW49 900-045-49
4	废油墨	阻焊印刷/文字印刷	固态	油墨	HW12 264-013-12 900-253-12

续表

序号	废物名称	产生工序	形态	主要成分	废物代码
5	废感光材料	底片制作、网版制作等	固态	感光物质	HW16 398-001-16
6	废半固化片	压合	固态	环氧树脂、玻纤布	HW49 900-041-49
7	废助焊剂	喷锡	液态	有机溶剂	HW06 900-404-06
8	显影废液/定影废液	显影/定影	液态	含感光剂等感光物质	HW16 398-001-16
9	酸性废液	酸洗	液态	硫酸、盐酸、硝酸	HW34 900-300-34
10	碱性废液	碱洗	液态	碱性液体	HW35 900-352-35
11	去膜废液	去膜	液态	氢氧化钠、感光剂、油墨	HW16 398-001-16
12	预浸废液	孔金属化预浸过程	液态	含酸、盐、有机物等 混合物	HW17 336-064-17
13	高锰酸钾废液	孔金属化去钻污过程	液态	高锰酸钾溶液	HW17 336-061-17
14	膨松剂废液	孔金属化去钻污过程	液态	有机醇类	HW06 900-404-06
15	含钯废液 （活化废液）	孔金属化活化过程	液态	含钯锡的混合液	HW17 336-059-17
16	整孔废液	孔金属化整孔过程	液态	酸或碱、含铜化合物	HW17 336-064-17
17	速化废液	孔金属化速化过程	液态	酸、含锡化合物	HW34 398-005-34
18	棕化/黑化废液	棕化/黑化	液态	含酸的有机溶剂	HW17 336-064-17
19	含铜废液	化学沉铜	液态	含铜化合物	HW17 336-058-17
20	含铜废液	电镀铜	液态	含铜化合物	HW17 336-062-17
21	含锡废液	电镀锡	液态	含锡化合物	HW17 336-063-17
22	含锡废液	化学沉锡	液态	含锡化合物	HW17 336-063-17
23	含银废液	化学沉银	液态	硝酸银、硝酸	HW17 336-056-17
24	含镍废液	电镀镍	液态	含镍化合物	HW17 336-054-17

序号	废物名称	产生工序	形态	主要成分	废物代码
25	含镍废液	化学沉镍	液态	含镍化合物	HW17 336-055-17
26	含金废液	化学沉金	液态	含氰化金钾	HW17 336-057-17
27	抗氧化废液	OSP表面处理工序	液态	硫酸、有机物	HW34 398-007-34
28	剥挂架含锡废液	剥挂架	液态	硝酸锡、硝酸	HW34 900-305-34
29	剥挂架含铜废液	剥挂架	液态	硝酸铜、浓硝酸	HW34 900-305-34
30	碱性蚀刻废液	碱性蚀刻	液态	含铜碱液	HW22 398-004-22
31	微蚀废液	微蚀刻	液态	硫酸、双氧水、含铜化合物	HW22 398-005-22
32	酸性蚀刻废液	酸性蚀刻	液态	含铜化合物	HW22 398-004-22
33	无机氟化物废物	氢氟酸蚀刻	液态	氟化氢、氟化物	HW32 900-026-32
34	剥锡废液	剥锡（退锡）	液态	硝酸锡、硝酸	HW17 336-066-17
35	废有机溶剂	防焊、阻焊	液态	有机溶剂类	HW06 900-404-06

注：废物代码参见《国家危险废物名录（2021年版）》。

4.2.4　典型电子行业生产过程产排污分析案例

（1）某手机外壳生产工艺流程及产污分析

外壳是电子产品最常见的部件之一，一般由金属、聚合物材料、表面涂层、机械结构件等组成，主要产污工艺包括注塑、涂漆、印刷、烘烤、清洗，以及裁、切、割等机械加工过程，由于所用的材料质量、纯度、类型不同，生产工艺具体过程和参数也有所区别，导致产排污情况也会有一些区别。主要产生的污染物包括含VOCs、颗粒物等的废气和清洗废水。以手机外壳为例，其生产工艺流程及产污分析如图4-4所示。

（2）某音响设备生产工艺流程及产污分析

整机制造是电子产品最后的制造环节，不同的整机产品或制造企业，可能存在不同的工艺类型或流程，有些企业也可能因为环保监管等因素，将一些高污染工艺分包，由其他公司制造相应的零部件再回到本企业装配整机。一般情况下，结构越复杂的产品，供应链越复杂，层级也越多，整机制造以零部件装配为主；而结构简单的产品，企业会选择从材料到产品的全流程生产，以简化供应链，降低产品全流程生产成本，但也需要承担更多的环保责任和成本。产生的污染物主要包括废气、废水、固体废物等。以音响设备为例，其产品制造企业一般都包括从元器件到整机的生产制造过程，其生产工艺流程及产污分析如图4-5所示。

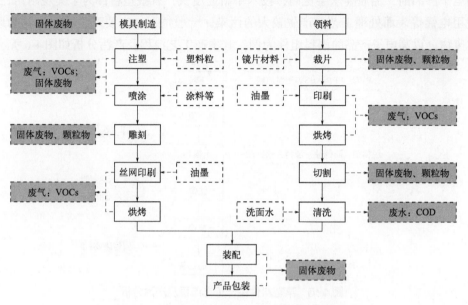

图4-4　某手机外壳生产工艺流程及产污分析

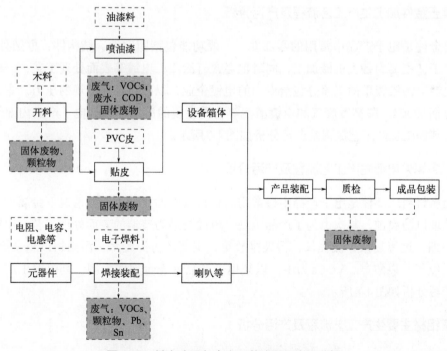

图4-5　某音响设备生产工艺流程及产污分析

（3）某塑料件生产工艺流程及产污分析

塑料是电子产品中不可或缺的材料或部件，其品质要求也因电子产品的类型或档次不同而有所差异，所使用的原材料类型、纯度、添加剂也有所不同，特别是用于手机等高端电子产品的，品质要求会更高，技术革新速度快，有些塑料件为了美观耐用，还可能使用电镀等表面处理工艺，产生较大的污染。一般情况，主要产生的污染物为废气、固体废物。以某电子产品的塑料组件为例，其生产工艺流程及产污分析如图4-6所示。

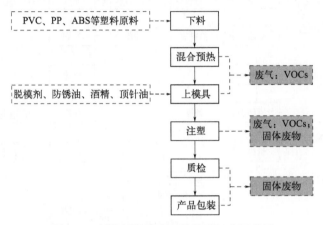

图4-6　某塑料件生产工艺流程及产污分析

PVC—聚氯乙烯；PP—聚丙烯；ABS—丙烯腈-丁二烯-苯乙烯三元共聚物；VOCs—挥发性有机物

（4）某五金件加工生产工艺流程及产污分析

五金件是电子产品中常用的零部件，一般功能包括固定件、结构件、框架外壳等，其生产工艺主要为各类机械加工，同时也会含有涂漆、电镀等表面处理工艺，一些企业会将电镀等污染较重的工序分包给专门的电镀企业，以减小环保合规的压力。主要产生污染包括VOCs、酸雾等废气和电镀清洗等含重金属的废水。以某电子产品内部结构件为例，其加工生产工艺流程及产污分析如图4-7所示。

（5）某金属件电镀生产工艺流程及产污分析

金属材料或部件是电子产品中最常用的材料或部件之一，一般情况下金属均需要做表面处理以防腐蚀，其次也为了产品美观，电镀是最为普遍的表面处理工艺。电镀生产工艺精细，过程复杂，流程长，污染排放重，主要产污为废水，污染物以重金属为主，其次是废气，以酸雾、VOCs为主。以某电子产品外壳金属件为例，其电镀生产工艺流程及产污分析如图4-8所示。

（6）某铝材主要生产工艺流程及产污分析

金属材料是电子电气产品中重要的材料，特别是一些结构强度大、质量轻、易加

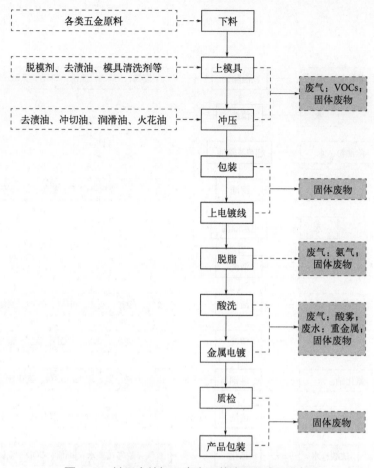

图4-7　某五金件加工生产工艺流程及产污分析

工、易处理回收的材料，如铝材，在未来产品中的使用将更加突出。一般情况下，材料的生产制造并不直接属于电子电气行业的范畴，但有些电子电气零部件生产制造时，包括原材料的制造，因此这类企业的产污环节也变得复杂起来，主要产生污染包括SO_2、NO_x、酸雾等废气和清洗废水。以某电气产品的铝材结构件为例，其铝材生产工艺流程及产污分析如图4-9所示。

（7）某手机表面贴装元器件（SMD）生产工艺流程及产污分析

电子产品制造过程必然包括电子焊接工艺，该工艺随着电子元器件、PCB等生产技术及产品的革新，如贴片元器件、多层PCB等，也在不断升级优化，不断适应产品生产的需要及绿色环保法规（如RoHS法规等）的要求，导致其生产流程中的产污情况也在不断变化，但总体上工艺趋于向自动化、智能化、数字化发展。SMD生产主要产生的污染包括含VOCs、颗粒物和重金属的废气，部分产品生产可能包括有机溶剂清洗，可能产生清洗废水或废液。以某手机为例，其SMD全过程生产工艺流程及产污分析如图4-10所示。

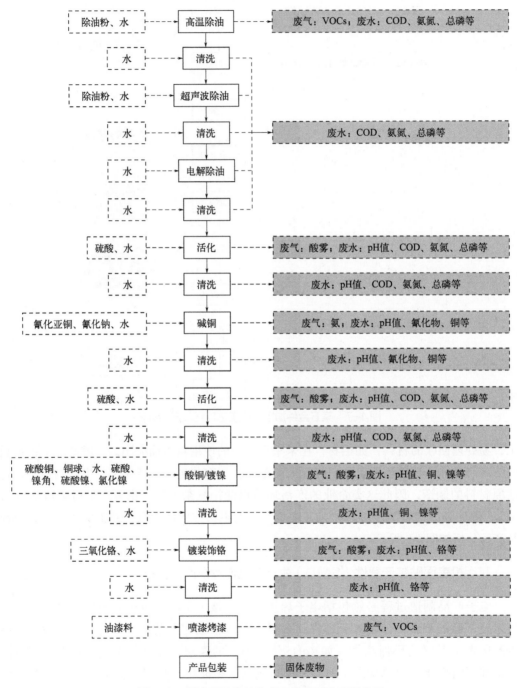

图4-8 某金属件电镀生产工艺流程及产污分析

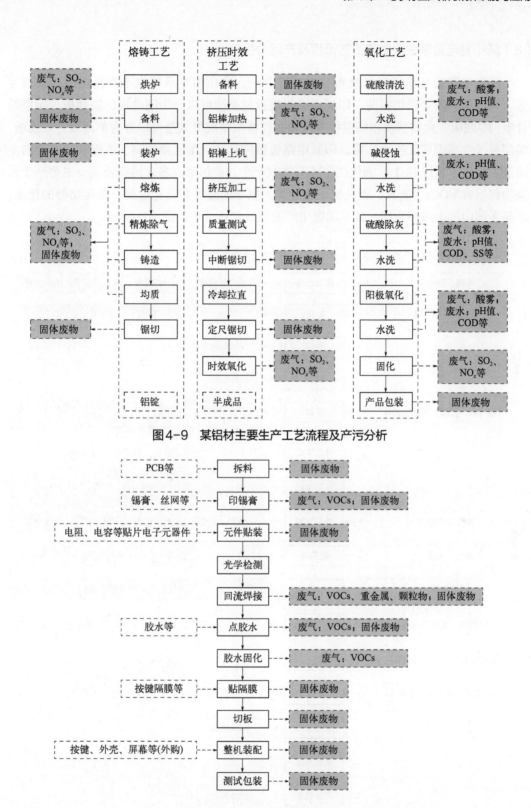

图4-9　某铝材主要生产工艺流程及产污分析

图4-10　某手机表面贴装元器件（SMD）生产工艺流程及产污分析

（8）某印制电路板主要生产工艺流程及产污分析

印制电路板是电子产品最重要的部件之一，其作用是承担电子产品电路的互联互通，与产品的质量密切相关。印制电路板按板材类型可以分为刚性板、挠性板、刚挠结合板、IC载板、金属基板和特色板等，而刚性板根据层级数量可以分为单面板、双面板、多层板（含高密度互连板）等。印制电路板结构复杂，工艺要求高、流程长，一般的车间级生产环节超过10个，细化生产环节达数十个，产污节点多，污染较重，主要产生污染物包括含VOCs、酸雾、颗粒物、重金属、氨等的废气和含重金属、氰化物等的废水。以某多面印制电路板为例，其车间级生产流程及产污分析如图4-11所示。

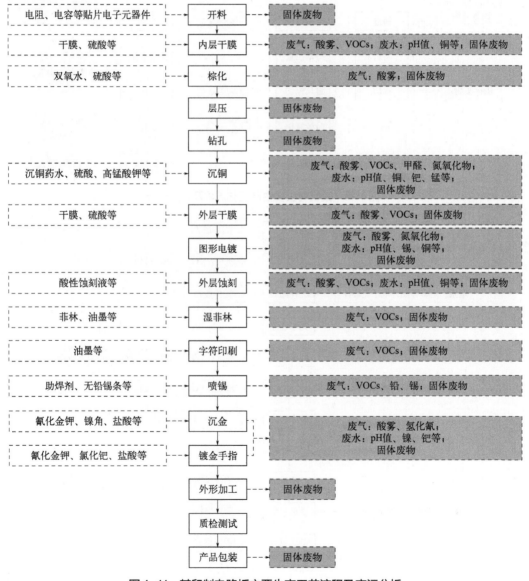

图4-11 某印制电路板主要生产工艺流程及产污分析

（9）某锡膏主要生产工艺流程及产污分析

锡膏是典型的电子材料，广泛应用于电子焊接工艺中，生产过程较为简单，与其他化工产品生产工艺相类似，主要产生的污染物为含VOCs的废气。其主要生产工艺流程及产污分析如图4-12所示。

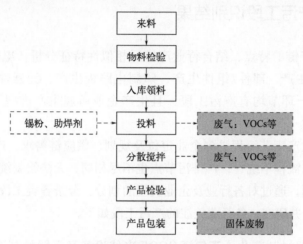

图4-12 某锡膏主要生产工艺流程及产污分析

（10）某电子涂料主要生产工艺流程及产污分析

涂料在电子产品中应用广泛，其生产工艺与其他行业的涂料产品类似，主要产生的污染物为含VOCs的废气。其主要生产工艺流程及产污分析如图4-13所示。

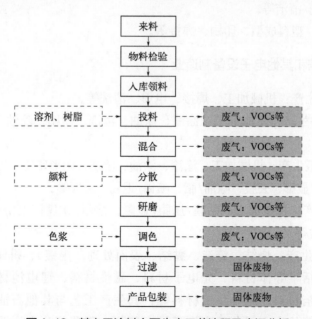

图4-13 某电子涂料主要生产工艺流程及产污分析

4.3 电子行业主要产污工段及治理技术

4.3.1 主要产污工段识别结果

根据行业生产链的特点，结合行业产排污相似性特征分析，电子行业中，企业均可分为整机设备生产、部件/组件生产、印制电路板生产、元器件生产、线缆生产、材料生产等，每一环节均有产污工段，且生产企业所属生产类型不一，有交叉重叠现象。

此外，由于生产工艺流程受到企业定位及规划、供应链需求、产品特点等的影响，各行业的生产工艺流程不统一，产排污节点也不尽相同，无法绘制统一的生产工艺流程图和产排污节点图。通过对各行业及企业类型的划分，分析各类工段的产污情况，将相似产污工段进行合并研究，各行业关注的产污工段如下。

（1）电气机械和器材制造业（不包括3825光伏设备及元器件制造、384电池制造）

① 整机设备生产：机械加工、焊接、电焊、清洗等。

② 部件/组件生产：机械加工、涂漆、涂油、清洗、印刷、除油/脂、电镀、焊接、电焊、封装等。

③ 元器件生产：机械加工、贴膜/压膜/显影、蚀刻、印刷、除油/脂、电镀、塑料成型、烧结、清洗/清洁等。

④ 线缆生产：塑料成型、印刷、焊接等。

（2）计算机、通信和其他电子设备制造业

① 整机设备生产：机械加工、焊接、电焊、清洗等。

② 部件/组件生产：机械加工、涂漆、涂油、清洗、印刷、除油/脂、电镀、焊接、电焊、封装等。

③ 印制电路板生产：机械加工、涂漆、涂油、清洗、图形印刷、蚀刻、电镀、棕化/氧化、贴膜/压膜/显影、去膜、除油/脂、喷锡/退锡、涂覆等。

④ 元器件生产：机械加工、贴膜/压膜/显影、蚀刻、印刷、除油/脂、电镀、塑料成型、烧结、清洗等。

⑤ 电子材料生产：烧结、铸造、黏结、表面处理（电镀）、机械加工、注塑、蚀刻、光刻等，包括半导体材料、光电子材料、磁性材料、锂电池材料、电子陶瓷材料、覆铜板及铜箔材料、电子化工材料等，其生产工艺与其他石油化工、金属冶炼及加工、陶瓷业等的生产工艺及产排污情况相似，因此部分产污系数采用类比调查

方式取得。

（3）仪器仪表制造业

　　① 整机设备生产：机械加工、焊接、电焊、清洗等。
　　② 部件/组件生产：机械加工、涂漆、涂油、清洗、印刷、除油/脂、电镀、焊接等。

（4）电气设备、仪器仪表及其他机械和设备修理业

　　根据行业生产链的特点，本行业中，修理可分为厂内维修、厂外维修。因产品的修理过程简单，多涉及拆解、擦拭、除尘、电焊、除焊、焊接、更换零配件。经初步分析，拆解和擦拭工段可以忽略，产污量大的工段为除尘、补焊（包含电焊、除焊、焊接）和更换零配件。

4.3.2　主要治理技术及运行情况

　　根据国家有关法规标准要求，对于符合要求的污染源，废水排污节点主要分布于一类污染物产生车间排放口和污染源总排放口；废气排污节点主要分布于工艺车间排放口和废气总排放口。污染处理技术主要根据各污染源企业生产技术、生产产品类型、污染达标要求等的不同而不同，所产排废水和废气也各有不同，所需要处理的污染物也不同。

　　经分析，电子行业涉及的主要污染处理技术如表4-3所列，不同行业根据产生的污染物类型、产污方式、产污量等有所不同。污染循环利用主要是一些使用要求不高、产污量较大、污染指标较少的清洗废水，包括机械加工清洗废水、表面处理清洗废水等，且部分废水为"累积清洗"后间断排放，属"非完全循环利用"。

　　对于不规范的污染源，没有相应的污染收集和处理设施，则没有明显的排污节点，为无组织排放，排污节点与产污节点相同，排污数据与产污数据一致。

4.4　电子行业产排污定量识别诊断技术

4.4.1　一般技术路线

　　产排污定量识别诊断技术研究的一般技术路线如图4-14所示。

表4-3　电子行业主要污染处理技术及应用占比情况

序号	排污类型	污染物	处理技术（行业使用占比）	主要处理设施	关键影响因素	污染物去除率水平评估	处理后可达到的标准
1	废水	化学需氧量	(1) 不处理（5%）		用电量、温度、浓度、pH值、C/N值、菌种、药剂（种类、投加量等）、反应时间、重金属及其他有毒有害物质	70%～95%	通过多种工艺的组合，如预处理—生物处理—后处理（应急处理），污染物排放浓度可达到《城镇污水处理厂污染物排放标准》（GB 18918—2002）一级A标准；若有行业或地方排放标准，则以较严标准执行
2		氨氮	(2) 物理处理法（25%）过滤分离法	过滤器		55%～90%	
3		总磷	膜分离法	分离膜		50%～90%	
4		总氮	离心分离法	分离器		55%～90%	
5		石油类	沉淀分离法	沉淀池		55%～90%	
6		氟化物	(3) 化学处理法（25%）中和法 氧化还原法 化学沉淀法 电解法	反应池 反应池 沉淀池 电解槽		60%～90%	
7		氰化物	(4) 物理化学处理法（20%）化学混凝法 离子交换法 电渗析法 吸附法	混凝沉淀池 离子交换罐 电渗析器 活性炭、氧化硅		60%～90%	
8		重金属（汞、镉、砷、铜、铬、镍、铝、银）	(5) 好氧生物处理法（25%）活性污泥法 A/O工艺 A²/O工艺 A/O²工艺 序批式活性污泥法（SBR）膜生物反应器法（MBR）	曝气池、沉淀池 A级、O级生物处理池 A级、O级生物处理池 A级、O级生物处理池 SBR反应池 固液分离型膜、生物反应器		＞99%	

续表

序号	排污类型	污染物	处理技术（行业使用占比）	主要处理设施	关键影响因素	污染物去除率水平评估	处理后可达到的标准
9		颗粒物	(1) 不处理（5%） (2) 旋风除尘（15%）	单管旋风除尘器 多管旋风除尘器		>95%	通过多种工艺的组合，污染物排放浓度可达到《大气污染物综合排放标准》（GB 16297—1996）；若有行业或地方排放标准，则以较严标准执行
			(3) 过滤式除尘（15%）	布袋过滤除尘器 管颗粒床除尘器 颗粒床除尘器			
10	废气	重金属（汞、铅）	(4) 湿法除尘（25%）	喷淋塔 离心水膜 文丘里洗涤器 泡沫除尘器 填料塔	用电量、用水量、浓度、温度、反应时间	>95%	
			(5) 静电除尘（15%）	低低温电除尘器 板式除尘器 湿式除尘器 管式除尘器 电袋除尘器			
			(6) 组合式除尘（25%）	旋风除尘器+布袋除尘器			
11		氨	(1) 不处理（5%） (2) 吸收法（95%）	吸收塔	用电量、浓度、温度、药剂（种类、投加量等）、反应时间	>95%	
12		氮氧化物	(1) 不处理（5%） (2) 烟气脱硝（95%） 选择性非催化还原法 选择性催化还原法 氧化/吸收法	选择性催化还原反应器 催化反应器 活性炭 活性氧化铝	用电量、浓度、温度、药剂（种类、投加量等）、反应时间	>70%	

续表

序号	排污类型	污染物	处理技术（行业使用占比）	主要处理设施	关键影响因素	污染物去除率水平评估	处理后可达到的标准
13	废气	VOCs	（1）不处理（5%以下） （2）直接回收法（10%） 冷凝法 膜分离法 （3）间接回收法（35%） 吸收+分流 吸附+空气解吸 吸附+氮气/空气解吸 （4）热氧化法（10%） 直接燃烧法 热力燃烧法 蓄热燃烧法 催化燃烧法 （5）生物降解法（30%） 悬浮洗涤法 生物过滤法 生物滴滤法 （6）高级氧化法（10%） 低温等离子体法 光解化法 光催化法	冷凝器 冷却器和膜分离单元 填料吸收塔、喷淋吸收塔、转子吸附器、流化床吸附器、移动床吸附器、固定床吸附器 蓄焰燃烧炉 生物过滤器 生物洗涤器 光能照射器	浓度、温度、反应时间	＞90%	通过多种工艺的组合，污染物排放浓度可达到《大气污染物综合排放标准》（GB 16297—1996）；若有行业或地方排放标准，则以较严排放标准执行

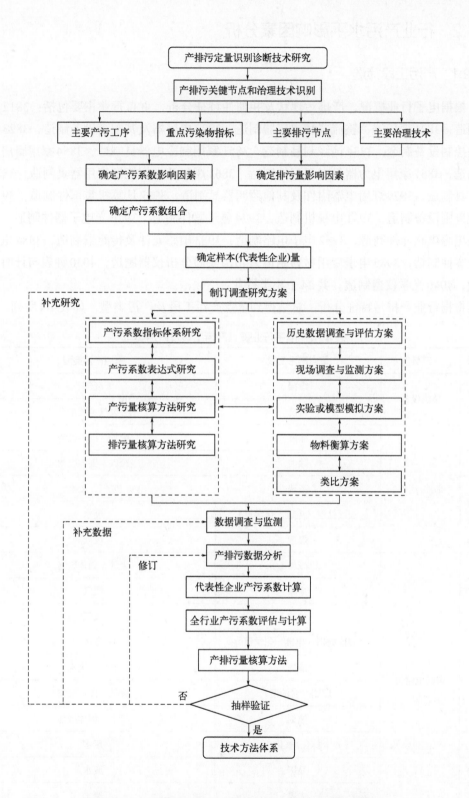

图 4-14　产排污定量识别诊断技术研究的一般技术路线

4.4.2 行业产污水平影响因素分析

4.4.2.1 产污工段筛选

根据电子行业概况、产排污现状及相似性特征分析，重点行业主要包括：3812电动机制造，3821变压器、整流器和电感器制造，3822电容器及其配套设备制造，3823配电开关控制设备制造，3834绝缘制品制造，3851家用制冷电器具制造，3854家用厨房电器具制造，3857家用电力器具专用配件制造，3861燃气及类似能源家用器具制造，3872照明灯具制造，3879灯用电器附件及其他照明器具制造，3912计算机零部件制造，3913计算机外围设备制造，3951电视机制造，3974显示器件制造，3976光电子器件制造，3981电阻电容电感元件制造，3982电子电路制造，3983敏感元件及传感器制造，3984电声器件及零件制造，3985电子专用材料制造，4014实验分析仪器制造，4030钟表与计时仪器制造，4040光学仪器制造，共24个小类行业。

根据行业产排污特征分析，总结得到重点产污工段及产污类型，如表4-4所列。

表4-4 电子行业重点产污工段及产污类型

序号	生产类型	重点产污工段	重点产污类型
1	整机设备	焊接	废气
2		清洗	废气、废水
3	部件/组件	涂漆	废气、固体废物
4		除油	废气、固体废物
5		清洗	废气、废水
6		表面处理（电镀、化学镀）	废水
7		焊接	废气
8	印制电路板	机械加工	废气、固体废物
9		涂漆	废气
10		除油	废气
11		表面处理（电镀、化学镀）	废水
12		清洗	废气、废水
13		印刷（含涂覆）	废气、固体废物
14		蚀刻	废水、固体废物
15		棕化/氧化	废水
16		显影	废水
17		去膜	废水

序号	生产类型	重点产污工段	重点产污类型
18	元器件	机械加工	废气、固体废物
19		蚀刻	废水、固体废物
20		表面处理（电镀、化学镀）	废水
21		塑料成型	废气、固体废物
22		清洗	废气、废水
23	电子材料	烧结	废气
24		铸造	废气
25		电镀	废水
26		塑料成型	废气、固体废物
27		蚀刻	废水、固体废物
28	线缆	塑料成型	废气、固体废物
29		焊接	废气

4.4.2.2 污染物指标选取

（1）电气机械和器材制造业（不包括3825光伏设备及元器件制造、384电池制造）

① 废水：化学需氧量、氨氮、总磷、总氮、石油类、氰化物、汞、镉、铅、铬、砷；氟化物、铜、镍、锡、银作为特征污染物列入研究范围。

② 废气：颗粒物、挥发性有机物、氨、汞、铅。

③ 工业固体废物：HW13有机树脂类废物、HW16感光材料废物、HW21含铬废物、HW22含铜废物、HW23含锌废物、HW26含镉废物、HW29含汞废物、HW31含铅废物、HW32无机氟化物废物、HW33无机氰化物废物、HW34废酸、HW35废碱、HW36石棉废物；污泥；一般固体废物；等等。

（2）计算机、通信和其他电子设备制造业

① 废水：化学需氧量、氨氮、总磷、总氮、石油类、氰化物、镉、铅、铬、砷；氟化物、铜、镍、锡、银作为特征污染物列入研究范围。

② 废气：颗粒物、挥发性有机物、氨、铅。

③ 工业固体废物：HW13有机树脂类废物、HW16感光材料废物、HW21含铬废物、HW22含铜废物、HW23含锌废物、HW26含镉废物、HW29含汞废物、HW31含铅废物、HW32无机氟化物废物、HW33无机氰化物废物、HW34废酸、HW35废碱、HW36石棉废物；污泥；一般固体废物；等等。

（3）仪器仪表制造业

① 废水：化学需氧量、氨氮、总磷、总氮、石油类、汞、镉、铅、铬、砷。

② 废气：颗粒物、挥发性有机物、铅。

③ 工业固体废物：HW13有机树脂类废物、HW16感光材料废物、HW21含铬废物、HW22含铜废物、HW23含锌废物、HW26含镉废物、HW29含汞废物、HW31含铅废物、HW32无机氟化物废物、HW33无机氰化物废物、HW34废酸、HW35废碱、HW36石棉废物；污泥；一般固体废物；等等。

（4）电气设备、仪器仪表及其他机械和设备修理业

① 废气：颗粒物、铅、挥发性有机物。

② 工业固体废物：HW13有机树脂类废物、HW16感光材料废物、HW21含铬废物、HW22含铜废物、HW23含锌废物、HW26含镉废物、HW29含汞废物、HW31含铅废物、HW32无机氟化物废物、HW33无机氰化物废物、HW36石棉废物、HW49其他废物；一般固体废物；等等。

4.4.2.3 样本数据采集

电子行业产排污数据的获取根据获取途径可分为直接调查法、模拟实验法和类比调查法三大类，其中直接调查法又包括历史资料及数据调查法、现场调查及实测法。

（1）直接调查法

1）历史资料及数据调查法

通过代表性污染源（企业）、行业权威机构、环保部门、第三方机构等，取得典型污染源监督性监测报告及数据、日常监测报告及数据、在线监测数据、清洁生产审核报告及数据资料、环境保护建设项目竣工验收报告及数据资料、历史生产性数据资料、行业技术报告、技术文献等。通过对数据的分析，一方面进行产污量或排污量核算方法研究；另一方面进行产污系数法研究，以及产污系数的验证等。此外，也为后续的现场调查、监测等提供数据参考和依据。由于本行业未列入国家和地方的重点污染源行业（除小部分PCB生产企业外），可直接用于产污系数研究的历史数据很少，所收集的历史数据将用于产污系数研究过程中的校正、验证、应用分析等辅助性工作，用于完善产污系数体系和产排污量核算方法。

2）现场调查与实测法

现场调查与实测法是本行业产污系数法及产排污量核算方法研究的最重要的技术方法，调查数据与监测数据相辅相成、互为借鉴；同时，也作为历史及文献数据验证的有效方法。为确保污染源企业调研工作的顺利开展，一般需要制定《行业产排污核算企业调研工作手册》（参见附录Ⅰ），参照一般调研工作流程（图4-15）开展现场调查与实测工作。

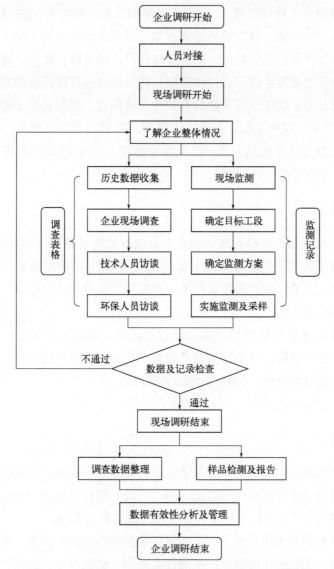

图4-15　污染源企业现场调查与实测一般调研工作流程

① 现场调查。针对无法通过历史资料调查取得可靠、可信的产排污数据的代表性污染源或工序（工段），可进行产排污数据现场调查。主要调查资料包括工段工艺及参数、原辅料、产品、规模、水平衡、物料平衡、产污节点、污染物产生量、环境管理、污染因子、污染处理工艺、污染物排放量等。此外，涉及的环境监测报告中的信息和结果，主要包括采样/监测时间、现场工况、企业生产概况、监测点位、污染物类型及数量、污染物产量及排放量、污染物处理方法及状况、生产工艺技术参数等。实际调查过程中，物料衡算法是现场调查方法中的一种方式，可通过物料衡算建立相应工段、工艺、材料、产品的关系，获取所需要的生产性数据。

② 实测。针对无法通过历史资料调查、现场调查取得可靠、可信、重要的产排污数

据的代表性污染源或工序（工段），进行现场实测，参考国家有关法规与标准要求，结合产污系数测算方法需求，制定现场监测方案，对代表性企业或工序（工段）进行实地现场监测，以取得产排污实测数据，用于直接计算产污系数。此外，现场实测也将作为产污系数内部验证的必要手段，通过将现场实测所取得的产排污数据与产污系数应用所取得的数据进行比对，验证产污系数的有效性和适用性。现场实测主要包括现场采样布点、采样/监测时间、现场工况、企业生产概况、污染物类型及数量、污染物产量及排放量、污染物处理方法及状况、生产工艺技术参数、监测/检测结果等内容。调查及监测应覆盖至少一个完整的生产周期。

（2）模拟实验法

对于既无法通过历史资料及数据调查也无法通过现场调查与实测取得可靠、可信、重要的产排污数据的代表性污染源或工序（工段），如无组织排放废气等，可通过设置相似的污染工段、工艺、生产条件及环境，模拟生产实验并进行监测，取得相应产排污数据，用于计算产污系数。

实验模拟监测主要包括模拟污染源设置及运行、现场采样布点、采样/监测时间、现场工况、企业生产概况、污染物类型及数量、污染物产量及排放量、污染物处理方法及状况、生产工艺技术参数、监测/检测结果等内容。

模拟监测应尽量覆盖至少一个完整的生产周期。

（3）类比调查法

对于无法直接通过历史资料及数据调查、现场调查与实测、模拟实验取得重要的产排污数据时，则通过选择相似污染源或工序（工段）进行类比调查与监测，以取得相似的产排污数据和类比校正系数，用于计算目标工段的产污系数。

类比调查可能存在两种方式：一是不同行业类似污染源的类比，如金属行业与电子行业的电镀工段及工艺的比对调查，不同行业注塑、机械焊接、抛光等工段及工艺的比对调查，电子材料与其他化工原辅材料同类生产工艺的比对调查，产污系数采取类比进行确定；二是同行业类似污染源的类比，如不同产品的开料工段、清洁工段、抛光工段、焊接工段等的比对调查。

4.4.2.4 主要影响因素组合的确定

根据行业产排污主要影响因素，电子行业污染源产污量关键影响因素包括原辅材料类型、产品类型、生产工艺（工段）、污染因子类型及产量。本行业重点研究的产污工段约为29个（表4-4），污染因子超过20个；涉及的主要原辅材料类型及具体成分组成超过1000种，归类后约为152种（表4-5）；主要产品类型超过1500种，经统计归类后确定427种作为产排污核算依据（表4-6）。根据影响因素一、二、三、四级的组合进行统计,38行业废水2004组、废气1044组,小计3048组;39行业废水6418组、废气1086组,小计7504组;40行业废水376组、废气479组,小计855组;43行业废气204组;电子行业共计8152个组合。

表4-5 电子行业主要原辅材料类型清单

序号	原辅材料类型/名称	序号	原辅材料类型/名称	序号	原辅材料类型/名称
1	丙烯腈-丁二烯-苯乙烯塑料（ABS）	27	堆焊焊条	53	化学镀银镀液
2	聚对苯二甲酸丁二酯（PBT）	28	多晶硅片	54	环氧树脂
3	聚碳酸酯（PC）	29	二氧化锆	55	环氧树脂漆
4	聚乙烯（PE）	30	二氧化硅	56	混合溶剂
5	聚丙烯（PP）	31	二氧化钛	57	碱
6	聚四氟乙烯（PTFE）	32	非金属材料	58	碱性蚀刻液
7	聚氯乙烯（PVC）	33	酚醛树脂	59	胶黏剂
8	半固化片	34	氟塑料	60	金属材料
9	丙酮	35	覆铜板	61	金属焊料
10	丙烯酸树脂	36	干膜	62	金属氧化物
11	玻璃	37	高温防老剂	63	聚合物材料
12	玻纤布	38	铬粉	64	聚酰胺
13	不锈钢焊条	39	汞	65	聚酰亚胺
14	除油剂	40	汞齐/汞合金	66	抗焦剂
15	磁粉	41	硅单晶棒	67	磷化液
16	磁性材料	42	硅胶	68	硫化剂
17	促进剂	43	硅橡胶	69	硫化锌
18	单晶硅片	44	含铅焊料（锡膏等,含助焊剂）	70	硫酸
19	低合金焊条	45	含铅焊料（锡丝等,含助焊剂）	71	硫酸盐镀锌镀液
20	电镀金镀液	46	含铅焊料（锡条、锡块等,不含助焊剂）	72	铝及铝合金焊条
21	电镀镍镀液	47	含锈金属材料	73	铝镍钴
22	电镀铜镀液	48	化学镀金镀液	74	绿油（丙烯酸类阻焊剂）
23	电镀锡镀液	49	化学镀镍镀液	75	绿油（纯环氧树脂类阻焊剂）
24	电镀银镀液	50	化学镀钯镀液	76	绿油（环氧—丙烯酸共聚合物类阻焊剂）
25	电解液	51	化学镀铜镀液	77	绿油（环氧—丙烯酸混合物类阻焊剂）
26	电子粉	52	化学镀锡镀液	78	氯化物镀锌镀液

序号	原辅材料类型/名称	序号	原辅材料类型/名称	序号	原辅材料类型/名称
79	木材料	104	树脂胶液	129	硝酸
80	钕铁硼	105	水基型除油剂	130	硝酸锰溶液
81	偶联剂	106	水基型涂料	131	锌酸盐镀锌镀液
82	抛光液	107	水性油墨	132	氩气
83	抛丸	108	塑封料	133	研磨液
84	喷料	109	塑料	134	盐酸
85	其他聚合物材料	110	酸	135	氧化锆
86	其他高分子聚合物	111	酸性除锈剂	136	氧化镁
87	切割液	112	酸性蚀刻液	137	一氧化硅
88	清洗液	113	钽块	138	一氧化钛
89	氰化镀锌镀液	114	碳钢焊条	139	异丙醇
90	去膜剂（脱膜剂）	115	陶瓷	140	荧光粉
91	溶剂型除油剂	116	铜箔	141	永磁铁氧体
92	溶剂型涂料	117	铜材	142	油墨
93	溶液型油墨	118	铜及铜合金焊条	143	涂料
94	溶液型涂料	119	退锡水	144	有机溶剂
95	三防漆	120	无机显影剂	145	有机显影剂
96	三氯乙烯	121	无铅焊料	146	云母
97	三氧化二铝	122	无铅焊料（锡膏等，含助焊剂）	147	黏结剂
98	三氧化二钛	123	无铅焊料（锡丝等，含助焊剂）	148	正己烷
99	砂料	124	无铅焊料（锡条、锡块等，不含助焊剂）	149	中型除锈剂
100	钐钴	125	五氧化三钛	150	助焊剂
101	湿膜	126	硒化锌	151	铸铁焊条
102	蚀刻液	127	显影剂	152	棕化药水
103	熟橡胶	128	橡胶		

表4-6 电子行业主要产品类型清单

序号	产品类型/名称	序号	产品类型/名称	序号	产品类型/名称
1	汽轮发电机	31	电力半导体器件	61	冷热风器
2	水轮发电机	32	电力集成电路	62	空气去湿器
3	柴油发电机	33	电子设备机电元件	63	加湿器
4	汽油发电机	34	继电器、继电保护及自动化装置	64	空气净化器
5	风力发电机	35	其他输配电及控制设备	65	家用电热取暖器
6	汽油机组	36	安装线缆	66	电风扇
7	柴油机组	37	射频线缆	67	吊扇
8	燃煤机组	38	综合电缆	68	换气扇
9	水力机组	39	通信及电子网络用电缆	69	电热蒸煮器具
10	燃气机组	40	电子元器件引线	70	电热烘烤器具
11	无刷直流电动机	41	各种家用或工业用电线	71	电热水和饮料加热器具
12	有刷直流电动机	42	光纤	72	电热煎炒器具
13	电磁直流电动机	43	光缆	73	家用电灶
14	永磁直流电动机	44	电气绝缘子	74	家用食品加工电器具
15	单相交流电机	45	电工塑料	75	家用厨房电清洁器具
16	三相交流电机	46	绝缘薄膜	76	洗衣机
17	控制微电机	47	绝缘胶	77	干衣机
18	驱动微电机	48	橡胶绝缘制品	78	吸尘器
19	专用微电机	49	线性电源	79	扫地机器人
20	其他电机	50	开关电源	80	家用电熨烫器具
21	变压器	51	应急电源	81	电动牙刷
22	整流器	52	高压电源	82	电动剃须刀
23	电感器	53	插座	83	电吹风
24	电力电容器	54	插头	84	电夹板
25	电容器成套装置	55	其他电工器材	85	卷发器
26	电容器零件	56	家用冰箱	86	超声波洁面仪
27	高压配电开关控制设备	57	冷柜	87	空气负离子发生器
28	低压配电开关控制设备	58	冷饮机	88	电动洗脚盆
29	专用低压电器	59	制冰机	89	按摩仪
30	电力控制或配电用配电板/盘、控制台、控制柜及其底座	60	家用空调	90	蒸发器

序号	产品类型/名称	序号	产品类型/名称	序号	产品类型/名称
91	冷凝器	121	智能照明控制器	151	网络接口和适配器
92	温控器	122	智能照明节电器	152	网络控制设备
93	传感器	123	灯用电器附件	153	网络连接设备
94	磁控管	124	自供能源手提式电灯	154	阅读机、数据转录及处理机械
95	加热管	125	灯泡配套用灯座	155	存储设备及部件
96	压缩机	126	交通运输车辆专用照明灯具	156	打印机零件、附件
97	其他家用电力器具	127	警示灯或指示灯	157	工业控制计算机
98	家用燃气灶	128	特殊场所专用照明装置	158	系统形式大型机
99	家用燃气热水器	129	防盗报警器或类似装置	159	系统形式微型机
100	家用燃气取暖器	130	火灾报警设备及类似装置	160	系统形式小型机
101	太阳能灶	131	报警传输系统	161	系统形式中型机
102	太阳能热水器	132	电器信号设备	162	服务器
103	太阳能照明产品	133	其他未列明的电气机械及器材	163	客户端设备
104	太阳能空调	134	微型计算机	164	其他计算机
105	太阳能灭蚊灯	135	台式计算机	165	通信传输设备
106	其他非电力家用器具	136	便携式计算机	166	通信交换设备
107	白炽灯	137	小型计算机	167	光通信设备
108	气体放电灯	138	中型计算机	168	散射通信设备
109	半导体电光源	139	板卡（主板、显卡、网卡、声卡等）	169	通信发射及接收机
110	民用灯具	140	电源	170	通用无线电通信设备
111	建筑灯具	141	机箱	171	微波通信设备
112	装饰灯具	142	内存	172	卫星地面站设备（卫星接收设备等）
113	工矿灯具	143	显示器	173	移动通信设备及终端设备
114	农业灯具	144	硬盘	174	载波通信系统设备
115	医疗灯具	145	中央处理器	175	电视发射设备
116	文艺灯具	146	磁卡机（射频卡机、其他输入设备及装置）	176	广播发射设备
117	各种发光标志	147	光盘存储器	177	视听节目制作及播控设备
118	场地照明灯	148	输出设备及装置	178	卫星电视发射及差转设备
119	舞台灯	149	输入设备及装置	179	音频节目制作及播控设备
120	智能照明灯	150	网络检测设备	180	有线电视网络传输设备

续表

序号	产品类型/名称	序号	产品类型/名称	序号	产品类型/名称
181	电视接收设备（视像监视机、视像投影机）	211	无线话筒接收器	241	电子束管
182	广播接收设备	212	耳机	242	充气管（离子管）
183	录像及重放像设备	213	音频扩大器	243	特种真空电子器件
184	卫星广播电视接收设备	214	电气扩音机组	244	显像管配件
185	有线电视接收设备	215	等离子显示器（PDP）	245	半导体二极管
186	专业录音和录像及重放设备	216	数字光处理显示器（DLP）	246	半导体三极管
187	传声器（话筒）及其支架	217	液晶显示器（LCD）	247	半导体开关器件
188	磁头	218	阴极射线管显示器（CRT）	248	特种元器件及传感器
189	分配器	219	播放器	249	敏感器件
190	分支器	220	功率放大器	250	半导体晶闸管
191	混合器	221	录音设备	251	半导体器件专用零件
192	拾音器	222	话筒	252	半导体集成电路
193	天线发生器	223	音频处理器	253	膜集成电路
194	天线转子	224	录像机	254	薄膜晶体管液晶显示器件
195	头戴受话机	225	摄像机	255	场发射显示器件
196	组合式成套话筒-扬声器	226	激光视盘机	256	真空荧光显示器件
197	专业用天线	227	零部件（机芯、磁头、光头、拾音头等）	257	有机发光二极管显示器件
198	采访机	228	智能手环	258	等离子显示器件
199	录音棚	229	智能手表	259	发光二极管显示器件
200	换色器	230	智能眼镜	260	曲面显示器件
201	调音台	231	智能头盔	261	柔性显示器件
202	效果器	232	智能头带	262	发光二极管（LED）
203	同声传译系统	233	智能服装	263	光电阴极与光电倍增管
204	延时器	234	智能鞋	264	微光像增强器
205	专业话筒	235	智能车载设备	265	摄像管
206	应用电视设备	236	智能无人飞行器	266	CCD和COMS成像器件
207	其他广播电视设备	237	服务消费机器人	267	制冷式红外成像器件
208	应用电视设备器材	238	其他智能消费设备	268	微测辐射热计红外成像器件
209	传声器（麦克风）	239	电子管	269	热释电探测器和成像器件
210	无线话筒发射器	240	微波管	270	紫外探测与成像器件

序号	产品类型/名称	序号	产品类型/名称	序号	产品类型/名称
271	X射线探测与成像器件	297	微波多层印制板	323	交直流电测量仪器
272	光电导探测器	298	热敏电阻器	324	扩大量程装置
273	结型光电探测器	299	压敏电阻器	325	通用自动测试系统及配套仪器
274	其他电子器件制造	300	光敏电阻器	326	电工仪器仪表用零件
275	电解电容器	301	力敏元件	327	绘图机、制图台（桌）、绘图板
276	非线绕电阻器	302	磁敏元件	328	绘图用具
277	片式电容器	303	气敏元件	329	单件绘图仪器、成套绘图仪器等
278	片式电阻器	304	湿敏元件	330	量具
279	片式电位器	305	送受话器	331	量仪
280	片式电感器	306	半导体材料	332	机械测量仪表
281	特种电阻器	307	磁性材料	333	手用测量仪器
282	特种电位器	308	覆铜板及铜箔材料	334	液体密度计及类似漂浮仪器
283	接插件	309	电子化工材料	335	温度仪表、高温计、气压计、湿度计
284	继电器	310	其他电子元件制造	336	流量仪表、压力仪表、物位仪表
285	无机介质电容器	311	其他电子设备制造	337	测量或检验黏度、孔隙率、膨胀率、表面张力或类似性能的仪器及装置
286	有机介质电容器（非片式）	312	电动单元组合仪表	338	测量或检查热量、音量或光量用仪器及装置
287	线绕电阻器	313	基地式仪表、执行器	339	精密天平、分析天平、专用天平
288	线绕电位器	314	集中控制装置	340	电化学分析仪器、光谱仪器及其他光学分析仪器、物理或化学分析用仪器
289	非线绕电位器	315	气动单元组合仪表	341	动力、转矩测量仪器
290	刚性印制电路板	316	数控系统	342	试验箱和气候环境实验设备
291	挠性印制电路板	317	显示仪表、控制（调节）仪表系统	343	生物、医学样品制备设备
292	刚挠结合印制电路板	318	智能控制系统	344	真空检测仪器
293	IC载板	319	自动化成套控制装置系统	345	土工测试仪器
294	金属基板	320	自动化控制系统配件	346	实验室高压釜
295	嵌入式印制板	321	电能仪表及自动计费管理系统	347	分析仪器辅助装置
296	微波单双面印制板	322	实验室及便携式直接作用模拟值电表	348	金属材料试验机、釜结构试验机

续表

序号	产品类型/名称	序号	产品类型/名称	序号	产品类型/名称
349	非金属材料试验机	367	出租车计价器、里程记录器、汽车电脑报站器	385	教学用生物、生理仪器
350	摩擦磨损、润滑与工艺试验机	368	计步器、频闪观测仪及类似计量仪表	386	电教仪器及数学用计算机示教仪器
351	力与变形检测仪、平衡机	369	速度指示器及转速计、闪光仪等	387	展览用仪器
352	振动台、冲击台、碰撞台	370	导航、制导仪器仪表	388	通用核仪器
353	硬度计	371	大地测量仪器、水道测量仪器、气象仪器、海洋仪器、水文仪器、航测仪器、天文仪器等专用仪器	389	核反应堆用记录、检测、报警仪器
354	无损检测仪器	372	无线电导航设备	390	环境及个人防护用核辐射剂量检测报警仪器
355	包装件试验机、结构试验机	373	无线电遥控、遥测、遥感设备	391	放射性物体加工计量仪器设备
356	汽车实验设备、橡胶制品检测机械	374	农业专用仪器	392	辐射防护用核仪器
357	水表、煤气表、电表	375	林业专用仪器	393	核辐射加工用仪器
358	恒温器、恒压器、液压或气压自动调节或控制仪器及装置	376	牧业专用仪器	394	核化工生产用仪器
359	其他未列明的通用仪器仪表和仪表元器件	377	渔业专用仪器	395	辐射无损检测、探伤仪器设备
360	水污染检测仪器	378	电法仪器、磁法仪器、井中物探测仪、核物探测仪、化物探测仪、钻井测井仪、泥浆分析仪器、岩矿物理性质测量仪及配套辅件	396	核辐射探头、核辐射探测仪
361	空气污染检测仪器	379	测震仪器、人工地震仪器、地形变观测仪、推断解释和数据处理仪	397	频率测量仪器
362	噪声与振动检测仪器	380	摄影测量仪器及专用附件	398	示波器、电子元器件参数测量仪器、脉冲测量仪器、扫描仪、频谱波形分析仪器
363	放射性和电磁波监测仪器	381	矿井安全仪器、大坝观测仪器	399	微波测量仪器等通信（含网络）测量仪器
364	其他环境监测系统	382	教学用数学专用仪器	400	超低频测量仪器、声学测量仪器、干扰场强测量仪、记录显示仪、信号源、功率计
365	转数计、速度测量仪表及加速度计	383	教学用演示计量仪器	401	电子专用可靠性能与例行试验设备
366	生产产量计数器	384	教学用原子物理、近代物理仪器	402	其他专用仪器制造

续表

序号	产品类型/名称	序号	产品类型/名称	序号	产品类型/名称
403	钟	412	光学计量仪器、物理光学仪器、光学测试仪器、红外仪器等其他光学仪器机器配件	421	通信设备
404	表	413	光学显微镜	422	通用仪器仪表
405	钟表机芯	414	激光器	423	专用仪器仪表
406	装有钟表机芯或同步电动机的定时器	415	照相机、电影摄影机、放映机、幻灯机、投影仪及器材	424	发电机
407	时间记录装置	416	望远镜及其配件	425	电动机
408	钟表用步进电机	417	衡器	426	微特电机
409	石英谐振器	418	其他仪器仪表制造业	427	电容器
410	钟表零配件	419	家用电器产品		
411	放大镜、光学门眼（门镜）	420	计算机		

4.4.3 产污系数制定方法

4.4.3.1 产污系数分析制定流程

产污系数分析制定一般流程如图4-16所示。

4.4.3.2 数据选择分析

根据方案及行业产排污现状，对所收集的数据进行分类管理，并根据数据间的比对分析，选择最科学、合理、客观、直接的数据作为最终的产污排数据，主要依据如下：

① 对于历史资料及数据完整、有效的，应优先采用。

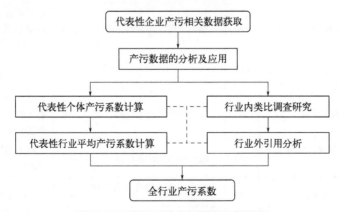

图4-16 产污系数分析制定一般流程

② 对于历史资料及数据不够完整的，能够用现场调查与实测取得稳定的、代表较长周期内生产情况的数据时，应优先采用现场调查与实测方法。例如，生产工况和污染处理设施运行长期稳定的企业，可以通过较短时间的调查实测，取得补充和验证数据；再例如，取得环境保护建设项目验收报告但仍缺少各独立工段数据的，需要进一步针对各工段进行独立调查与实测。

③ 对于无法取得可靠有效的历史资料及数据的，应优先使用现场调查与实测方法，设置合理的调查与实测方案，对污染源企业正常生产现场的产排污情况进行调查，取得可靠的产排污数据。例如，元器件行业，历史有效数据匮乏，应根据企业的产排污工段，按环境监测技术规范和标准，设置合理的技术方案，对产排污情况进行全面调查与实测。

④ 对于以上两种方法都无法取得可靠、有效、完整产排污数据的，应优先考虑使用模拟实验监测方法，设置合理的模拟和监测方案，取得必须的产排污数据。例如，对于存在无组织排放的工段，可以根据不同的工艺参数进行模拟，取得相应的产排污数据。

⑤ 对于以上三种方法均无法取得产排污数据的，则选用类比调查法，通过类似工段工艺的产排污数据，取得适用于本行业的产污系数。

4.4.3.3　产污数据应用基本要求

根据本行业的产排污现状及共性特征，行业以"产污节点"作为产污系数核算的中心，围绕产污工段（工序）进行产污数据收集和分析。由于"产污节点"分布于各行业小类间，各行业小类中的不同产污工段（工序）均可能采用历史数据、实测数据、物料衡算数据、实验模拟和类比数据。

4.4.3.4　个体产污系数的计算

（1）产污系数指标体系

指标体系主要是为达到其可拆分、可组合的目的而建立的，根据产污数据主要影响因素，产污系数的主要指标应包括原辅材料、产品、生产工艺（工段）、污染因子及产量。

产污系数表达方式是由污染因子各项指标组成的表达方式。通常情况下，基本表达方式以污染因子与单位产品或单位原辅料进行组合，其他指标则转化为相关的校正系数，用于不同情况下产污系数的换算，组成完整的产污系数表达方式。

（2）直接调查法产污系数的计算

直接调查法主要包括历史资料及数据调查、现场调查与实测两种方法，其产污系数通用计算公式如式（4-1）或式（4-2）所示，适用于废水和废气中污染物产污系数、固体废物产污系数的计算。

$$R_{产生} = \frac{\sum m_{产生}}{P} \tag{4-1}$$

或

$$R_{产生} = \frac{\sum m_{产生}}{M} \tag{4-2}$$

式中 $R_{产生}$——某一工段（产污节点）中某污染物的产污系数；

   $\sum m_{产生}$——某一工段（产污节点）中某污染物的产生总量，当存在多个产污节点（口）时应取各产污节点（口）的总和；

   P——某产品产量；

   M——某原辅料使用量。

两个表达式的产污系数计算过程示例如下。

1）PCB电镀中铜产污系数的计算

PCB的电镀工艺过程所用原辅材料较为复杂，选取镀铜工段主要用到的原材料（铜球和硫酸铜电镀液）对产污系数表达进行简要说明。由镀铜工段的污染物节点分析情况可知，本环节主要产生的污染物为含铜废水。该节点使用的铜球和硫酸铜的量可以通过计量得到，而本工段产生的含铜废水中铜污染物的浓度可以通过实际废水监测数据得到，然后根据废水产生量计算得到该工段铜污染物的产生量，以下举例说明（假设以下数据成立），如表4-7所列。

表4-7 电镀工段铜污染物产污系数核算示例

产污工段	原材料使用量			废水实测结果			铜污染物产污系数
	名称	数量/kg	合计/kg	废水产生量/t	废水中铜的浓度/（mg/kg）	废水中铜含量/kg	$R_{产生} = \dfrac{\sum m_{产生}}{M}$
电镀	铜球	250	450	200	150	30	$R_{铜产生}=30 \div 250=0.12$
	硫酸铜电镀液	200					$R_{铜产生}=30 \div 200=0.15$

注：表中数据仅作为举例说明使用，非真实数据。

从表4-7可知，镀铜工段的铜污染物产生量与原材料有直接的关系，其产污系数可以由铜球、硫酸铜电镀液两种原材料分别进行计算，在工段工艺稳定时两种原材料的产污系数间存在定量关系。

2）电子元件（铝电解电容）清洗工段COD产污系数的计算

由铝电解电容清洗工段的污染物节点分析情况可知，该工段产生的污染物主要是有机综合废水，以污染物COD指标为例进行说明。本工段由于并无原料投入，COD主要来源于产品清洗前的其他生产过程，因此采用产品产量作为系数核算的已知数据，可以通过生产企业自身统计得到该数据，该工段产生有机综合废水中的COD污染指标可以通过实际废水监测数据得到，然后根据废水产生量计算得到该工段COD污染物的产生量，以下举例说明（假设以下数据成立），如表4-8所列。

表4-8　清洗工段COD污染物产污系数核算示例

| 产污工段 | 产品 | | 废水实测结果 | | | COD污染物产污系数 |
	名称	产量/t	废水产生量/t	废水中COD的浓度/（mg/kg）	废水中COD含量/t	$R_{产生}=\dfrac{\sum m_{产生}}{P}$
清洗	铝电解电容	5000	3600	80	0.288	$R_{COD产生}=0.288\div5000=5.76\times10^{-5}$

注：表中数据仅作为举例说明使用，非真实数据。

从表4-8可知，清洗电解液工段的COD污染物产生量与产品中电解液的量等多个因素有关系，其产污系数通过产品产量进行计算。

（3）模拟实验法产污系数的计算

模拟实验法主要包括顶空瓶法和密闭舱法，模拟工艺分为焊接工艺和塑料成型（注塑）工艺两种。焊接工艺模拟污染物指标为废气中的VOCs、颗粒物、铅、锡；注塑工艺模拟污染物指标为废气中的VOCs。产污系数计算均基于主要原辅材料的消耗量，通式如式（4-2）所示。

（4）类比调查法产污系数的计算

当某目标工段的产污数据需要通过类似工段进行类比调查获得时，则采用式（4-3）进行计算，适用于废水和废气中污染物产污系数、固体废物产污系数的计算。

$$R'_{产生}=R_{产生}k_{M}k_{P}k_{T}k_{PC} \tag{4-3}$$

$$k_{M}\propto\frac{M_{目标}}{M_{类似}} \tag{4-4}$$

$$k_{P}\propto\frac{P_{目标}}{P_{类似}} \tag{4-5}$$

$$k_{T}\propto\frac{T_{目标}}{T_{类似}} \tag{4-6}$$

$$k_{PC}\propto\frac{PC_{目标}}{PC_{类似}} \tag{4-7}$$

式中　　$R'_{产生}$——类比调查获得的产污系数；

k_{M}、k_{P}、k_{T}、k_{PC}——某原辅材料使用量、某产品产量、某工艺指标、某规模的类比校正因子，其通过目标工段实际调查所得的产排污数据与类似工段所对应的产排污数据之比进行换算得到，通式如式（4-4）～式（4-7）所示；

$M_{目标}$——目标工段所用含污染物（指标）的原辅料的总量；

$M_{类似}$——类似工段所用含污染物（指标）的原辅料的总量；

$P_{目标}$——目标工段生产产品的总量；

$P_{类似}$——类似工段生产产品的总量；

$T_{目标}$——目标工段所用工艺的关键指标值；

$T_{类似}$——类似工段所用工艺的关键指标值；

$PC_{目标}$——目标工段生产规模的指标值；

$PC_{类似}$——类似工段生产规模的指标值。

k_M、k_P、k_T、k_{PC} 的选择根据不同工段和目的均不相同，只有当指标影响产污量时才可用于校正。产污系数的校正因子可用于对类似行业产品、工艺、规模等的类比校正，也可用于对类似污染源企业的类比校正，以产生新的产污系数。校正因子的使用条件说明示例如下：

① 类似焊接工艺的工艺指标校正。组装生产微型计算机和电吹风机均用到回流焊工艺，由于产品焊接点数不同，可能导致产生的颗粒物（铅烟）、VOCs的量与焊料（锡膏）使用量的比例关系（废气中颗粒物、VOCs的产污系数）也不同，需要通过产品的焊接点数（或单位产品的焊料使用量）相关性进行校正。

② 类似PCB电镀铜工艺的产品指标校正。生产刚性PCB的污染源企业，由于目标企业的PCB产品结构与代表性污染源企业不同，可能导致废水铜产生量与镀液消耗量的比例关系（废水中铜的产污系数）也不同，需要通过产品的面积（或单位产品镀液消耗量）相关性进行校正。

4.4.3.5 行业平均产污系数的计算

根据行业企业的离散特点，选择使用算术平均和加权平均相结合的统计方法，以计算不同情况下的行业平均产污系数。

① 当企业样本间的产品、产量、工艺、规模均较相似且产污系数相对（标准）偏差在100%以内时，直接采用算术平均的方式计算行业平均产污系数，计算通式如式（4-8）所示：

$$\overline{R}_{产生}=\frac{\sum\limits_{n}R_{产生}}{n} \tag{4-8}$$

式中 $\overline{R}_{产生}$——行业平均产污系数；

$R_{产生}$——个体产污系数；

n——个体产污系数个数。

② 当企业样本间的产品、产量、工艺、规模存在较大、明显的差异且产污系数相对（标准）偏差在100%以上时，采用差异指标（如产品类型、规模大小）加权平均的方式计算行业平均产污系数，计算通式如式（4-9）所示：

$$\overline{R}_{产生}=\sum_{i=1}^{n}(w_i R_{产生i}) \tag{4-9}$$

式中　$\overline{R}_{产生}$——行业平均产污系数；

$\quad\quad R_{产生i}$——个体产污系数；

$\quad\quad n$——个体产污系数个数；

$\quad\quad w_i$——个体产污系数 i 的差异指标权重因子。

4.4.3.6　电子电气行业可进行类比调查的小类行业分析

（1）整机终端电子产品制造

包括以焊接（锡焊）、清洗、组装工段为主的38类、39类、40类行业的整机产品，主要为3851家用制冷电器具制造，3852家用空气调节器制造，3853家用通风电器具制造，3854家用厨房电器具制造，3855家用清洁卫生电器具制造，3856家用美容、保健护理电器具制造，3859其他家用电力器具制造，3869其他非电力家用器具制造，3872照明灯具制造，3873舞台及场地用灯制造，3874智能照明器具制造，3911计算机整机制造，3913计算机外围设备制造，3914工业控制计算机及系统制造，3915信息安全设备制造，3919其他计算机制造，3921通信系统设备制造，3922通信终端设备制造，3931广播电视节目制作及发射设备制造，3932广播电视接收设备制造，3939应用电视设备及其他广播电视设备制造，3951电视机制造，3953影视录放设备制造，3961可穿戴智能设备制造，3962智能车载设备制造，3964服务消费机器人制造，3969其他智能消费设备制造，4012电工仪器仪表制造，4013绘图、计算及测量仪器制造，4014实验分析仪器制造，4016供应用仪器仪表制造，4019其他通用仪器制造，4021环境监测专用仪器仪表制造，4023导航、测绘、气象及海洋专用仪器制造，4024农林牧渔专用仪器仪表制造，4025地质勘探和地震专用仪器制造，4026教学专用仪器制造，4027核子及核辐射测量仪器制造，4028电子测量仪器制造，4029其他专用仪器制造。以上行业中的电子相关产品的生产制造过程可根据相似产品及工段进行类比。

（2）元器件制造

主要为3824电力电子元器件制造、397电子器件制造、398电子元件及电子专用材料制造。以上行业中类似元器件的生产制造过程可根据相似产品及工段进行类比。

（3）电动机、发电机等制造

主要为3811发电机及发电机组制造、3812电动机制造、3813微特电机及组件制造、3819其他电机制造。以上行业中类似产品的生产制造过程可根据相似产品及工段进行类比。

（4）涉及相似制造过程的产品

主要涉及机械加工、表面处理、涂漆、注塑、机械焊接、印刷、清洗、锡焊、蚀刻、除油、除锈等。以上工段在不同行业产品间可根据需要进行类比。

4.4.3.7　电子电气行业与其他行业的类比调查或直接引用分析

（1）机械加工

包括开料、制模、切割、打孔、打磨、抛光等，可与33金属制品业、211木质家具制造等的部分相关工段进行类比。

（2）注塑

包括注塑、挤塑、塑封等，可与24文教、工美、体育和娱乐用品制造业及195制鞋业等的部分相关工段进行类比。

（3）烧结、铸造等

烧结、铸造等可与3074日用陶瓷制品制造、3110炼铁、3216铝冶炼、3254稀有稀土金属压延加工、33金属制品业等的部分相关工段进行类比。

（4）表面处理

包括电镀、化学镀等，可与3360金属表面处理及热处理加工、电镀行业（专项）的部分相关工段进行类比。

（5）涂装、涂漆

涂装、涂漆等涉及涂料使用的工段，可与21家具制造业、33金属制品业等的部分相关工段进行类比。

（6）机械焊接

机械焊接可与33金属制品业的部分相关工段进行类比。

（7）印刷

包括丝印、网印等，可与22造纸和纸制品业、23印刷和记录媒介复制业的部分相关工段进行类比。

4.4.4　处理效率和实际运行效率的确定

4.4.4.1　处理效率确定方法

（1）个体污染处理效率

个体污染处理效率通过污染物排放量（浓度）和产生量（浓度）进行计算，通式如式（4-10）所示：

$$\theta' = \frac{c_{产生} - c_{排放}}{c_{产生}} \times 100\% \tag{4-10}$$

式中　θ'——某一污染物的个体污染处理效率；

　　$c_{产生}$——进入污染处理技术设施的某一污染物总量（浓度）；

　　$c_{排放}$——污染处理技术设施处理后排出的某一污染物总量（浓度）。

代表性个体污染处理效率分析案例如表4-9～表4-11所列。

表4-9　代表性污染处理设施处理效率分析案例（一）

产品	生产规模	COD_Cr			酸雾		
		RO处理工艺			碱液吸收处理工艺		
		处理前 /(mg/L)	处理后 /(mg/L)	θ'/%	处理前 /(mg/m³)	处理后 /(mg/m³)	θ'/%
刚性PCB	电镀面积 $4 \times 10^4 \text{m}^2/\text{a}$	90	50	44.4	83.035	7.094	91.5

注：表中数据仅作为举例说明使用，非真实数据。

表4-10　代表性污染处理设施处理效率分析案例（二）

产品	生产规模	COD_Cr			颗粒物		
		生化处理工艺			吸收处理工艺		
		处理前 /(mg/L)	处理后 /(mg/L)	θ'/%	处理前 /(mg/m³)	处理后 /(mg/m³)	θ'/%
发电机	整机173620台/a	350	100	71.4	1000	10	99.9

注：表中数据仅作为举例说明使用，非真实数据。

表4-11　代表性污染处理设施处理效率分析案例（三）

产品	生产规模	Cu			Cr		
		化学沉淀法			化学沉淀法		
		处理前 /(mg/L)	处理后 /(mg/L)	θ'/%	处理前 /(mg/L)	处理后 /(mg/L)	θ'/%
HDI板、FPC板	$189 \times 10^4 \text{m}^2/\text{a}$	450	0.4	99.9	52	1.0	98.1

注：1. 表中数据仅作为举例说明使用，非真实数据。

　　2. HDI板—高密度互连板；FPC板—柔性电路板。

（2）行业污染平均处理效率

由于污染物排放标准值是固定的，在污染处理设计时，污染物处理效率的高低主要取决于产污量的大小，产污量越大，要求污染处理效率就越高。因此，行业平均处理效率θ通过代表性污染处理设施处理效率θ′的某一污染物处理量加权平均获得，如下式所示：

$$\theta = \sum_{i=1}^{n}(w_i \theta'_i) \quad (4\text{-}11)$$

$$w_i = \frac{M_i}{\sum_{i=1}^{n} M_i} = \frac{c_i V_i}{\sum_{i=1}^{n}(c_i V_i)} \quad (4\text{-}12)$$

式中　w_i——代表性污染处理设施i处理效率θ'_i的某污染物处理量权重；

　　　M_i——代表性污染处理设施i的某污染物处理量；

　　　c_i——代表性污染处理设施i的某污染物处理前浓度；

　　　V_i——代表性污染处理设施i的废水或废气量。

平均处理效率θ分析案例如表4-12所列。

表4-12　污染处理设施行业平均处理效率分析案例

序号	污染处理工艺	污染指标	废气/废水排放量	污染指标浓度		污染物处理量权重w_i	个体处理效率θ'_i/%
				处理前	处理后		
1	电除尘	颗粒物	10000m³/h	500mg/m³	24mg/m³	0.31	95.2
2	电除尘	颗粒物	8000m³/h	1000mg/m³	15mg/m³	0.49	98.5
3	电除尘	颗粒物	5000m³/h	650mg/m³	18mg/m³	0.20	97.2
4	行业平均处理效率θ/%						97.2
5	化学沉淀法	铜	800m³/d	450mg/L	0.4mg/L	0.43	99.9
6	化学沉淀法	铜	300m³/d	360mg/L	0.3mg/L	0.13	99.9
7	化学沉淀法	铜	600m³/d	600mg/L	0.6mg/L	0.43	99.9
8	行业平均处理效率θ/%						99.9
9	吸附法	TVOC	5800m³/h	83.035mg/m³	7.094mg/m³	0.21	91.5
10	吸附法	TVOC	11000m³/h	66.012mg/m³	6.024mg/m³	0.32	90.9
11	吸附法	TVOC	8800m³/h	120.05mg/m³	10.06mg/m³	0.47	91.6
12	行业平均处理效率θ/%						91.3
13	活性污泥法	COD	1000m³/d	300mg/L	60mg/L	0.32	80.0
14	活性污泥法	COD	500m³/d	540mg/L	75mg/L	0.29	86.1
15	活性污泥法	COD	850m³/d	440mg/L	50mg/L	0.40	88.6
16	行业平均处理效率θ/%						85.2

注：表中数据仅作为举例说明使用，非真实数据。

4.4.4.2　污染处理设施实际运行效率确定方法

污染处理设施实际运行效率与企业的管理、处理设施状况、污染物产生量等有关，特别是设施的某一个关键运行指标值（如药剂量、用电量等）、运行效率的优劣也直接影响污染物处理效率。

为了计算获得污染源企业实际污染物处理效率，需要研究建立与行业平均处理效率相对应的运行效率校正系数（k_{WT}），并研究确定各污染处理技术"行业平均处理效率"对应的污染处理设施"行业平均单位污染物处理运行指标值"。

"单位污染物处理运行指标值"由污染处理设施运行指标值和污染物产生量计算取得，如式（4-13）所示：

$$a = \frac{A}{m_{产生}} \tag{4-13}$$

式中　a——代表性污染处理设施单位污染物处理运行指标值；

A——代表性污染处理设施运行指标值，以年度计；

$m_{产生}$——代表性污染源某一污染物产生量。

"行业平均单位污染物处理运行指标值"则为某一污染物"单位污染物处理运行指标值"的处理量加权平均获得，如式（4-14）所示：

$$a_{平均} = \sum_{i=1}^{n}(w_i a_i) \tag{4-14}$$

式中　$a_{平均}$——行业平均单位污染物处理运行指标值；

w_i——代表性污染处理设施 i 处理效率 θ'_i 的某污染物处理量权重，由式（4-12）计算取得；

a_i——代表性污染处理设施 i 的单位污染物处理运行指标值，由式（4-13）取得。

$a_{平均}$ 分析案例如表4-13所列。

表4-13　行业平均单位污染物处理运行指标值 $a_{平均}$ 分析案例

序号	污染处理工艺	污染指标	废气/废水排放量	污染指标浓度		污染物处理量权重 w_i	代表性处理设施运行指标值 A		单位污染物处理运行指标值 a
				处理前	处理后				
1	电除尘	颗粒物	10000m³/h	500mg/m³	24mg/m³	0.31	耗电量/（kW·h/a）	8000	0.267
2	电除尘	颗粒物	8000m³/h	1000mg/m³	15mg/m³	0.49		6000	0.125
3	电除尘	颗粒物	5000m³/h	650mg/m³	18mg/m³	0.20		6600	0.338
4	行业平均单位污染物处理运行指标值 $a_{平均}$								0.211
5	化学沉淀法	铜	800m³/d	450mg/L	0.4mg/L	0.43	沉淀剂（NaOH）耗量/（kg/a）	10000	0.111
6	化学沉淀法	铜	300m³/d	360mg/L	0.3mg/L	0.13		8500	0.315
7	化学沉淀法	铜	600m³/d	600mg/L	0.6mg/L	0.43		12800	0.142
8	行业平均单位污染物处理运行指标值 $a_{平均}$								0.151

序号	污染处理工艺	污染指标	废气/废水排放量	污染指标浓度		污染物处理量权重w_i	代表性处理设施运行指标值A		单位污染物处理运行指标值a
				处理前	处理后				
9	吸附法	TVOC	5800m³/h	83.035mg/m³	7.094mg/m³	0.21	活性炭耗量/（kg/a）	3100	1.073
10	吸附法	TVOC	11000m³/h	66.012mg/m³	6.024mg/m³	0.32		4800	1.102
11	吸附法	TVOC	8800m³/h	120.05mg/m³	10.06mg/m³	0.47		5000	0.789
12	行业平均单位污染物处理运行指标值$a_{平均}$								0.950
13	活性污泥法	COD	1000m³/d	300mg/L	60mg/L	0.32	耗电量/（kW·h/a）	88000	1.173
14	活性污泥法	COD	500m³/d	540mg/L	75mg/L	0.29		73000	1.081
15	活性污泥法	COD	850m³/d	440mg/L	50mg/L	0.40		122500	1.310
16	行业平均单位污染物处理运行指标值$a_{平均}$								1.201

注：表中数据仅作为举例说明使用，非真实数据。

污染处理设施的实际运行效率校正系数k_{WT}则通过污染源企业的实际单位污染物处理运行指标值与行业平均单位污染物处理运行指标值之比取得，如式（4-15）所示：

$$k_{WT} = \frac{a_{实际}}{a_{平均}} = \frac{A_{实际}}{m_{实际产生} a_{平均}} \tag{4-15}$$

式中　$a_{实际}$——污染源企业污染处理设施单位污染物处理运行指标值；

$a_{平均}$——该类处理设施行业平均单位污染物处理运行指标值；

$A_{实际}$——某一处理设施关键实际运行指标值；

$m_{实际产生}$——污染源企业某一污染物实际产生量。

运行效率校正系数分析案例如表4-14所列。

表4-14　污染处理设施工艺实际运行效率校正系数（k_{WT}）分析案例

序号	污染处理工艺	污染指标	处理设施运行指标值$A_{实际}$		行业平均单位污染物处理运行指标值$a_{平均}$	污染源企业实际污染物产生量$m_{实际产生}$/（kg/a）	实际运行效率校正系数k_{WT}
1	电除尘	颗粒物	耗电量/（kW·h/a）	7850	0.211kW·h/kg	28000	1.329
2	化学沉淀法	铜	沉淀剂（NaOH）耗量/（kg/a）	9850	0.151kg/kg	76800	0.849
3	吸附法	TVOC	活性炭年耗量（kg/a）	4100	0.950kg/kg	3550	1.216
4	活性污泥法	COD	耗电量/（kW·h/a）	79500	1.201kW·h/kg	125100	0.529

注：表中数据仅作为举例说明使用，非真实数据。

4.4.5 基于产污系数的产排污量核算方法

4.4.5.1 产污量核算方法

产污量核算主要依据产污系数指标体系及计算公式进行。根据计算公式中所需要的各项指标，从实际污染源企业中调查产排污相关数据，通过计算取得产污量。

污染源企业某一污染指标产污量为企业各产污工段该污染指标产污量的总和，可通过各工段产污系数与生产指标计算所得，根据产污系数计算公式［式（4-1）和式（4-2）］，产污量计算通式如式（4-16）或式（4-17）所示，适用于废水和废气中污染物指标产生量、固体废物产生量的计算。

$$m_{总产生}=\sum m_{工段}=\sum (R_{工段}P) \tag{4-16}$$

$$m_{总产生}=\sum m_{工段}=\sum (R_{工段}M) \tag{4-17}$$

式中 $m_{总产生}$——污染源某一污染物指标总产污量；

$m_{工段}$——污染源某一产污工段某一污染物产污量；

$R_{工段}$——污染源某一产污工段某一污染物产污系数；

P——某产品产量；

M——某原辅料使用量。

式（4-16）或式（4-17）的选择依据产污系数 $R_{工段}$ 的单位，基于产品产量的系数则选择使用式（4-16），基于某原辅材料使用量的系数则选择使用式（4-17）。

4.4.5.2 排污量核算方法

污染源企业排污量是企业排入环境中的污染物总量。排污量的计算主要根据产污量、污染收集效率、污染处理效率、污染设施运行效率等因素。根据污染源企业排污节点的分布，废水排放主要为车间排放口排放和企业总排放口排放两种，一般情况下为全收集；废气排放则以各类车间排放口排放为主，且分散，一般为半开放式收集，收集效率差异较大。

（1）排放口废水中污染物排放量

本行业废水污染处理存在多种工艺串联、循环处理、资源回收利用的情况，各排放口废水中污染物指标排放量可由各产污工段产污量总和（污染处理设施处理前污染物总量）及污染物处理效率（或处理容量）计算所得，污染源企业废水中污染物总排放量则为各排放口排放量的总和。

① 当污染源企业排放口所排放的某一污染物由统一的污染处理设施进行处理，且只使用一种处理工艺时，该污染物的排放量计算如式（4-18）所示：

$$E_{\text{排放口}}=\begin{cases}\displaystyle\sum_{i=1}^{n}[m_{\text{工段}i}(1-\theta_{\min})] & \theta k_{WT}<\theta_{\min}\\[2mm]\displaystyle\sum_{i=1}^{n}[m_{\text{工段}i}(1-\theta k_{WT})] & \theta_{\min}\leqslant\theta k_{WT}\leqslant\theta_{\max}\\[2mm]\displaystyle\sum_{i=1}^{n}[m_{\text{工段}i}(1-\theta_{\max})] & \theta k_{WT}>\theta_{\max}\end{cases} \qquad (4\text{-}18)$$

式中　$E_{\text{排放口}}$——污染源企业某一污染物指标某一排放口排放量；

$m_{\text{工段}i}$——工段i某一污染物指标的产污量；

θ——污染处理工艺对某一污染物的平均处理效率；

$\theta_{\min}$——污染处理工艺对某一污染物的处理效率的行业最小值；

$\theta_{\max}$——污染处理工艺对某一污染物的处理效率的行业最大值；

k_{WT}——某正常运作的污染处理工艺对某一污染物的实际运行效率校正系数，通过式（4-15）计算取得。

② 当污染源企业排放口所排放的某一污染物由统一的污染处理设施进行处理，且使用两种以上处理工艺时，该污染物的排放量计算如式（4-19）所示：

$$E_{\text{排放口}}=\begin{cases}\displaystyle\sum_{i=1}^{n}m_{\text{工段}i}\times\prod_{j=1}^{m}(1-\theta_{j,\min}) & \theta_j k_{j,WT}<\theta_{j,\min}\\[2mm]\displaystyle\sum_{i=1}^{n}m_{\text{工段}i}\times\prod_{j=1}^{m}(1-\theta_j k_{j,WT}) & \theta_{j,\min}\leqslant\theta_j k_{j,WT}\leqslant\theta_{j,\max}\\[2mm]\displaystyle\sum_{i=1}^{n}m_{\text{工段}i}\times\prod_{j=1}^{m}(1-\theta_{j,\max}) & \theta_j k_{j,WT}>\theta_{j,\max}\end{cases} \qquad (4\text{-}19)$$

式中　$E_{\text{排放口}}$——污染源企业某一污染物指标某一排放口排放量；

$m_{\text{工段}i}$——工段i某一污染物指标的产污量；

θ_j——污染处理工艺j对某一污染物的平均处理效率；

$\theta_{j,\min}$——污染处理工艺j对某一污染物的处理效率的行业最小值；

$\theta_{j,\max}$——污染处理工艺j对某一污染物的处理效率的行业最大值；

$k_{j,WT}$——某正常运作的污染处理工艺j对某一污染物的实际运行效率校正系数，通过式（4-15）计算取得。

③ 当污染源企业排放口所排放的某一污染物由车间处理设施处理后，再进入企业总集水池和污染处理设施进一步处理时，该污染物的排放量计算参考式（4-19）。

④ 当污染源企业存在资源回收设施（如铜回收设施、蚀刻液回收设施等）时，资源回收设施视为污染处理设施，并根据工艺选择合适的污染处理效率和运行效率参数，参考式（4-18）和式（4-19）计算该污染物的排放量。

⑤ 当污染源企业将废水（未处理或处理后）进行"长期"循环利用且不直接排放进

入环境时，不直接核算废水中所有污染物指标的排放量，废水的污染转变为经处理后或最终形成的固体废物（含危险废物）的量。

⑥ 当污染源企业将处理后废水用于"生产用途"的循环利用且定期（或按一定的规律）排放进入环境时，先按式（4-18）和式（4-19）取得某一污染物指标的"总排放量"，再除以"年循环次数"取得实际的某一污染物指标排放量；其他污染因循环利用转变为处理后或最终形成的固体废物（含危险废物）的量。

⑦ 当污染源企业将处理后废水用于"非生产用途"的循环利用且定期（或按一定的规律）排放进入环境时，仍按式（4-18）和式（4-19）计算某一污染物指标的排放量；"非生产用途"的产污及污染处理则参考相关的产排污核算方法进行核算。

⑧ 当污染源企业将未处理废水用于"有限次数""生产用途"的循环利用且定期（或按一定的规律）经处理后排放进入环境时，某一污染物指标的总产生量应该考虑"年循环次数"，即工段单次产污量乘以"年循环次数"，并按式（4-18）和式（4-19）计算某一污染物指标的排放量。

⑨ 当污染源企业未进行污染处理或为无组织排放时，其排污量等于产污量。

（2）排放口废气中污染物排放量

本行业废气排放节点分散，主要为车间排放口和无组织排放。由于收集效率问题，车间产生的废气可分为两到三个部分，一部分为有效收集处理后排放的废气，一部分为未有效收集形成无组织排放的废气，或自然沉降成为固体废物。各排放口废气中污染物排放量可由各产污工段产污量总和（污染处理设施处理前污染物总量）及污染物处理效率（或处理容量）计算所得，污染源企业废气中污染物总排放量则为各排放口排放量的总和。

① 当污染源企业排放口所排放的某一污染物由统一的污染处理设施进行处理，且只使用一种处理工艺时，该污染物的排放量计算如式（4-20）所示：

$$E_{排放口}=\begin{cases}\sum_{i=1}^{n}[m_{工段i}(1-\omega\theta_{\min})] & \theta k_{WT}<\theta_{\min}\\ \sum_{i=1}^{n}[m_{工段i}(1-\omega\theta k_{WT})] & \theta_{\min}\leqslant\theta k_{WT}\leqslant\theta_{\max}\\ \sum_{i=1}^{n}[m_{工段i}(1-\omega\theta_{\max})] & \theta k_{WT}>\theta_{\max}\end{cases}\quad（4-20）$$

式中　$E_{排放口}$——污染源企业某一污染物指标某一排放口排放量；

$m_{工段i}$——工段 i 某一污染物指标的产污量；

ω——污染处理工艺对废气污染物的平均收集效率；

θ——污染处理工艺对某一污染物的平均处理效率；

$\theta_{\min}$——污染处理工艺对某一污染物的处理效率的行业最小值；

$\theta_{\max}$——污染处理工艺对某一污染物的处理效率的行业最大值；

k_{WT}——某正常运作的污染处理工艺对某一污染物的实际运行效率校正系数，通过式（4-15）计算取得。

② 当污染源企业排放口所排放的某一污染物由统一的污染处理设施进行处理，且使用两种以上处理工艺时，该污染物的排放量计算如式（4-21）所示：

$$E_{排放口}=\begin{cases}\sum_{i=1}^{n}m_{工段i}\prod_{j=1}^{m}(1-\omega_j\theta_{j,\min}) & \theta_jk_{j,\mathrm{WT}}<\theta_{j,\min} \\ \sum_{i=1}^{n}m_{工段i}\prod_{j=1}^{m}(1-\omega_j\theta_jk_{j,\mathrm{WT}}) & \theta_{j,\min}\leq\theta_jk_{j,\mathrm{WT}}\leq\theta_{j,\max} \\ \sum_{i=1}^{n}m_{工段i}\prod_{j=1}^{m}(1-\omega_j\theta_{j,\max}) & \theta_jk_{j,\mathrm{WT}}>\theta_{j,\max}\end{cases} \quad (4\text{-}21)$$

式中 $E_{排放口}$——污染源企业某一污染物指标某一排放口排放量；

$m_{工段i}$——工段 i 某一污染物指标的产污量；

ω_j——污染处理工艺 j 对废气污染物的平均收集效率；

θ_j——污染处理工艺 j 对某一污染物的平均处理效率；

$\theta_{j,\min}$——污染处理工艺 j 对某一污染物的处理效率的行业最小值；

$\theta_{j,\max}$——污染处理工艺 j 对某一污染物的处理效率的行业最大值；

$k_{j,\mathrm{WT}}$——某正常运作的污染处理工艺 j 对某一污染物的实际运行效率校正系数，通过式（4-15）计算取得。

③ 当污染源企业存在多个同类污染物排放口时，则该污染物的企业排放量为各排放口排放量的总和，各排放口污染物排放量计算参考式（4-20）式（4-21）。

④ 当污染源企业存在资源回收设施（如有机溶剂回收设施等）时，资源回收设施视为污染处理设施，并根据工艺选择合适的污染处理效率和运行效率参数，参考式（4-20）和式（4-21）计算污染物的排放量。

⑤ 当污染源企业未进行污染处理或为无组织排放时，其排污量等于产污量。

（3）污染源企业污染物排放量

污染源企业废水或废气中污染物总排放量为各排放口排放量和无组织排放量的总和，如式（4-22）所示：

$$E_{总排放}=\sum E_{排放口}+\sum E_{无组织}+\sum E_{未处理} \quad (4\text{-}22)$$

式中 $E_{总排放}$——污染源企业废水/废气中某一污染物指标的总排放量；

$E_{排放口}$——污染源企业某一污染物指标某一排放口排放量；

$E_{无组织}$——污染源企业某一污染物指标无组织排放量；

$E_{未处理}$——污染源企业某一污染物指标未处理排放量。

4.4.6　不确定分析和验证

4.4.6.1　系数的不确定性

由于本产污系数法在研究过程中，对电子行业中的一些非重点、非特征产污情况不能全面考虑，对相似产污工段进行合并分析，存在一定的不确定因素，使用本法进行产污量核算时可能产生一定的偏差，应在实际应用中给予考虑。本法主要的不确定因素包括：

① 产品类别及型号规格、原辅材料及成分、产污工艺类型众多，无法全覆盖；

② 未充分考虑污染源企业环境管理水平、生产管理水平等主观因素的影响；

③ 通过模拟产污模型和类比方式取得的系数可能存在一定的偏差；

④ 因采样口不规范、样品基质过强、污染物不完全收集等因素导致监测数据不能准确反映污染物产生量时，系数可能存在一定的偏差；

⑤ 系数从全行业或类似行业的平均水平考虑，对单个污染源的核算可能存在偏差；

⑥ 属污染源交叉行业类型的企业，因生产工艺和原辅材料的差异，可能存在一定偏差。

4.4.6.2　系数的验证方法

考虑到部分核算系数未能体现出个体与群体间的差异性，特别是在工艺水平离散度较大的行业，个体产污系数与平均产污系数有较大差距。因此，为了提升核算系数的科学性和合理性，需要对其进行修正校验。根据数据来源及校验方式的不同，核算系数主要修正校验方法如下。

（1）调查问卷法

采用发放调查问卷的方式，征求系数制定的样本企业以外的企业对产排污系数及产排污量核算结果的意见，并对行业反馈的系数不适用的情况进行研讨，进而对系数提出适当调整方案。

（2）历史数据验证法

采用非样本企业的历史数据，对同一"四同"组合条件下的系数进行验证和评价，当系数误差在一定范围内时可以认为该系数基本符合行业现行情况。

（3）实测验证法

通过实测数据计算污染源实际排放量，与根据系数法核算出的污染源排放量进行对比，进而对该产污系数及末端治理设施平均运行效率进行验证。

（4）实验模拟验证法

针对一些实际较难采集数据的生产环节或排放节点，可采用实验模拟其生产过程来验证其产污系数。

（5）排污许可排放量对比法

以全国排污许可证管理信息平台申报的排放量数据作为污染物排放量结果，与采用系数法进行核算的结果进行比对校验。

（6）横向对比污普核算数据法

结合全国污染物普查报表数据审核工作，将全国各地区同一"四同"组合条件下的污染源数据进行横向比对，对发现的系数以及治理效率异常的情况进行核定。

（7）问题导向法

结合各地方普查工作中发现的产污系数缺失及不适用问题，以其为重点导向，针对性进行系数的验证修订和补充完善。

（8）产排污特征近似的行业相互类比校核法

选取生产过程和污染物产排污特征近似的行业或系数组合，进行类比相互校核，保证系数变化规律的一致性。

（9）普查数据质量提升指导验证法

通过邀请行业专家参加普查办组织的数据集中会审和数据提升工作，根据行业类别划分是否正确、核算环节是否正确、污染指标是否漏报以及产排污量是否合理等原则对企业填报的数据进行审核，解决各行业系数在实际核算中选取和应用方面存在的问题，提升产污系数使用的准确性。同时，对确实存在系数不适用和缺失的问题，对系数进行调整和补充完善。

4.4.7 模拟实验获取样品数据案例

针对工业行业（电子电气行业和机械行业等）有关工艺，如塑料成型、电子焊接、溶剂清洗、印刷、涂漆、光刻胶涂覆、碱性蚀刻等排放的无组织工艺废气，在企业生产经营管理、日常环境监管中均没有对其产生量和排放量进行监测，在生产工艺流程或环节上不具备采样条件。一方面是因为生产工艺的特殊性，一些污染物（如VOCs）主要来源于工艺过程，其无法采用传统的物料衡算等方法获取相关数据；另一方面也是因为目前行业生产工艺设备设施水平还不能满足进行采样监测的需要，即使在污染收集中采取了集中收集后处理排放，但污染物散发源多且分散，产生后进行集中收集难度大，收集效率无法准确定量，且不同时间或环境条件（如昼夜、季节、工况等）收集率不稳定，集中排放量无法准确反映实际的产生量。因此，这类产污无法通过历史数据或现场实测的方式准确获得污染物产生量和排放量等数据。

如多数有注塑工艺的生产企业分布相对独立且分散，排放的VOCs污染物成分较为复杂，缺乏系统的排放源或节点清单，针对此工艺污染源的污染因子、排放现状及污染特征，目前我国还没有进行系统的调查与研究；焊接作为制造业中一种重要的连接技术，尤其是手工焊，在电子电气、机械加工中不可完全被其他连接技术替代，焊接时焊剂成分挥发出难闻气体及大量烟尘，大部分企业或个体无处理设施或处理设施不全，基本为无组织排放，无法获得该类焊接工艺相关的排污情况。同时，这类工艺基本均无法完全密闭工作空间，存在或多或少的泄漏，该泄漏量即为无组织排放，如VOCs、臭气等，目前已成为公众和环境监管的关注热点，其量化结果是后续解决该类问题的重要依据。

本方案采用密闭舱法和顶空瓶法对实际无组织排放工艺生产过程进行模拟，对产生的污染物进行采集、检测和评估，开展废气排放规律研究，建立产生量（排放量）与主要原辅材料使用量、主要工艺参数等的关系模型，为产污量化提供重要的科学依据。

4.4.7.1　实验装置设计与研发

（1）密闭舱法模拟实验装置研发

模拟实验装置主体由密闭舱及其配件组成（见图4-17、图4-18），主要包括：

① 密闭舱。用于将模拟工艺过程的空间密封起来，使产生的污染物在密闭空间内，不会逸散而损失。容积为$1m^3$，表面光滑、光亮，降低材料表面对VOCs和颗粒物的吸附等影响。

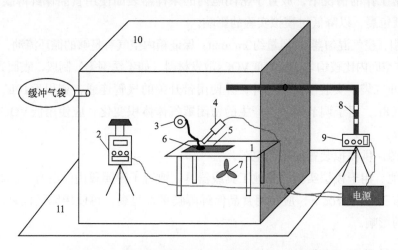

图4-17　模拟实验装置工作（密闭舱法）原理示意

1—内部工作台；2—大气采样器；3—锡丝（焊料等）；4—焊枪（焊接工具等）；5—印制电路板；6—焊接处（焊点）；7—风扇（空气混匀器）；8—VOCs采样管（Tenax TA，应使用3支采样管同时采集）；9—VOCs采样器；10—密闭罩（$1m^3$）；11—外部工作台

━━ VOC采样气管
〜〜 设备电源线

图4-18　模拟实验装置（密闭舱法）

② 外部工作台。用于承载密闭舱及其他模拟工具或装置。外部工作台表面应光滑，或使用食品保鲜薄膜平整包裹，再使用锡纸包裹，以降低对模拟实验的影响。密闭罩与外部工作台之间用医用硅胶垫密封。

③ 内部工作台。用于模拟工艺的生产工作台。应为低VOCs散发材料（如不锈钢等）制成，表面光滑；或使用食品保鲜薄膜平整包裹，再使用锡纸包裹，以降低对模拟实验的影响。

④ 采样器。用于采集颗粒物、VOCs等污染物的标准环境监测相关采样器，在不影响仪器正常工作的情况下，放置于密闭舱内的采样器表面使用食品保鲜薄膜平整包裹，再使用锡纸包裹，以降低对模拟实验的影响。

⑤ 风扇（空气混匀器）。风量约$3m^3/min$，保证箱内空气有足够的循环流动，确认VOCs等污染物在空间内比较均匀，应为低VOCs散发材料（如不锈钢等）制成，表面光滑。

⑥ 缓冲气袋。安装于密闭舱外，并使用带开关的气管连通，容积为10L，预充入标准干燥空气8L，用于调节因采样产生的密闭罩气体体积变化，应使用低VOCs散发的特定材料制成。

⑦ 电源。供模拟装置使用的电源。

⑧ 其他。用于模拟实验的其他工具或器具。放置于密闭罩内的所有工具或器具，在不影响正常工作的情况下，应使用食品保鲜薄膜平整包裹，再使用锡纸包裹，以降低对模拟实验的影响。

（2）顶空瓶法模拟实验设计

顶空瓶法模拟实验主要用于研究材料VOCs散发特征及机理（见图4-19）。模拟实验主要利用气相色谱-质谱（GC-MS）仪，使用顶空（HS）进样器，针对散发产生VOCs的情景进行模拟。

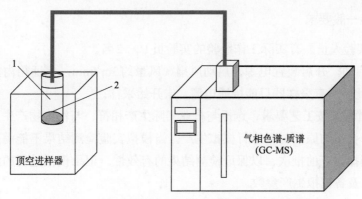

图4-19　模拟实验装置工作（顶空瓶法）原理示意

▬▬VOCs采样气管　　　1—顶空瓶（20mL）；2—助焊剂原料

4.4.7.2　模拟实验

（1）模拟实验技术路线

模拟实验技术路线如图4-20所示。

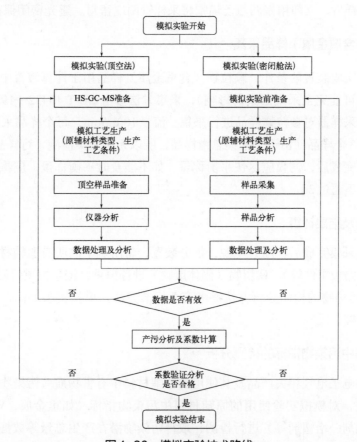

图4-20　模拟实验技术路线

（2）模拟实验一般要求

① 模拟实验人员。有实际工作经验的实验员1～2名。

② 装置启动。开启装置电源，启动风扇（风量约3m³/min，保证箱内空气有足够的循环流动），此时所有采样器只能接通电源，未开始采样。

③ 模拟过程。按工艺要求，选择与行业实际生产相符、与污染物产生直接相关的参数条件，选择合适的原辅材料进行模拟生产。当模拟实验检测结果不能满足定量限要求时，应加大模拟生产的批次，以保证检测结果的有效性。记录模拟过程的温度、湿度等环境条件，以及各模拟生产参数。

④ 样品采集及保存。样品采集应在模拟实验完成之后（5min内）开始，宜先开始进行VOCs样品的采集，再进行颗粒物等其他样品的采集。

（3）VOCs样品采集

根据模拟实验装置的条件，VOCs样品用于计算装置中空气的VOCs浓度值（忽略因缓冲气袋中气体带来的稀释作用），样品采集条件为：采样器流速0.2L/min；采集气体量1～2L。每次模拟实验同时采集3个平行样。

采样管采样后，立即用聚四氟乙烯帽将采样管两端密封，避光密闭保存，2d内分析。

（4）颗粒物（含重金属）样品采集

根据模拟实验装置的条件，颗粒物（含重金属）样品用于计算装置中空气的颗粒物总量（忽略不可能完全采集因素的影响），采集方法参考GB/T 15432—1995的要求，使用中流量大气采样器对颗粒物样品进行采集，流量100L/min，每个样品采样时间60min，连续采集至少3个样品（由于是采集总量样品，所以无法采集检测平行样品）。

样品采集完成后，滤膜应尽快平衡称量；如不能及时平衡称量，应将滤膜放置在干燥器中，最长不超过2d。

（5）样品分析及结果计算

所有样品采集完成后，断开电源，拆分装置，将所剩下的所有原辅材料（焊料等）、产品（印制电路板组件等）、残留物（固体废物）进行恒重，记录恒重后质量。

VOCs等污染物的检测分析方法参考有关标准方法。模拟实验期间，根据需要加入空白实验等质控。

（6）原辅材料中污染物指标的检测分析

研究建立电子电气相关产品及其使用的原辅材料中有害物质（污染物）含量水平的测定分析方法，对模拟实验使用的原辅材料中污染物指标（如重金属、VOCs、持久性有机物、阻燃剂、增塑剂等）进行检测，取得污染物潜在产生总量等数据，指导开展对工业代谢模拟实验过程中污染物源头总量、产生量、减排潜力等的评估。

4.4.7.3　数据有效性分析

模拟实验检测结果应符合以下条件：

① 所有检测结果必须高于检出限，即所有结果均应检出且超过定量限，可直接取得检测值。

② 密闭舱法背景空白值应不超过当次模拟实验检测结果的20%，或为"背景清洗"后的水平。顶空瓶法背景空白值应不超过当次模拟实验检测结果的10%，或为"未检出"。

③ 密闭舱法检测平行样相对标准偏差应＜20%（在定量限附近可相对放宽）；模拟平行样相对标准偏差应＜50%（在定量限附近可相对放宽）。顶空瓶法检测平行样相对标准偏差应＜10%（在定量限附近可相对放宽）。

④ 连续采集的颗粒物样品检测总量值中，最后1个采集的样品（如第3个）颗粒物总量值不超过所有样品（如3个）总量值之和的10%。不满足时，应该根据情况继续采集后续1～3个样品。

⑤ 所获取的产生值数据，应与原辅材料等污染物源头数据相匹配，产生总量不应高于源头污染物潜在总量；必要时，可通过物料衡算方式评估可能产生量的水平，并与模拟实验数据进行比对分析。

4.4.7.4　产污数据核算及评估方法

（1）顶空瓶法产污系数计算

根据顶空瓶法模拟实验原理，VOCs物质指标产污系数按照式（4-23）计算：

$$R_{VOCs} = \frac{m - m_0}{m_{总}} \qquad (4\text{-}23)$$

式中　R_{VOCs}——顶空瓶法模拟的VOCs物质指标产污系数，$\mu g/g$；

　　　　m——顶空瓶法中VOCs物质指标总量，μg；

　　　　m_0——顶空瓶法空白背景VOCs物质指标总量，μg；

　　　　$m_{总}$——顶空瓶中材料样品总量，g。

（2）产污物料衡算

根据物料衡算法的原理，模拟实验大气污染物总产生量按照式（4-24）计算：

$$\sum m_{产生} = \sum m_{投入} - \sum m_{产品} - \sum m_{固废} \qquad (4\text{-}24)$$

式中　$\sum m_{产生}$——该模拟过程大气污染物总产生量，kg；

　　　　$\sum m_{投入}$——投入生产的原辅料总量，kg；

　　　　$\sum m_{产品}$——产品和副产品总量，kg；

　　　　$\sum m_{固废}$——收集到残留物（固体废物）总量，kg。

（3）密闭舱法产污系数计算

根据密闭舱法模拟实验原理，VOCs物质指标产污系数按照式（4-25）计算：

$$R_{\text{VOCs}} = \frac{m - m_0}{m_{\text{总}}}$$ （4-25）

式中 R_{VOCs}——密闭舱法模拟的VOCs物质指标产污系数，mg/kg；

m——模拟产生的VOCs物质指标总量，mg；

m_0——模拟装置的VOCs物质指标空白背景总量，mg；

$m_{\text{总}}$——模拟消耗的材料的总量，kg。

颗粒物产污系数按照式（4-26）计算：

$$R_{\text{颗粒物}} = \frac{m - m_0}{m_{\text{总}}}$$ （4-26）

式中 $R_{\text{颗粒物}}$——模拟的颗粒物产污系数，mg/kg；

m——模拟产生的颗粒物总量，mg；

m_0——模拟装置的颗粒物空白背景总量，mg；

$m_{\text{总}}$——模拟消耗的材料的总量，kg。

重金属产污系数按照式（4-27）计算：

$$R_{\text{重金属}} = \frac{m - m_0}{m_{\text{总}}}$$ （4-27）

式中 $R_{\text{重金属}}$——模拟的重金属产污系数，mg/kg；

m——模拟产生的铅总量，mg；

m_0——模拟装置的铅空白背景总量，mg；

$m_{\text{总}}$——模拟消耗的材料的总量，kg。

4.5 电子行业VOCs污染防治对策

4.5.1 VOCs概述

4.5.1.1 VOCs的定义

VOCs是挥发性有机物（volatile organic compounds）的英文缩写，一般是指常压下沸点在50～260℃之间的有机物。其定义在不同机构或技术领域有所不同。例如，美国ASTM D3960标准将VOCs定义为任何能参加大气光化学反应的有机化合物；美国环境保护署（EPA）的定义为，挥发性有机物是除CO、CO_2、H_2CO_3、金属碳化物、金属碳酸盐和碳酸铵外，任何参加大气光化学反应的碳化合物，包括非甲烷烃类（烷烃、烯烃、炔烃、芳香烃等）、含氧有机物（醛、酮、醇等）、含氯有机物、含氮有机物、含硫有机物等，是形成臭氧（O_3）和细颗粒物（$PM_{2.5}$）污染的重要前体物；世界卫生组织（WHO，1989）对总挥发性有机物（TVOC）的定义为，熔点低于室温而沸点在 $50 \sim 260℃$ 之间的挥发性有机物的总称。巴斯夫公司则认为，最方便和最常见的方法是根据沸点来界定哪些物质属于VOCs，而最普遍的共识认为VOCs是指那些沸点等于或低于 250℃ 的化学物质，沸点超过 250℃ 的物质不归入VOCs的范畴，往往被称为增塑剂。

对VOCs的定义也可以分为两类：一类是普通意义上的VOCs定义，只说明什么是挥发性有机物，或者是在什么条件下是挥发性有机物；另一类则是环境保护意义上的定义，也就是说，VOCs是活泼的那一类挥发性有机物，即会挥发和参加大气光化学反应产生危害的那一类挥发性有机物。

4.5.1.2　VOCs的危害

在目前已确认的900多种室内化学物质和生物性物质中，VOCs在350种以上 [$>1 \times 10^{-9}$ （体积分数）]，其中20多种为致癌物或致突变物。许多VOCs具有神经毒性、肾脏和肝脏毒性，甚至具有致癌作用，能损害血液成分和心血管系统，引起胃肠道紊乱，诱发免疫系统、内分泌系统及造血系统疾病，造成代谢缺陷。由于它们单独的浓度低，但种类繁多，故总称为VOCs，并以TVOC表示其总量（即总挥发性有机物），当若干种VOCs共同存在于一个空间时，其联合毒性作用往往得到成倍增强。TVOC对人的危害最常见的是对眼、鼻、咽喉部位的刺激，引起眼睛刺痛和干燥感，眨眼频率增加、流泪；鼻咽部干燥、刺痛、鼻血、鼻塞，并出现咳嗽、声音沙哑和嗅觉改变等；咽喉充血、炎症；皮肤干燥、瘙痒、刺痛、红斑等。TVOC含量过高时会致使神经机能失调及智力下降，还会导致过敏性肺炎。我国对这类污染也有着严格的限制，《室内空气质量标准》（GB/T 18883—2022）规定，TVOC $\leqslant 0.60mg/m^3$。常见的TVOC种类有链烷烃/环烷烃、芳香烃、烯烃、醇、酚、醛、酮、萜烯等。当大气中的VOCs超标时，人们会出现头晕乏力、恶心呕吐等症状，严重的还会出现昏迷，甚至会伤害人的肝肾和大脑神经，造成严重后果。

4.5.1.3　VOCs的一般来源

环境中的VOCs来源比较广泛，包括人为源和自然源，目前环境保护工作主要是针对人为源开展的，几乎所有的有机化工产品生产、燃料燃烧、烟叶燃烧、秸秆燃烧等都会不同程度地释放出VOCs。自然源主要源于植物、动物生活生长期间自然释放的VOCs，主要包括海洋、森林、草原及湿地等；人为源主要包括工业源、农业源、移动源和生活源（图4-21）。在环境空气中，燃料燃烧、汽车尾气、有机溶剂挥发、有机化工是主要的VOCs产生源；在室内空气中，取暖用的燃煤燃气、厨房用火烹调、吸烟、建筑和装饰材料、家具、家用电器、清洁剂等是主要的VOCs产生源。

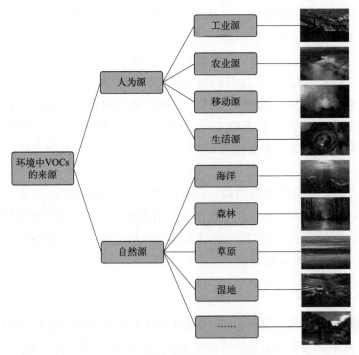

图4-21 环境中VOCs的一般来源

工业VOCs来源广泛，涉及工业生产、燃料燃烧、溶剂使用等诸多方面。根据VOCs产生源头，可将来源分为工艺过程、燃料燃烧和溶剂使用三种。

（1）工艺过程

主要是工业生产、加工过程中工业原辅材料的物理和化学反应等过程，包括石油炼制与石化行业、化学原料和化学制品制造业，以及染料、涂料、药物、皮制品行业等，包括其间产生的副产品。其中炼油与石化行业以及涂料、染料及类似产品制造等是VOCs最大的排放源，而机械、电子等离散型行业是具备行业特色的典型VOCs排放源。

（2）燃料燃烧

化石燃料燃烧排放VOCs主要来自火力发电、供热、工业和建筑业中所消耗的煤、汽油、柴油、天然气、生物质等燃料的不完全燃烧，主要排放含氧VOCs、烯烃、烷烃、芳香烃、炔烃和卤代烃等。

（3）溶剂使用

主要是有机溶剂使用中易挥发的组分在工业生产过程作为原辅材料，用于涂料、印刷、黏合、喷漆、涂装等工艺过程而释放，形成有组织排放气或无组织排放气，所排放的VOCs物质一般为溶剂本身所含的VOCs物质。

4.5.2　电子行业VOCs产排特征分析

4.5.2.1　行业VOCs来源类型分析

针对电子行业存在的分散式（多源多点）废气污染物的产生，根据污染物散发源特征，一般可分为原材料型散发、生产工艺型散发、混合型散发。

（1）原材料型散发

原材料型散发是指原材料本身即为污染物或成分中含有污染物，因为生产工艺绿色化水平不足，存在逸散等情况，在生产过程多个环节中不断产生污染物的排放，其产生的污染物一般即为原材料或成分，不会产生新的污染物，产生量与原材料成分及性质有关。例如，溶剂清洗工艺中，使用的有机溶剂在清洗、干燥等全流程中的不同阶段因挥发不断产生VOCs污染物，在清洗废液收集、存储、转运等过程中也会逸散产生VOCs。该类污染物的产生量可以通过物料衡算的原理进行量化分析，但因其中间散发源、点较多，物料复杂且难以通过有效的计量方式进行定量，一般用全过程总产生的量来量化评估。因此，该类工段主要包括清洗、涂漆、涂装、除油、印刷、蚀刻、黏结等。

（2）生产工艺型散发

生产工艺型散发是指原材料本身不存在或不会散发污染物，生产工艺存在物理化学反应，产生了新的污染物，因为生产工艺绿色化水平不足，存在逸散等情况，其主要产生环节为物理化学反应发生的环节，其产生量与原材料成分、工艺参数等有关。例如，注塑工艺中，原材料经高温加热，聚合物发生分解并逸散，产生了VOCs污染物。该类污染物的产生量无法使用物料衡算原理进行量化分析。该类工段主要包括塑料成型、烧结、树脂纤维加工（非金属材料成型等）、热处理等。

（3）混合型散发

混合型散发是指部分原材料本身即为污染物或成分中含有污染物，可直接释放污染物，而部分原材料本身不存在或不会散发污染物，生产工艺存在物理化学反应，产生了新的污染物，因为生产工艺绿色化水平不足，存在逸散等情况，在生产过程中多个环节中不断产生含有原材料成分污染物和新污染的排放，其产生量与原材料成分和性质、工艺参数等有关。例如，电子焊接工艺中，电子助焊剂材料中含有VOCs污染物，焊接过程的高温等条件下聚合物发生了分解产生了新VOCs污染物。该类工段主要包括焊接（含电子焊接）、涂漆、涂装、烘干、下料、化学预处理等。

4.5.2.2　行业VOCs主要产排环节

电子行业主要产品有计算机、电视机、音响等多种类型，生产所用的原辅材料类型超过150种，包括聚合物材料、金属材料、玻纤材料、磁性材料、半导体材料、陶瓷、木材、有机溶剂、胶黏剂、阻焊剂、助焊剂、显影剂、除锈剂、制冷剂、清洗剂、镀液、涂料、油墨、蚀刻液、电解质、稀土材料、酸、碱、润滑油、焊料等，按成分构成细分可达数千种；生产工艺则因原辅材料类型、产品特性、市场需求等而异，同时存在多种生产工艺类别，且其差异往往体现在制造水平和绿色环保水平上，常见且具备行业特征的生产工艺包括焊接、有机溶剂清洗、电镀、烧结和塑料成型等。

电子行业VOCs产污工段集中，产排污节点清晰，主要来源于涂装、涂漆、印刷、涂覆、清洗、烧结、塑料成型等工段。根据行业VOCs产生的原理，将产污方式划分为溶剂型和工艺型，溶剂型VOCs是以有机溶剂挥发、消耗为主的产污方式，工艺型VOCs是以生产原辅材料通过产生化学反应为主的产污方式，还存在一些工艺过程同时包括溶剂型和工艺型的VOCs产生方式。

（1）电子专用材料

依据《国民经济行业分类》（GB/T 4754—2017），电子专用材料制造属于3985行业，包括半导体材料、光电子材料、磁性材料、锂电池材料、电子陶瓷材料、覆铜板及铜箔材料、电子化工材料等的生产，助焊剂制造工艺流程及产污环节如图4-22所示。电子专用材料一般制造流程主要产污工段见表4-15。

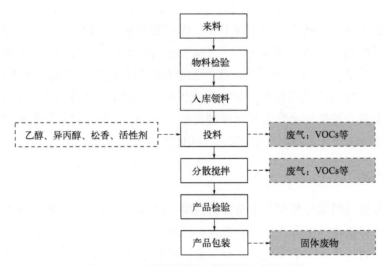

图4-22　助焊剂制造工艺流程及产污环节

表4-15　电子专用材料一般制造流程主要产污工段

生产类型	产污工段	主要产污方式
电子专用材料	烧结	溶剂型+工艺型
	塑料成型	工艺型
	配料	溶剂型
	印刷	溶剂型

（2）电子元件

依据《国民经济行业分类》（GB/T 4754—2017），电子元件制造属于398（除3985、3982外）行业，主要包括电容器、电阻器、扬声器、传感器、发光二极管等的生产，电子元件产品具有种类多、生产工艺差别大、生产线更新快的特点，加工工艺一般涉及机械、化工、热化工或配制等多种工艺的组合，其VOCs排放具有分散性、特定工艺处排放浓度高的特点，如电容器的涂硅工艺、包封工艺，电感的点胶工艺，半固化制作的涂层工艺等。某发光二极管（LED）制造工艺流程及产污环节如图4-23所示。电子元件一般制造流程主要产污工段见表4-16。

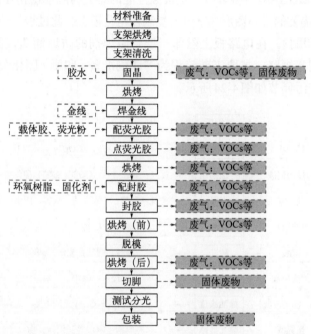

图4-23 某发光二极管（LED）制造工艺流程及产污环节

表4-16 电子元件一般制造流程主要产污工段

生产类型	产污工段	主要产污方式
电子元件	塑料成型	工艺型
	清洗	溶剂型
	涂覆	溶剂型
	印刷	溶剂型

（3）印制电路板

依据《国民经济行业分类》（GB/T 4754—2017），印制电路板（PCB）制造属于3982行业，是指在绝缘基材上采用印制工艺形成电气电子连接电路，以及附有无源与有源元件的制造，由于印刷过程中油墨和稀释剂的挥发，以及原辅材料储存过程、故障或转换印版使用的有机清洗剂的挥发等，造成了大量的VOCs排放，PCB是重点产污行业。

一般意义上，印刷是指使用模拟或数字的图像载体将呈色剂色料（如油墨）转移到承印物上的复制过程，依据印版类型的不同，可分为平印（平版印刷）、凸印（凸版印刷）、凹印（凹版印刷）和孔版印刷等。平印属于间接印刷，印版上的油墨首先转移到橡胶布上，再通过压印转移图案到承印物，凸印和凹印均属于直接印刷，由于一般凸印工艺采用水性油墨来印刷纸容器、瓦楞纸等，因此其排放的VOCs较少。

该行业主要涉及的印刷工艺包括：

① 电路（字符）印刷。将抗蚀耐酸线路（字符）油墨丝印到覆铜板上，丝网印刷是指在已有图案的网版上用刮刀将具有一定抗蚀性能的感光树脂油墨挤压涂覆到板面上，并经曝光、显影等将需要的线路图形（字符）复制在电路板上。此过程与一般印刷工艺类似。

② 印阻焊（印刷）。在电路板上丝印一层含阻焊剂的防焊油墨，保证不同电路之间以及同一电路之间不短路。主要工艺流程为"印刷准备＋印刷＋固化"。印制电路板外层成型工艺流程及产污环节如图4-24所示。

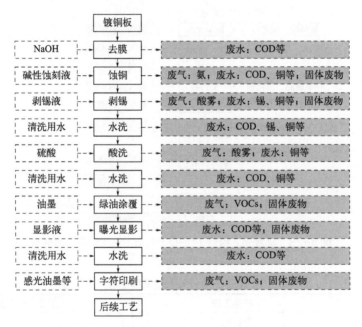

图4-24 印制电路板外层成型工艺流程及产污环节

PCB制造过程一般根据PCB的类型有所不同，但同一类型的PCB生产过程相似度较高，一般不受产品规格型号及应用行业类型的影响。印制电路板一般制造流程主要产污工段见表4-17。

表4-17 印制电路板一般制造流程主要产污工段

生产类型	产污工段	主要产污方式
印制电路板	印刷	溶剂型
	涂漆	溶剂型

续表

生产类型	产污工段	主要产污方式
印制电路板	除油	溶剂型
	喷锡	溶剂型+工艺型

（4）半导体器件

依据《国民经济行业分类》（GB/T 4754—2017），半导体器件制造属于397行业，主要包括半导体分立器件制造、半导体照明器件制造。半导体行业的产业链主要由设计、制造、封装、测试四大板块组成，其中制造主要包括各类晶圆、芯片制造，集成电路制造，液晶显示器制造等。半导体生产不管是硅晶圆制造还是半导体芯片制造，其生产制程都相当繁杂，制程中所使用的化学物质种类也相当多，而这些化学物质或溶剂的使用是半导体生产过程中主要的空气污染源，也因此使得半导体生产过程空气污染呈现量少但种类繁多的特性。晶圆及半导体芯片制造过程中几乎每个步骤都分别使用各式各样的酸碱物质、有机溶剂及毒性气体，而各种物质经过反应后又会生成种类更为复杂的产物，各制程使用的化学物质也不相同，故所有制程都可能是空气污染源，且都为连续排放。半导体芯片制造工艺流程及产污环节如图4-25所示。半导体器件一般制造流程主要产污工段见表4-18。

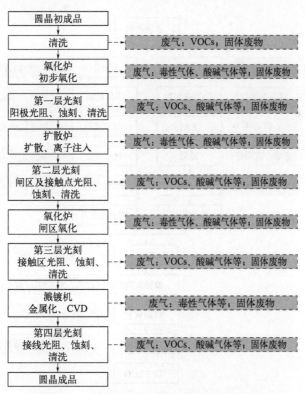

图4-25 半导体芯片制造工艺流程及产污环节

CVD—化学气相沉积

表4-18　半导体器件一般制造流程主要产污工段

生产类型	产污工段	主要产污方式
半导体器件	塑料成型	工艺型
	清洗	溶剂型
	烧结	溶剂型+工艺型
	涂覆（含光刻）	溶剂型
	印刷	溶剂型

（5）显示器件及光电子器件

依据《国民经济行业分类》（GB/T 4754—2017），显示器件制造及光电子器件制造分别属于397行业中3974和3976小类。显示器件制造指基于电子手段呈现信息供视觉感受的器件及模组的制造。光电子器件制造指利用半导体光-电子（或电-光子）转换效应制成的各种功能器件制造。

以典型的显示器件产品薄膜晶体管液晶显示器（TFT-LCD）为例，梳理其生产工艺和产排污环节。TFT-LCD的生产工艺流程主要包括阵列工程、彩膜工程、成盒工程、模组工程四大部分，其中模组工程不涉及VOCs的产排。TFT-LCD制造工艺流程及产污环节如图4-26所示。显示器件及光电子器件一般制造流程主要产污工段见表4-19。

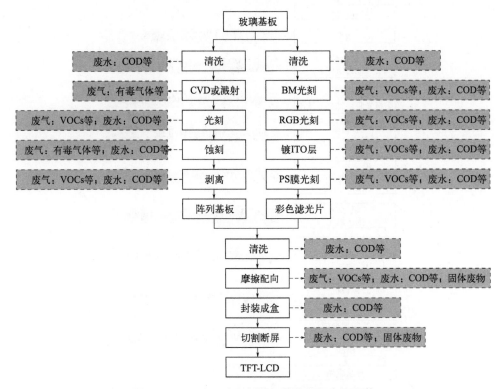

图4-26　TFT-LCD制造工艺流程及产污环节

CVD—化学气相沉积；BM—基底膜；RGB—红、绿、蓝；ITO—氧化铟锡；PS—聚苯乙烯

表4-19 显示器件及光电子器件一般制造流程主要产污工段

生产类型	产污工段	主要产污方式
显示器件及光电子器件	塑料成型	工艺型
	清洗	溶剂型
	烧结	溶剂型+工艺型
	涂覆（含光刻）	溶剂型
	印刷	溶剂型

（6）电子终端产品（含涂装工艺）

电子电气整机生产方式多以"组装"为主，通过上游供应商采购/定购合适的元器件、零部件、材料、印制电路板等进行焊接或机械"组装"或"装配"，生产工段主要包括印制电路板组件焊接、清洗、组件连接、安装、标识、包装等，主要产污工段为焊接、清洗等，行业产品之间存在很大的相似性，产污方式和排污状况存在很多相似之处，产排污情况主要取决于材料类型、使用量、生产工艺与设备及治理方式，受行业产品类型的影响很小。常见电子终端产品制造工艺流程及产污环节见图4-27。电子终端产品一般制造流程主要产污工段见表4-20。

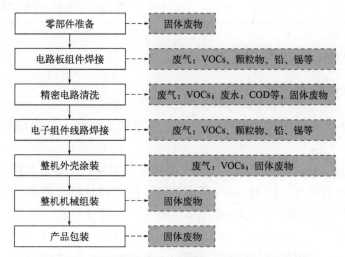

图4-27 常见电子终端产品制造工艺流程及产污环节

表4-20 电子终端产品一般制造流程主要产污工段

生产类型	产污工段	主要产污方式
电子终端产品	焊接	溶剂型+工艺型
	清洗	溶剂型
	涂装	溶剂型

4.5.2.3 常见VOCs种类及化合物

VOCs的种类繁多，主要包括烷烃、芳香烃、醛、醚、醇、酸、酯、有机胺以及卤代烃类等（表4-21）。行业排放特征直接影响着VOCs的种类、治理工艺和治理设施的选择，包括单一治理方法、串联或并联治理法等。

表4-21 常见VOCs种类和化合物

类别	化合物
烷烃	甲烷、丙烷、己烷等
芳香烃	苯、甲苯、二甲苯等
酮类	丙酮、丁酮、环己酮等
醛类	甲醛、乙醛、苯甲醛等
醇类	甲醇、乙醇、异丙醇、硫醇等
醚、酚、环氧类	二甲醚、乙醚、甲酚、环氧乙烷等
酯类、酸类	乙酸乙酯、乙酸等
胺类、腈类	二甲基甲酰胺、丙烯腈、己二胺等
卤代烃	氯甲烷、氯乙烯、氯氟烃、甲基溴等

4.5.2.4 常见VOCs控制技术分类

（1）按控制技术实施阶段分类

根据VOCs控制技术实施阶段的不同，分为源头替代、过程控制和末端治理三大类。

① 源头替代。源头替代是首要、优先要解决的问题，也是目前控制技术的重点和最佳方法，主要指开发、使用VOCs产生量较小的原辅材料，在满足生产质量需要的前提下，尽量替代并淘汰含VOCs种类多且易挥发的原辅材料，特别是含有机溶剂的原辅材料。

② 过程控制。过程控制是在生产过程中，通过改善生产工艺和设备、控制VOCs产生的关键工艺指标、改善污染收集设备设施等方式，控制VOCs的产生、泄漏及收集，其中控制泄漏和收集是为后续末端治理作铺垫。

③ 末端治理。末端治理指在工艺过程中尾气端进行最后一道控制，是目前控制VOCs的重要环节，控制VOCs的最后方法是在排放之前进行回收或销毁。常用的技术有直接燃烧、催化燃烧、吸附（回收）、吸收、高级氧化、生物过滤等。根据行业特征排放情况，行业有机废气（如果含尘，需要先除尘）可以先考虑吸附法、吸收法、冷凝

法是否合适，尽量回收循环使用有机废气，提高资源利用率。无法回收使用的废气，可以考虑采用催化燃烧、低温等离子体、光氧化等方法深度处理 VOCs。

（2）按发展阶段分类

1）传统的 VOCs 污染治理技术

传统的 VOCs 污染治理技术主要包括吸附法、冷凝法、膜分离法以及燃烧法等。

① 吸附法。吸附法是目前应用最广、技术最成熟的方法，一般首选活性炭作为吸附剂，具有吸附能力强、原料充足等优点；硅藻土作为一种新兴的吸附材料，其具有独特的有序排列的微孔结构、孔隙率高、孔体积大、连通性好、质量轻、密度小、比表面积大、吸附性强、活性好等优点，应用较为广泛。在具体工艺上，有研究表明：采用两段循环流化床吸附 VOCs 废气，运行稳定，效果良好，吸附率可达 95% ～ 98%。此外，通过对活性炭进行氧化、还原和负载化合物等改性处理，可以进一步提高其吸附能力，例如活性炭经浓硫酸等强氧化剂氧化改性后，使得原始活性炭表面含有丰富的含氧基团，吸氮选择性提高，并且对氮化物的吸附量有所增加。

② 冷凝法。冷凝法是利用气态污染物不同的蒸气压，通过调节温度和压力使目标 VOCs 物质过饱和而发生凝结作用，从而实现净化和回收。有研究表明：冷凝法对沸点在 60 ℃以下的 VOCs 的去除率为 80% ～ 90%；采用液氮冷凝处理 VOCs 废气，可以将 VOCs 体积分数降至 10% 左右，并且对废气浓度波动的适应性强。此法一般适用于 VOCs 浓度大于 5% 的情况，对 VOCs 浓度太低的废气处理效果不理想，但该法可有效回收 VOCs，以便循环或重复利用。

③ 膜分离法。膜分离法是将废气通过潮湿、多孔且表面附着有大量微生物的生物滤床，在足够长的时间内，微生物将各类 VOCs 作为营养物供自身新陈代谢所用，将废气中的 VOCs 降解为 CO_2 和 H_2O。一般情况下，微生物需在中性 pH 下生长，定期加入适量微生物维护生长所需的无机营养物，控制好废气流量与流速，保证与微生物接触停留时间，才能使 VOCs 达到分解降解的目的。

④ 燃烧法。燃烧法包括直接燃烧法、催化燃烧法、热力燃烧法。直接燃烧法是指含 VOCs 废气在高温和充足空气（氧气）下进行完全燃烧，分解成 CO_2 和 H_2O。该方法一般适用于高浓度 VOCs 废气，如处理石化、印刷、油漆生产和制药等生产工艺产生的高浓度 VOCs 废气有较好的效果。热力燃烧法指在处理低浓度废气时，还需加入助燃气体来提升温度以达到去除目的。催化燃烧法是使用催化剂来降低 VOCs 气体燃烧所需要的温度，且能重复利用燃烧产生的热量，广泛应用于炼焦、金属冶炼、印刷等行业，如化工厂火炬就是用来将废弃的 VOCs 气体燃烧分解成 CO_2 和 H_2O。如果废气中还有氯、硫和氮等元素，使用燃烧法会产生新的有害气体，造成二次污染，在实际应用中，可以先将这些元素在产生时进行分类收集排放，或在燃烧法前端进行有效去除，或在燃烧后串联采用对应污染物的治理技术进行排放前处理，以防止二次污染。

2）新兴的VOCs污染治理技术

① 低温等离子体技术。低温等离子体技术是采用电晕放电、射频放电等方式，在常温常压下获得大量的高能电子和活性[O]、活性[OH]等活性粒子，利用这些活性粒子将VOCs废气反应转化为CO_2、H_2O、N_2等无害或低毒害物质；另外，电晕放电还会产生强氧化物质，可以氧化有机物，从而达到去除目的。有研究表明，使用电晕法处理$1000m^3$的苯，去除率达到90%，且仅耗电$0.84kW \cdot h$；将电晕与催化相结合，使用锰和铁作为催化剂，处理甲苯废气的效率可达97%。低温等离子体技术具有工艺简单且运行稳定、适用性强、易于操作、能耗低等优点，适用于低浓度VOCs废气的处理，对臭气也有一定的处理效果。

② 光催化氧化法。光催化氧化法是指光催化剂在紫外光的照射下，将VOCs氧化成CO_2和H_2O，以达到处理净化气体的目的。光催化氧化技术对废水中有机污染物具有很好的处理能力，已被广泛应用，而利用光催化氧化技术处理VOCs废气则属于新兴技术。大量的研究表明，光催化氧化技术在常温、常压下就能将废气中的有机物降解为CO_2和H_2O等无机物，有较大的应用价值。TiO_2因具有较高的催化活性和紫外光吸收率，多被用作光催化剂。有研究表明，将粒径为20.7nm的TiO_2作为催化剂，在甲苯初始浓度为$200mg/m^3$、相对湿度为45%、反应温度为$20 \sim 50℃$、反应时间为60min的条件下，甲苯的去除率达76%以上。许多研究机构将光催化氧化法与纳米技术相结合，无论是应用于中试试验还是应用于研发光催化空气净化装置都取得了很好的效果。该方法适用于低浓度VOCs废气的处理，对臭气也有一定的处理效率。

除以上几种VOCs控制技术之外，各行业也在逐渐摸索并开发更适合本行业的控制技术，或研发出针对某些特定VOCs物质的处理技术。由于各种VOCs废气的特点各异，应该采取有针对性的处理方法，以降低治理成本、避免二次污染；同时，研究开发联合协同处理工艺也是未来VOCs控制技术发展的一个重要方向。

4.5.2.5　行业VOCs治理与控制现状

（1）VOCs仍以末端治理为主，源头替代、过程控制未有效广泛应用

电子行业VOCs源头替代主要是开发和使用水基型材料、光固化材料等替代VOCs含量高的原辅材料，并优化产品生产工艺，与涂装等类似工艺行业有共性技术；过程控制主要包括实现设备自动化及密闭、生产车间封闭、改进产VOCs工艺、优化涉VOCs危废管理及处置等；末端治理以吸附、吸收为主，是目前减排的主要控制方式。由于电子行业涉及的产品对功能质量、外观等要求较高，生产工艺革新换代速度快，新型低VOCs材料和生产工艺暂时很难适用，或质量跟不上或革新速度跟不上，无法在行业中广泛应用。

（2）无组织排放控制难度大，精细化管理是行业VOCs过程控制的重点

电子行业企业普遍存在收集设施收集效率较低或无收集能力的情况，从产品生产

中各类有机溶剂的使用到有机溶剂的转运与储存、生产废水中 VOCs 的逸散、危险废物管理等多个环节都存在无组织排放情况。与此同时，在全生产过程中存在多种工艺型 VOCs 产生环节，导致 VOCs 无组织排放点多且分散，总体浓度较高，且排放的特征 VOCs 多样化。

（3）低效或无效的治理技术应用普遍，面临二次升级改造

电子行业企业大多数采用低温等离子体、光催化、一次性活性炭吸附等低效或无效的治理技术来处理 VOCs 废气，特别是在 2013 ～ 2018 年间得到了大量应用，使用率超过 70%，然而这些技术在 2019 年《重点行业挥发性有机物综合治理方案》中被限制了应用范围，已确定其对 VOCs 的治理效率不佳，行业需要大面积进行二次升级改造。

（4）预处理＋高效治理技术可成为 VOCs 末端治理技术的重要选择之一

高效 VOCs 末端治理技术有蓄热式热氧化（RTO）技术、浓缩-RTO 技术、浓缩-催化氧化技术等，其中，沸石转轮吸附浓缩＋RTO 治理工艺已成为目前涂装行业 VOCs 治理的主流技术，该技术可使 VOCs 稳定达标排放，浓缩倍数高，节能效果明显，且 RTO 净化效率高。而 VOCs 的成分与浓度、废气温度、废气湿度、废气中颗粒物浓度等均会影响 VOCs 治理效率，需要进行预处理。因此，预处理＋高效的末端治理技术已成为涂装行业企业治理 VOCs 的首要选择，电子相关工业企业也可以借鉴。

（5）涉 VOCs 危险废物管理方式未受重视，VOCs 控制能力较弱

行业涉及的 VOCs 危险废物主要为有机溶剂类废物，其来源主要包括清洗有机废液、印刷有机废液、涂装有机废液等，同时一些清洗用品上可能沾染有机废液，这些废液未能进行有效收集、密闭管理或处置，且部分有机废液随废水处理后排放，导致大量 VOCs 逸散，污染控制难度大。

4.5.3　电子行业 VOCs 控制对策

4.5.3.1　行业 VOCs 主要控制技术

（1）源头替代类

1）低挥发涂料技术
① 使用低挥发涂料
Ⅰ. 使用粉末涂料。粉末涂装生产效率高，可一次获得较厚的涂膜，容易实现自动化，且过喷的涂料可回收，再利用率高，这些都极大地增强了粉末涂装的经济性和环保性。

Ⅱ. 使用水性涂料。水性涂料一般由水性树脂、颜料、填料和其他助剂组成。水性涂料以水作为溶剂和稀释剂，使用过程中可基本消除存在的有机溶剂，更符合环保要求。采用水性涂料涂装，可消除VOCs对大气环境的污染及对人体健康的危害。

Ⅲ. 使用UV涂料。UV涂料的组成包含活性稀释剂、低聚物、光引发剂、助剂。从组成特点来看，UV涂料是一种无溶剂或基本无溶剂的涂料，且使用非有机溶剂的活性稀释剂，成膜过程中无VOCs挥发到大气中，UV涂料不需要加热干燥，较常规的热干燥涂料可节省能源75%～90%。UV涂料稀释剂的改变，可大大改变传统油性涂料挥发性稀释剂大量产生VOCs的状况。

Ⅳ. 使用高固体分涂料。普通涂料中一般含有约40%的可挥发有机成分，涂装后基本都会挥发到大气中，不仅造成了涂层缺陷，而且也污染了环境。因此提高涂料的固含量，降低其可挥发成分含量，也成为"绿色涂料"的发展方向。高固体分涂料一般要求固体分含量在60%～80%或更高，有机溶剂的使用量大大低于传统溶剂型涂料，涂装过程中产生的VOCs量大大减少，降低了对大气环境的不利影响。

② 采用低VOCs的涂装工艺

Ⅰ. 静电喷涂。可大大提高涂料的利用率，可达80%～90%，一般较手工喷涂可节约涂料约60%，在减少有机溶剂逸散和污染的同时也改善了生产操作的劳动卫生条件。

Ⅱ. 电泳涂装。电泳涂装采用水溶性涂料，可避免有机溶剂的使用，且涂装效率高，涂料的利用率高达90%～95%，与传统有机溶剂喷涂法相比，不仅节省了原材料，也大大减少了VOCs的排放量。

2）清洗剂低挥发技术

① 采用水基清洗剂。电子行业的清洗工艺较多采用的是传统的溶剂型清洗剂，该类清洗剂虽然非常成熟，且大多具有良好的清洗效果，但存在毒性高、产生温室效应、破坏臭氧层、有机污染严重等缺点，正逐步被水基清洗剂等环保型清洗剂替代。水基清洗剂是一种以表面活性剂为主要成分，水为溶剂，与多种助剂复配而成的环保清洗剂，其中表面活性剂含量为10%～40%，常用非离子表面活性剂与阴离子表面活性剂的复配物，由于无有机溶剂成分，水基清洗剂的应用在一定程度上减少了电子行业VOCs的产生。水基清洗剂配方的自由度大，可针对不同性质的污染物调整配方，再配合加热、刷洗、喷淋喷射、超声波清洗等物理清洗手段，能取得更好的清洗效果。

② 研制免洗型产品。助焊剂是电子行业表面组装技术（SMT）工艺过程中关键的连接材料。传统的电子焊接广泛使用松香基型活性助焊剂，焊接后一般需要对残留助焊剂进行清洗。通过研制并开发免清洗的助焊剂，既可避免后续清洗工序中使用有机清洗剂，也可从源头控制VOCs的释放。

（2）过程控制类

① 密闭环境控制。对于喷漆工艺，喷漆室按供排风方式分类，可分为敞开式和封闭式（供风型）。敞开式仅装备有排风系统，而无独立的供风装置，直接从车间内抽风，

但由于喷漆室不封闭，因而容易造成溶剂气体逸散到车间甚至大气中。封闭式喷漆室有独立的供排风系统，从厂房外吸入新鲜空气，不会出现废气逸散，可保证废气充分收集至末端处理系统，可在较大程度上控制VOCs在生产车间的无组织排放。电子行业大多采用分散式生产车间。在自动化生产条件较高、满足安全生产要求情况下，可采用车间封闭的方式进行。

② 改进喷枪。传统喷枪涂料的利用率仅约为30%，会浪费大量涂料并污染环境。使用高流量低压力（HVLP）喷枪代替传统喷枪，涂料的利用率可达到60%以上，大幅提高了喷涂传递效率并节省了涂料用量，从而可有效减少喷涂工序产生的含VOCs废气。

③ 实现设备自动化。通过设备更新，实现生产线的自动化，可改变人工作业的不精确性带来的溶剂使用的浪费，可实现溶剂的精准使用并大大节省原材料。便于将废气集中并充分收集后直接送往末端设施处理，改变了人工作业造成大量有机溶剂逸散至整个车间的状况。

④ 废弃过程控制。对于产生废有机溶剂的生产工艺，如清洗、光刻等，可加强对废弃物的管理和控制，采取废弃物封装、及时转移处理的方式，控制、防止废弃物中的VOCs产生。

（3）末端治理类

VOCs治理技术主要包括吸附法、吸收法、冷凝法、直接燃烧法、热力燃烧法、催化燃烧法、低温等离子体法、紫外光氧化法、紫外光催化法、生物降解法等。满足排放标准的要求是企业安装VOCs净化设施的唯一目的，而VOCs去除效率是企业在选择设施时的重要参考因素。

对于不同的VOCs浓度水平，应选择不同的治理技术。吸收法、冷凝法、直接燃烧法、热力燃烧法、催化燃烧法等一般适用于处理高浓度含VOCs废气，但燃烧法对于一些特定溶剂型含VOCs废气并不适用。吸附法、低温等离子体法、光催化法、光氧化法、生物降解法等一般适用于处理低浓度含VOCs废气，根据处理原理处理可能存在平衡极限问题。

治理技术不同，VOCs去除效率不同，例如吸附法可达98%以上、催化燃烧法可达98%以上、低温等离子体法可达90%以上、直接燃烧法可达98%以上、吸收法可达50%左右。去除效率也会受所处理VOCs浓度高低的影响。

在处理废气量方面，吸附法、热力燃烧法、催化燃烧法适合处理大风量的有机废气，也适合处理小风量的有机废气；吸收法、冷凝法、生物降解法、低温等离子体法适合处理中小风量的有机废气。

VOCs治理技术多种多样，不同工艺情况选取的技术不同，对企业来讲，没有最好的技术，只有更适合的技术。电子行业所产生VOCs的种类、浓度、风量、是否含尘、是否含油雾、是否有恶臭等因素均会影响技术的适用性。例如：冷凝法适合高浓度高沸点的有机废气；吸收法适合溶解度较好的有机废气；低温等离子体法和UV光解法可以去除有臭味的有机气体；直接燃烧法适合较高浓度烷烃、烯烃、炔烃等混合废气。此外，VOCs产生方式（溶液型、工艺型）的不同也会导致产生VOCs具体成分的很大差异，从而影响治理技术的选择。

不同VOCs治理工艺对吸附剂、吸收剂、催化剂选取要求不同。若企业选择吸附法处理VOCs，则需要考虑吸附剂的可获得性；若企业选择吸收法处理VOCs，则需要考虑吸收剂的可获得性；若企业选择催化燃烧法或光催化法去除VOCs，则需要考虑催化剂的可获得性。吸附剂如活性炭、活性炭纤维，价格低廉、容易获得，废活性炭可无害化处理；吸收剂如水、醇类、醚类、酮类，价格相对低廉，容易获得，吸收后通过精馏可以循环利用；催化剂有锰、铜、钴、铈等金属氧化物或铂、钯、金、银负载的贵金属催化剂，催化剂在我国目前的市场上成熟度不够，特别是能在低温下（<200℃）完全催化燃烧不同种类的有机废气的催化剂较难获得，具体催化剂的选择需要考虑企业的特征排放和废气污染物种类。

4.5.3.2 行业VOCs末端治理技术现状分析

结合调研表反馈及文献调研、实地调查等方式，初步得到电子行业主要VOCs污染处理技术及应用占比评估情况，如表4-22所列。

表4-22 电子行业主要VOCs污染处理技术及应用占比评估情况

序号	处理技术类型（行业使用占比）	技术工艺	主要处理设施	关键影响因素
1	不处理（10%）	—	—	用电量、吸附剂类型、浓度、温度、反应时间
2	直接回收法（10%）	冷凝法 膜分离法	冷凝器 冷却器和膜单元	
3	间接回收法（40%）	吸收+分流法 吸附+空气解吸法 吸附+氮气/空气解吸法	填料吸收塔 喷淋吸收塔 转子吸附器 流化床吸附器 移动床吸附器 固定床吸附器	
4	高级氧化法（30%）	低温等离子体法 光解法 光催化法	光能照射器	用电量、吸附剂类型、浓度、温度、反应时间
5	热氧化法（5%）	直接燃烧法 热力燃烧法 蓄热燃烧法 催化燃烧法	离焰燃烧炉	浓度、温度、反应时间
6	生物降解法（5%）	悬浮洗涤法 生物过滤法 生物滴滤法	生物过滤器 生物洗涤器	

从初步调查情况看，无组织排放控制及精细化管理是行业VOCs减排的关键和重点，企业普遍存在收集设施收集效率较低或无收集能力的情况，从产品生产中各类有机溶剂的使用到有机溶剂的转运与贮存、生产废水中VOCs的逸散等多个环节都存

在无组织排放情况，导致VOCs无组织排放浓度较高。企业追求低成本、高效，且对各种技术特性不了解，不能合理地选择治理工艺。低温等离子体、UV光解、光催化、一次性活性炭吸附等低效/无效治理技术，在2013～2018年间得到了大量应用，使用率超过70%，2019年《重点行业挥发性有机物综合治理方案》已对该类技术的应用范围进行限制，但这类技术市场使用率仍较高，大部分治理设施面临二次改造的问题。

电子工业有机溶剂使用分布上，光刻胶、稀释剂、清洗剂和去除剂分别占3%、81%、6%和10%，有机物料进入产品、废液和产生废气的比例分别为71%、13%和16%，有机废气中无组织排放和有组织排放分别占40%～50%和50%～60%。当前，我国逐渐重视VOCs污染的防控，各地均采取了一定的措施，督促电子制造企业采用VOCs含量低、污染小的原辅料，积极寻找可以替换的物品，减少有机溶剂的使用，把VOCs的排放量控制在最小的范围，鼓励使用通过我国环境标志产品认证的环保型清洗剂，要求企业对生产过程中产生的废溶剂进行密闭收集，有回收价值的废溶剂处理后回用，其他废溶剂妥善处置，逐步淘汰高能耗、高污染排放的产业，鼓励发展技术水平高、附加值高和污染排放少的工业行业。

企业也在积极推行利用率高、可循环回收的先进工艺，减少有机溶剂使用量，回收可重复利用的溶剂，提高密闭车间的集气效率，使无组织排放区域、人员和物料进出口均处于负压操作状态，并设压力监测器，减少无组织排放；加强对有机原辅料在使用、存储和运输过程中的VOCs监管，选用高性能、环保型的原材料。

通常情况下，电子工业可分为上、中、下游3个层次，中游产业主要包括半导体器件、显示器件等电子器件及电子元件等多种电子产品制造，上、下游则主要涵盖了一些电子产品组装工业及产品原材料的提供，VOCs排放环节较少，因此电子行业VOCs主要集中在产业中游，且产品产量较大，是电子工业VOCs的主要来源。电子器件制造属于中游产业，主要包含集成电路、显示器件等产品制造。北京电子器件制造行业VOCs排放量占电子工业排放总量的89%，其中电子器件行业占71%，是VOCs主要排放源。

显示器件行业废气流量大，VOCs浓度相对较低，主要还是采用吸附法和焚烧法的组合方式，如沸石转轮吸附浓缩+催化燃烧技术，该技术使用的浓缩转轮是一个装满吸附剂的旋转轮，废气由旋转轮的上游侧进入吸附区，使VOCs得到浓缩，再经脱附燃烧处理，去除效率较高；对于半导体制造、显示器件制造、印制电路板制造等企业，废气中除了VOCs外一般还含有酸性气体、碱性气体和一些有毒气体，也可考虑在末端处理装置前端增加喷淋塔来去除颗粒物和部分水溶性废气，从而提高净化效率。

4.5.3.3　行业VOCs污染防治及减排对策

针对电子专用材料、电子元件、印制电路板、半导体器件、显示器件及光电子器件、电子终端产品（含涂装工艺）六类企业的控制措施及成效，结合电子行业VOCs排放特征与控制现状、治理技术现状评估结果，提出电子行业VOCs污染防治及减排对策。

（1）源头替代类对策

在电子终端产品制造行业企业中，针对涂覆、涂装工艺，使用的原辅材料应符合《工业防护涂料中有害物质限量》要求，在不影响电子产品质量与可靠性的基础上，应全面推广使用粉末涂料、水性涂料、UV涂料、高固体分涂料等低（无）VOCs含量的环保涂料，替代比例可达60%以上；针对清洗等工艺，使用的清洗剂应符合《清洗剂挥发性有机化合物含量限值》要求，在不影响电子产品质量与可靠性的基础上，推广使用低VOCs含量、低VOCs活性的清洗剂，替代比例可达60%以上。

在半导体器件制造、显示器件制造及光电子器件制造、印制电路板制造企业中，针对清洗等工艺，使用的清洗剂应符合《清洗剂挥发性有机化合物含量限值》要求，在不影响电子产品质量与可靠性的基础上，推广使用低VOCs含量、低VOCs活性的清洗剂，替代比例可达60%以上；针对印刷工艺，使用的油墨原辅材料应符合《油墨中可挥发性有机化合物（VOCs）含量的限值》要求，在不影响电子产品质量与可靠性的基础上，推广使用水性柔印油墨等低（无）VOCs含量油墨，替代比例可达20%以上，对于特殊用途的PCB等产品，替代比例可能较低。

在电子元件制造、电子专用材料制造企业中，针对涂覆、涂装工艺，使用的原辅材料应符合《工业防护涂料中有害物质限量》要求，在不影响电子产品质量与可靠性的基础上，应全面推广使用粉末涂料、水性涂料、UV涂料、高固体分涂料等低（无）VOCs含量的环保涂料，替代比例可达60%以上；针对清洗等工艺，使用的清洗剂应符合《清洗剂挥发性有机化合物含量限值》要求，在不影响电子产品质量与可靠性的基础上，推广使用低VOCs含量、低VOCs活性的清洗剂，替代比例可达60%以上；针对印刷工艺，使用的油墨原辅材料应符合《油墨中可挥发性有机化合物（VOCs）含量的限值》要求，在不影响电子产品质量与可靠性的基础上，推广使用水性柔印油墨等低（无）VOCs含量油墨，替代比例可达20%以上。

（2）过程控制类对策

在电子终端制造、半导体器件制造、显示器件制造及光电子器件制造、电子元件制造、印制电路板制造、电子专用材料制造等企业中，在产品质量可靠性验证通过的基础上，可采取以下控制技术。

① 推广使用静电喷涂、电泳涂装等自动化高效涂装工艺；采用高流量低压力（HVLP）喷枪等先进喷枪代替传统喷枪；减少人工工作，实现自动化、智能化喷涂。

② 清洗过程采用自动清洗、高压水洗、二级清洗等方式；清洗产生的废溶剂，采用水斗液循环膜过滤技术、废水斗液加热蒸馏等方式回收回用；印制电路板采用免清洗工艺，推广使用免清洗助焊剂等。

③ 全面加强贮存、调配、转运、生产过程（上胶、涂漆、喷涂、涂覆、印刷、光

刻、显影、蚀刻、扩散、研磨、清洗、烘干等）与清洗等过程的密闭性及废气的收集与处理。废气收集系统的输送管道应密闭，工作状态下宜保持负压状态。

（3）末端治理类对策

在现有可用的末端治理技术中，进一步针对性地筛选、组合各类技术，在不同的生产工艺类型和特征VOCs化合物的场景下，使用更具针对性的末端治理技术组合，可行技术方案如表4-23所列。

表4-23 电子行业典型生产工艺VOCs治理技术方案

企业类型	生产工艺	技术（组合）方案
电子终端制造	涂覆、注塑	活性炭吸附法
	喷漆、烘干	水帘柜+喷淋塔、水帘柜+喷淋塔+吸附法
半导体器件制造	清洗、光刻、涂胶、塑封+烘烤	活性炭吸附法、燃烧法、浓缩+燃烧法
显示器件制造及光电子器件制造	清洗、光刻、显影、涂胶、剥离	活性炭吸附法、燃烧法、浓缩+燃烧法
电子元件制造	混合、成型、印刷、清洗、烘干/烧成、涂覆、点胶	活性炭吸附法、燃烧法、浓缩+燃烧法
印制电路板制造	清洗、涂胶、防焊印刷、有机涂覆	活性炭吸附法、燃烧法、浓缩+燃烧法
电子专用材料制造	合成与配制、上胶、烘干、有机涂覆	活性炭吸附法、燃烧法、浓缩+燃烧法
	研磨	活性炭吸附法、燃烧法、浓缩+燃烧法

4.5.3.4 行业绿色发展对策建议

（1）行业企业落实排污许可制度

1）强化企业自主守法意识和行为

污染源企业是产污排污的主体，也是污染防治的主体，负有对所排放污染物进行合法有效处置的责任和义务。排污许可制改变了以往的管理模式，强调企业的污染治理首要责任，企业应强化自主守法意识，落实各项环保法规标准要求。

① 提升自主守法意识。企业要认真学习《排污许可管理条例》，提高守法自主性和自觉性。严格按照排污许可证的要求，认真记录生产情况、污染产生和排放情况、污染治理设施运行情况，落实环境管理台账制度，严格遵循排污许可证规定内容、频次和时间要求，生产工艺出现变动等情况要及时向审批部门提交变更申请。

② 排污许可申报和执行。企业应按时申请排污许可证，如实填报排污许可证申请资料，根据企业污染治理实际情况告知污染产生及排放情况、污染防治设施运行情况、污染治理能力等重要信息，并经审批部门通过，接受执法部门的监督。

③ 获证后监管。排污企业按照要求，在申请排污许可证后，要定期在规定的平台上提交企业的排污许可执行报告，声明落实排污治污措施的具体情况。例如，要求企业在执行报告中标明污染物种类、浓度、数量等，如实公开污染物排放情况（全国排污许可证管理信息平台），便于公众监督。

2）合法有效应对污染治理

首先，企业应将预防常规和非常规环境问题放在主要和优先位置，依据行业自身情况，研究新技术，引进新型预防管理手段，通过各种预防手段的综合运用，防止环境问题的发生。

其次，既对潜在污染问题事先采取预防措施，也对其产生的问题积极予以治理。当发生污染事件后，企业要合理运用多种宣传手段，以一个负责任的大企业形象出现在公众面前，积极引导社会舆论朝着有利于企业的方向发展。企业也要组织相应的治理指挥中心，配置一定的应急资源快速反应处理环境问题。

最后，企业既要综合运用法律、经济、技术和必要的行政手段，从源头上预防发生和末端治理环境污染。一旦发生污染事件，企业要主动联系相关单位和当事人进行有效沟通，各相关主体应协同作业，以最佳的平衡状态处理好这些环境污染事件。

（2）监管部门落实全过程监管

排污许可制集中整合了监管对象中环境污染物的相关要求，把排污许可证管理作为污染源管理的核心，将污染源产生到排放的全过程纳入排污许可证中，实现"一证式"监管。环境污染物管理按照影响因子，分别对应不同的排放阈值和监管要求。排污许可一方面进一步通过法律、技术规范等约束性文件实现法治化、制度化、规范化、稳定化，另一方面进一步落实分类管理制度，按照污染影响大小进行分类管理，特别是将污染小、影响微、分散度高的小微企业列入管理，其中不乏离散型行业企业，同时简化申报程序，使监管更全面、更深入，做足事前准备。

实行按证排污不是一发了之，落实排污许可执行，环境监管部门应加强事中事后的排污许可监管，加大执法强度，深化执法层次，保证实施效果，以保证排污许可制度落实行之有效。环境执法需要按照影响程度大小，分层级设计执法频次和内容：根据排污许可对污染源的分类，针对重点管理、简化管理、登记管理分别设计合理的检查频次和检查要点，细化执法要求。环境执法部门可以通过开展检查、现场核查和远程核查相结合及线上抽查与现场检查相结合等方式，核查排污单位的污染物排放浓度与排放量、污染设施运行情况等，将排污许可执法检查纳入部门执法年度计划和重点执法专项行动中，以提升执法监督管理的效率。

在实施监管期间，持续推行"整改制"管理模式，落实"放管服"要求，一方面将部分存在整改项的排污单位，在不超过排放阈值的基础上，给予一定整改期限，扩展了企业的生存空间；另一方面针对不同的整改项给予不同的整改期限，实施有弹性的"一证式"管理。通过让企业限期完成整改，创建整改缓冲带，侧面对企业进行技术帮扶。

此外，大力推进"一网通办""跨省通办""全程网办"线上办理流程，进一步减少企业跑腿次数，实现网络化，充分运用大数据便利。

（3）加强科技引领

科技是第一生产力，科技的重要性不言而喻，机械电子等离散型行业要想实现更好的发展，尤其是在低碳经济模式下，就需要注重对科技进行创新。政府部门应积极制定相关的鼓励和激励政策，如成立环保专项资金、示范工程技术奖励资金，实行专款专用，引导行业科学技术研发与推广应用；企业应在政府部门的鼓励和激励下，加强科技方面创新，调动提升科技创新积极性。然而，由于离散型行业企业多数为中小型企业，对科研方面的工作缺乏重视，科技创新投入也十分有限，这也让企业中的科研人员无法发挥出作用，在技术方面的储备不足，科技软实力较弱，技术发展情况堪忧，大大限制了绿色低碳要求在离散型行业中的落实和发展。

在行业污染特征研究上，应明确离散型各行业的特征污染物及其范围。以VOCs为例，目前仍使用通用的定义和范围，对于具体VOCs的物质种类仍不明确，对行业VOCs的污染防治重点不清，影响行业VOCs污染防治技术的发展和应用推广。

在排放标准研究制定上，应重点针对离散型行业的特征污染物做出更明确的规定。以VOCs为例，针对机械电子等离散型行业，应该细化配套制定具体的VOCs污染物排放标准要求，真实有效地降低行业VOCs的排放，也减少因不合适的排放标准导致污染防治工作失效，浪费管理和技术资源。

在污染防治技术研发上，应考虑全过程减排策略，从源头替代、过程控制和末端治理技术三个方面进行研发。以VOCs为例，一是常规治理技术主要有催化燃烧/氧化、冷凝、吸附等方法，但不合理的治理技术往往不能达到目标要求；二是完全不使用含有VOCs的原辅材料是无法满足生产工艺和产品质量要求的；三是使用完全密闭的生产车间也仅限于部分生产工序，无法做到全污染源企业全密闭。因此，应根据各类离散型行业企业的生产工艺类型及水平、原辅材料类型及污染物含量、产品类型及质量要求、生产车间及过程控制水平、污染治理设施类型及水平等情况，研究取得各类合适的污染防治技术及技术组合方案，以在行业中示范并应用推广。

在环境监测技术研发上应注重在线监测技术的研发和应用推广。环境监测作为监管的重要前提，目前仍是一个薄弱环节。以VOCs为例，由于工业VOCs排放量较大，排放源头较广，进行稳定、可靠、经济的监测依旧困难重重。相比二氧化硫、氮氧化物等成熟的在线监测技术，工业VOCs的在线监测目前仍还需要加大研发和应用力度。

此外，企业作为技术应用和受益的主体，一方面需要注重科研，提供足够的资金，加大绿色、低碳、环保相关技术的研发和应用投入，不断革新技术，促进企业的绿色低碳发展；另一方面，需要注重员工技术培训，让每个员工都意识到低碳经济的优势和作用，树立较强的绿色低碳环保意识，落实在他们的日常生产行为中，促进企业绿色低碳经济的发展。

（4）推行绿色制造

在低碳经济背景下，机械电子等离散型行业创业也面临制造方式改变的挑战和机遇。发展并大力推行绿色制造，这就是面向环境的制造，是"人与自然和谐共生"的举措，既要承担好保护自然的责任，又要满足低碳经济发展的需要。传统的制造中，是从生产到产品流通再到消费和废弃，整个过程是呈直线形的，会浪费很多的资源，废弃物也会给环境带来较大的破坏。绿色制造从产品设计开始就协同考虑了资源利用效率与环境之间的关系，就是要在保证产品性能与用途的基础上，注重减少资源的消耗和对环境的影响，在制造中要减少排放有害气体（如VOCs），注重节省资源以及能源，考虑产品废弃后的回收再利用和资源化等，打破了传统的直线形制造模式，让该行业可以实现长远、稳定的发展，促进我国绿色可持续发展战略的实现。

绿色低碳经济下，行业企业在实施绿色制造的过程中，要将全生命周期的理念融入从设计到产品的全过程，对于产品生产的各个环节，都需要减少对生态环境的损坏，最大化对资源进行利用，提升资源利用效率，让企业不仅仅可以实现经济效益，还可以实现社会效益，这对企业形象的树立以及发展具有积极影响。

对于离散型制造业来说，绿色制造现阶段主要体现在广泛采用绿色的工艺和轻量化的材料，研发和推广生态化、可拆卸性的设计，采取精确成型、超精密加工等新的技术路径和技术方法，减少加工过程中的资源消耗，包括大力发展节能环保的技术装备等技术和路径，从而推动离散型制造业的绿色低碳转型升级改造，以整体推动行业的绿色发展。离散型产业则要实施减量化、再利用、再回收的"3R"（reduce，reuse，recycle）原则，特别是要从源头（材料与能源）抓起，全面推广精密化、轻量化、绿色化等先进制造技术。

设计决定了工业产品整体性能、质量以及成本的70%以上，工业设计需要考虑产品的全生命周期，因此设计是制造业最核心的、最关键的因素。产品绿色设计是指产品在生产、使用和回收整个生命周期内都要符合环境影响最小化的要求，对人类生存无害或危害极小，是一种着重考虑产品环境属性的设计。绿色制造必须在产品设计阶段和产品生产制造环节中体现"绿色"，而不能依靠制造末端治理实现，因此要主动地在设计环节和制造环节去寻找绿色技术、方法和路径。因此，实现绿色制造，必须提高绿色设计能力，要把"绿色""低碳""环保"的理念融入产品设计当中，要把生产流程中产生的产品通过新的技术路线综合利用起来，要把生产后的污染治理和废物利用技术协同考虑，要把产品废弃后的资源化利用技术与下一个产品的生产联系起来，要实现废旧产品（如电子设备、机电设备等）、报废产品返回工厂，通过再制造技术将其转换成跟新产品性能一样的再制造产品。

第 **5** 章

机械行业产排污规律与特征

5.1 主要环境问题分析

（1）33金属制品业

根据2015年环境统计年鉴数据，二氧化硫、氮氧化物、烟（粉）尘排放量分别为 9.9×10^4t、3.6×10^4t和 8.8×10^4t，占全国重点工业企业污染物排放量的0.71%、0.33%、0.79%。工业废水、化学需氧量、氨氮、石油类、挥发酚、氰化物排放量分别为 33556×10^4t、36172.1t、2785.4t、816.2t、0.3t、17.7t，占全国重点工业企业排放量比例的1.85%、1.42%、1.42%、5.44%、0.03%、12.11%。从以上数据可以看出，该行业环境问题主要体现在废水方面，特别是石油类和氰化物，污染贡献较高。

（2）34通用设备制造业

根据2015年环境统计年鉴数据，二氧化硫、氮氧化物、烟（粉）尘排放量分别为 1.8×10^4t、0.9×10^4t和 2.3×10^4t，占全国重点工业企业污染物排放量的0.13%、0.083%、0.21%。化学需氧量、氨氮、石油类、挥发酚、氰化物排放量分别为10245.4t、735.4t、329.6t、0.1t、0.4t，占全国重点工业企业排放量比例的0.4%、0.37%、2.2%、0.01%、0.27%。从以上数据可以看出，该行业总体环境问题较小，其中石油类污染贡献较高。

（3）35专用设备制造业

根据2015年环境统计年鉴数据，二氧化硫、氮氧化物、烟（粉）尘排放量分别为 1.2×10^4t、0.9×10^4t和 1.4×10^4t，占全国重点工业企业污染物排放量的0.086%、0.083%、0.126%。工业废水、化学需氧量、氨氮、石油类排放量分别为 7.2706×10^7t、8187.4t、661.3t、231.3t，占全国重点工业企业排放量比例的0.401%、0.321%、0.337%、1.54%。从以上数据可以看出，该行业总体环境问题较小，其中石油类污染贡献较高。

（4）36汽车制造业

根据2015年环境统计年鉴数据，二氧化硫、氮氧化物、烟（粉）尘排放量分别为 1.2×10^4t、0.9×10^4t和 1.6×10^4t，占全国重点工业企业污染物排放量的0.086%、0.083%、0.144%。工业废水、化学需氧量、氨氮、石油类、挥发酚、氰化物、六价铬、总铬排放量分别为 1.86452×10^8t、19089t、1420.7t、653.2t、3.8t、0.5t、1.589t、2.566t，占全国重点工业企业排放量比例分别为1.03%、0.75%、0.725%、4.35%、0.39%、0.34%、6.77%和2.46%。从以上数据可以看出，该行业环境问题主要体现在废水方面，特别是石油类、六价铬、总铬，污染贡献较高。

（5）37铁路、船舶、航空航天和其他运输设备制造业

根据2015年环境统计年鉴数据，二氧化硫、氮氧化物、烟（粉）尘排放量分别为 1.3×10^4t、0.8×10^4t和1.7×10^4t，占全国重点工业企业污染物排放量的0.093%、0.074%、0.153%。工业废水、化学需氧量、氨氮、石油类排放量分别为1.08967×10^8t、15213.7t、921.7t和824.1t，占全国重点工业企业排放量比例的0.600%、0.595%、0.470%和5.492%。从以上数据可以看出，该行业总体环境问题较小，其中石油类污染贡献较高。

（6）43金属制品、机械和设备修理业——以汽车维修为例

汽车维修企业面广量大、分布无序，与社会面市场服务需求有密切相关，生态环境部门对区域内汽修企业的数量、环评手续及运营情况等信息掌握不全，面对数量庞大且分散的汽车维修企业，监管难度较大，监管频次和力度难以保证，有效的跟踪管理存在困难。企业环保意识普遍薄弱，缺少环保专员，大部分从业人员缺少必要的环保培训。企业的环保手续履行不到位，环评、竣工验收及排污许可不完善，环境管理制度、环境管理台账缺失或不完善。污染防治措施不规范，洗车废水排放无序；有机废气收集处理率低；固体废物收集贮存处置不规范，危险废物普遍未分类收集，标识不清，合法处置渠道不齐全、不通畅，管理制度缺失。

5.2　机械行业产排污特征分析

5.2.1　产排污主要影响因素分析

机械行业各类工段的产排污情况一般受原辅材料、产品、生产工艺、生产设备、产排污节点、规模、污染因子类型及产量、污染处理工艺、生产管理水平、环境管理水平等因素的影响。其中：

① 生产管理水平、环境管理水平为主观人为因素，一定程度上也受到企业规模、工艺技术水平等的影响，对产排污量的影响无法直接通过系数法等客观计算方法进行减小或消除，可通过污染处理设施运行效率进行评价。

② 生产工艺和生产设备一般是相辅相成的，同一种工艺、不同设备的产污情况差异较小，因此，对这两个影响因素进行合并，只考虑生产工艺的影响。

③ 同一类工段和工艺中的不同产排污节点与生产设备、管理等有关，因此，对于同一类工段和工艺按一个产排污节点计，如有多个产排污节点，则考虑其合并后的因素。

因此，机械行业污染源产排污关键影响因素包括原辅材料类型、产品类型、生产工艺（工段）、污染因子类型及产量、污染处理工艺、污染处理设施运行效率。

（1）行业主要产污因素分析

33金属制品业，34通用设备制造业，35专用设备制造业，36汽车制造业，37铁路、船舶、航空航天和其他运输设备制造业，431金属制品修理，432通用设备修理，433专用设备修理，434铁路、船舶、航空航天等运输设备修理（不包括电镀工艺，以下简称机械行业）与产排污量核算的主要相关因素为燃料/原辅材料/产品产量等。主要原材料为金属材料、非金属材料、切削液和清洗液、焊丝、脱脂剂、表调剂、磷化剂、油漆和稀释剂、淬火剂等，主要燃料包括天然气等；生产规模分为大、中、小；技术水平有高、中、低，不同工艺的首要产污决定因素各有不同。

铸造工艺流程如图5-1所示。

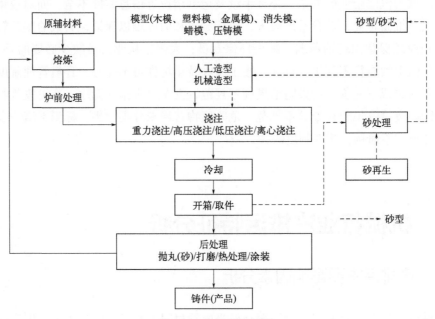

图5-1 铸造工艺流程

1）金属制品业

在33金属制品业中，其产品主要由下料、铸造、锻造、焊接、机械加工、热处理、涂装、预处理、电镀、检测试验、热浸锌等工艺组成，具体如表5-1所列。

表5-1 33金属制品业主要工艺流程（来料加工模式）

行业代码	行业名称	主要工艺流程
331	结构性金属制品制造	
3311	金属结构制造	下料—成型—焊接—机加工—检测—涂装
3312	金属门窗制造	下料—成型—焊接—机加工—检测—涂装
332	金属工具制造	
3321	切削工具制造	下料—成型—焊接—机加工—检测—涂装

续表

行业代码	行业名称	主要工艺流程
3322	手工具制造	下料—成型—焊接—机加工—检测—涂装
3323	农用及园林用金属工具制造	下料—成型—焊接—机加工—检测—涂装
3324	刀剪及类似日用金属工具制造	下料—成型—焊接—机加工—检测—涂装
3329	其他金属工具制造	下料—成型—焊接—机加工—检测—涂装
333	集装箱及金属包装容器制造	
3331	集装箱制造	下料—成型—焊接—机加工—检测—涂装
3332	金属压力容器制造	下料—成型—焊接—机加工—检测—涂装
3333	金属包装容器制造	下料—成型—焊接—机加工—检测—涂装
334	金属丝绳及其制品制造	
3340	金属丝绳及其制品制造	下料—酸洗—拉拔—检测
335	建筑、安全用金属制品制造	
3351	建筑、家具用金属配件制造	下料—成型—焊接—机加工—检测—涂装
3352	建筑装饰及水暖管道零件制造	下料—成型—焊接—机加工—检测—涂装
3353	安全、消防用金属制品制造	下料—成型—焊接—机加工—检测—涂装
3359	其他建筑、安全用金属制品制造	下料—成型—焊接—机加工—检测—涂装
336	金属表面处理及热处理加工	
3360	金属表面处理及热处理加工	下料—热处理—机加工
337	搪瓷制品制造	
3371	生产专用搪瓷制品制造	下料—成型—表面处理（脱脂、清洗、酸洗、碱洗）—烘干—粉末冶金—包边—检验
3372	建筑装饰搪瓷制品制造	下料—成型—表面处理（脱脂、清洗、酸洗、碱洗）—烘干—粉末冶金—包边—检验
3373	搪瓷卫生洁具制造	下料—成型—表面处理（脱脂、清洗、酸洗、碱洗）—烘干—粉末冶金—包边—检验
3379	搪瓷日用品及其他搪瓷制品制造	下料—成型—表面处理（脱脂、清洗、酸洗、碱洗）—烘干—粉末冶金—包边—检验
338	金属制日用品制造	
3381	金属制厨房用器具制造	下料—成型—焊接—机加工—检测—涂装
3382	金属制餐具和器皿制造	下料—成型—焊接—机加工—检测—涂装
3383	金属制卫生器具制造	下料—成型—焊接—机加工—检测—涂装
3389	其他金属制日用品制造	下料—成型—焊接—机加工—检测—涂装
339	铸造及其他金属制品制造	
3391	黑色金属铸造	见图 5-1
3392	有色金属铸造	
3393	锻件及粉末冶金制品制造	加热—下料—加热—锻造—热处理—酸洗或喷丸
3394	交通及公共管理用金属标牌制造	下料—成型—焊接—机加工—检测—涂装
3399	其他未列明金属制品制造	下料—成型—焊接—机加工—检测—涂装

现以33中较有代表性的3391黑色金属铸造、3392有色金属铸造举例说明。

铸造按照材质可分为黑色金属铸造和有色金属铸造。黑色金属铸造又分为铸铁和铸钢，铸铁可再细分为灰口铸铁、球墨铸铁、蠕墨铸铁、可锻铸铁和白口铸铁；有色金属铸造可分为铝合金、铜合金、锌合金、镁合金和钛合金等。铸造按照生产工艺主要分为砂型铸造和特种铸造两大类。两大类别又可细分成多种不同铸造工艺，不同工艺又由不同生产工序构成。

砂型铸造工艺包括：黏土砂湿型工艺、树脂自硬砂型工艺、水玻璃自硬砂型工艺等；特种铸造工艺包括离心铸造、熔模铸造（精密铸造）、压铸（高压铸造）、低压铸造、金属型铸造（含金属型覆膜）、消失模铸造、V法铸造、连续铸造、挤压铸造、差压铸造、石墨型铸造、陶瓷型铸造、石膏型铸造等。其中消失模铸造和V法铸造因存在砂处理及旧砂回用的工序，常称为"特种砂型铸造工艺"。

2）通用设备制造业

在34通用设备制造业中，其产品主要由下料、焊接、机械加工、热处理、涂装、预处理、电镀、装配、检测试验等工艺组成。具体如表5-2所列。

表5-2　34通用设备制造业主要工艺流程（来料加工模式）

行业代码	行业名称	主要工艺流程
341	锅炉及原动设备制造	
3411	锅炉及辅助设备制造	下料—成型—焊接—机加工—检测—涂装
3412	内燃机及配件制造	（1）下料—焊接—机加工—热处理—装配—涂装—检测（大型船舶用发动机、柴油内燃机≥200kW、柴油内燃机<200kW） （2）装配—涂装—检测（柴油内燃机） （3）清洗—热处理—机加工—装配（内燃机零件机加件）
3413	汽轮机及辅机制造	下料—焊接—热处理—机加工—涂装—检测
3414	水轮机及辅机制造	下料—焊接—热处理—机加工—涂装—检测
3415	风能原动设备制造	下料—焊接—热处理—机加工—涂装—检测
3419	其他原动设备制造	下料—焊接—热处理—机加工—涂装—检测
342	金属加工机械制造	
3421	金属切削机床制造	（1）下料—焊接—热处理—机加工—涂装—装配（30t及以上重型机床及超重型机床、10～30t大型机床、0.5～10t中小型机床） （2）下料—焊接—热处理—机加工—涂装（0.5t以下小型台式机床）
3422	金属成形机床制造	下料—焊接—热处理—机加工—涂装—装配
3423	铸造机械制造	下料—焊接—热处理—机加工—涂装—装配
3424	金属切割及焊接设备制造	下料—焊接—机加工—涂装
3425	机床功能部件及附件制造	下料—焊接—热处理—机加工—涂装
3429	其他金属加工机械制造	下料—焊接—热处理—机加工—涂装—装配
343	物料搬运设备制造	
3431	轻小型起重设备制造	下料—焊接—机加工—热处理—涂装—装配
3432	生产专用起重机制造	下料—焊接—机加工—热处理—涂装—装配

续表

行业代码	行业名称	主要工艺流程
3433	生产专用车辆制造	下料—焊接—机加工—热处理—涂装—装配
3434	连续搬运设备制造	下料—焊接—机加工—热处理—涂装—装配
3435	电梯、自动扶梯及升降机制造	下料—焊接—机加工—热处理—涂装—装配
3436	客运索道制造	下料—焊接—机加工—热处理—涂装—装配
3437	机械式停车设备制造	下料—焊接—机加工—热处理—涂装—装配
3439	其他物料搬运设备制造	下料—焊接—机加工—热处理—涂装—装配
344	泵、阀门、压缩机及类似机械制造	
3441	泵及真空设备制造	下料—焊接—机加工—涂装—装配
3442	气体压缩机械制造	下料—铆接/焊接—机加工—注塑发泡—热处理—涂装—装配
3443	阀门和旋塞制造	下料—焊接—机加工—热处理—热喷涂—涂装—装配
3444	液压动力机械及元件制造	下料—焊接—机加工—热处理—热喷涂—涂装—装配
3445	液压动力机械及元件制造	下料—焊接—机加工—热处理—热喷涂—涂装—装配
3446	气压动力机械及元件制造	下料—焊接—机加工—热处理—热喷涂—涂装—装配
345	轴承、齿轮和传动部件制造	
3451	滚动轴承制造	下料—机加工—热处理
3452	滑动轴承制造	下料—机加工—热处理
3453	齿轮及齿轮减、变速箱制造	下料—机加工—锻造/粉末冶金/冲压—热处理—装配—检测试验
3459	其他传动部件制造	下料—机加工—锻造/粉末冶金/冲压—热处理—装配—检测试验
346	烘炉、风机、包装等设备制造	
3461	烘炉、熔炉及电炉制造	下料—焊接—热处理—机加工—涂装—装配
3462	风机、风扇制造	下料—焊接—机加工—涂装—装配
3463	气体、液体分离及纯净设备制造	下料—焊接—机加工—涂装—装配
3464	制冷、空调设备制造	（1）下料—铆接/焊接—机加工—注塑发泡—热处理—涂装—装配（制冷设备、非家用空调设备） （2）下料—铆接/焊接—机加工—注塑发泡—热处理—涂装—装配（非家用冷藏、冷冻柜及类似设备）
3465	风动和电动工具制造	下料—焊接—机加工—热处理—涂装—装配
3466	喷枪及类似器具制造	下料—焊接—机加工—热处理—涂装—装配
3467	包装专用设备制造	下料—焊接—热处理—机加工—涂装—装配
347	文化、办公用机械制造	
3471	电影机械制造	下料—铆接/焊接—机加工—注塑发泡—涂装—装配
3472	幻灯及投影设备制造	下料—铆接/焊接—机加工—注塑发泡—涂装—装配
3473	照相机及器材制造	下料—铆接/焊接—机加工—注塑发泡—涂装—装配
3474	复印和胶印设备制造	下料—铆接/焊接—机加工—注塑发泡—涂装—装配
3475	计算器及货币专用设备制造	下料—铆接/焊接—机加工—注塑发泡—涂装—装配
3479	其他文化、办公用机械制造	下料—铆接/焊接—机加工—注塑发泡—涂装—装配
348	通用零部件制造	

行业代码	行业名称	主要工艺流程
3481	金属密封件制造	（1）下料—机加工—热处理—焊接—装配（含非金属打磨） （2）下料—机加工—热处理—焊接—装配
3482	紧固件制造	拉拔—酸洗—成型—机加工—热处理—发蓝/电镀/热镀
3483	弹簧制造	（1）拉拔—卷制—热处理—机加工—涂装/发蓝（螺旋弹簧） （2）下料—成型—热处理—机加工—涂装—装配
3484	机械零部件加工	（1）机加工—锻造—热处理—预处理—电镀—涂装—装配—检测试验 （2）锻造—机加工 （3）机加工—锻造—热处理—粉末冶金 （4）机加工（初加工）—热处理—预处理—涂装—机加工（精加工） （5）机加工—预处理—电镀 （6）机加工—热处理—预处理—电镀
3489	其他通用零部件制造	（1）拉拔—酸洗—成型—机加工—热处理—发蓝/电镀/热镀 （2）拉拔—卷制—热处理—机加工—涂装/发蓝 （3）下料—成型—热处理—机加工—涂装—装配
349	其他通用设备制造业	
3491	工业机器人制造	下料—锻造/冲压—焊接—热处理—机加工—涂装—装配
3492	特殊作业机器人制造	下料—锻造/冲压—焊接—热处理—机加工—涂装—装配
3493	增材制造装备制造	下料—锻造/冲压—焊接—热处理—机加工—涂装—装配
3499	其他未列明通用设备制造业	（1）减速机类：下料—机加工—锻造/粉末冶金/冲压—热处理—装配—检测试验 （2）研光机类：下料—焊接—热处理—机加工—涂装—装配 （3）滚筒类：下料—焊接—涂装

注：如企业不属于来料加工模式，拥有全工艺流程情况下，要考虑铸造、锻造、粉末冶金工艺环节。

3）专用设备制造业

35专用设备制造业的典型工艺路线为下料、机械加工、焊接、树脂纤维加工、粘接、热处理、预处理、转化膜处理、涂装、装配、检测等。工艺流程多为来料加工模式，如企业工艺流程较长，则需考虑铸造、锻造、粉末冶金等工艺。具体如表5-3所列。

表5-3　35专用设备制造业主要工艺流程（来料加工模式）

行业代码	行业名称	主要工艺流程
351	采矿、冶金、建筑专用设备制造	
3511	矿山机械制造	下料—机械加工—焊接—热处理—预处理—涂装—装配—检测

行业代码	行业名称	主要工艺流程
3512	石油钻采专用设备制造	下料—机械加工—焊接—热处理—预处理—防腐处理—涂装—装配—检测
3513	深海石油钻探设备制造	下料—机械加工—焊接—热处理—预处理—防腐处理—涂装—装配—检测
3514	建筑工程用机械制造	下料—机械加工—焊接—热处理—预处理—涂装—装配—检测
3515	建筑材料生产专用机械制造	下料—机械加工—焊接—热处理—预处理—涂装—装配—检测
3516	冶金专用设备制造	下料—机械加工—焊接—热处理—预处理—涂装—装配—检测
3517	隧道施工专用机械制造	下料—机械加工—焊接—热处理—预处理—涂装—装配—检测
352	化工、木材、非金属加工专用设备制造	
3521	炼油、化工生产专用设备制造	下料—机械加工—焊接—树脂纤维加工—粘接—热处理—预处理—转化膜处理—涂装—装配—检测
3522	橡胶加工专用设备制造	下料—机械加工—焊接—树脂纤维加工—粘接—热处理—预处理—转化膜处理—涂装—装配—检测
3523	塑料加工专用设备制造	下料—机械加工—焊接—树脂纤维加工—粘接—热处理—预处理—转化膜处理—涂装—装配—检测
3524	木竹材加工机械制造	下料—机械加工—焊接—热处理—预处理—涂装—装配—检测
3525	模具制造	下料—机械加工—焊接—树脂纤维加工—粘接—热处理—预处理—转化膜处理—涂装—装配—检测
3529	其他非金属加工专用设备制造	下料—机械加工—焊接—树脂纤维加工—粘接—热处理—预处理—转化膜处理—涂装—装配—检测
353	食品、饮料、烟草及饲料生产专用设备制造	
3531	食品、酒、饮料及茶生产专用设备制造	下料—机械加工—焊接—热处理—预处理—涂装—装配—检测
3532	农副食品加工专用设备制造	下料—机械加工—焊接—热处理—预处理—涂装—装配—检测
3533	烟草生产专用设备制造	下料—机械加工—焊接—热处理—预处理—涂装—装配—检测
3534	饲料生产专用设备制造	下料—机械加工—焊接—热处理—预处理—涂装—装配—检测
354	印刷、制药、日化及日用品生产专用设备制造	
3541	制浆和造纸专用设备制造	下料—机械加工—焊接—树脂纤维加工—粘接—热处理—预处理—转化膜处理—涂装—装配—检测
3542	印刷专用设备制造	下料—机械加工—焊接—树脂纤维加工—粘接—热处理—预处理—转化膜处理—涂装—装配—检测

行业代码	行业名称	主要工艺流程
3543	日用化工专用设备制造	下料—机械加工—焊接—树脂纤维加工—粘接—热处理—预处理—转化膜处理—涂装—装配—检测
3544	制药专用设备制造	下料—机械加工—焊接—树脂纤维加工—粘接—热处理—预处理—转化膜处理—涂装—装配—检测
3545	照明器具生产专用设备制造	下料—机械加工—焊接—热处理—预处理—涂装—装配—检测
3546	玻璃、陶瓷和搪瓷制品生产专用设备	下料—机械加工—焊接—热处理—预处理—涂装—装配—检测
3549	其他日用品生产专用设备制造	下料—机械加工—焊接—树脂纤维加工—粘接—热处理—预处理—转化膜处理—涂装—装配—检测
355	纺织、服装和皮革加工专用设备制造	
3551	纺织专用设备制造	下料—机械加工—焊接—热处理—预处理—涂装—装配—检测
3552	皮革、毛皮及其制品加工专用设备制造	下料—机械加工—焊接—热处理—预处理—涂装—装配—检测
3553	缝制机械制造	下料—机械加工—焊接—热处理—预处理—涂装—装配—检测
3554	洗涤机械制造	下料—机械加工—焊接—热处理—预处理—涂装—装配—检测
356	电子和电工机械专用设备制造	
3561	电工机械专用设备制造	下料—机械加工—焊接—树脂纤维加工—粘接—热处理—预处理—转化膜处理—涂装—装配—检测
3562	半导体器件专用设备制造	下料—机械加工—焊接—树脂纤维加工—粘接—热处理—预处理—转化膜处理—涂装—装配—检测
3563	电子元器件与机电组件设备制造	下料—机械加工—焊接—树脂纤维加工—粘接—热处理—预处理—转化膜处理—涂装—装配—检测
3569	其他电子专用设备制造	下料—机械加工—焊接—树脂纤维加工—粘接—热处理—预处理—转化膜处理—涂装—装配—检测
357	农、林、牧、渔专用机械制造	
3571	拖拉机制造	下料—机械加工—焊接—热处理—预处理—涂装—装配—检测
3572	机械化农业及园艺机具制造	下料—机械加工—焊接—热处理—预处理—涂装—装配—检测
3573	营林及木竹采伐机械制造	下料—机械加工—焊接—热处理—预处理—涂装—装配—检测
3574	畜牧机械制造	下料—机械加工—焊接—热处理—预处理—涂装—装配—检测
3575	渔业机械制造	下料—机械加工—焊接—热处理—预处理—涂装—装配—检测
3576	农林牧渔机械配件制造	下料—机械加工—焊接—热处理—预处理—涂装—装配—检测

行业代码	行业名称	主要工艺流程
3577	棉花加工机械制造	下料—机械加工—焊接—热处理—预处理—涂装—装配—检测
3579	其他农、林、牧、渔业机械制造	下料—机械加工—焊接—热处理—预处理—涂装—装配—检测
358	医疗仪器设备及器械制造	
3581	医疗诊断、监护及治疗设备制造	下料—机械加工—焊接—树脂纤维加工—粘接—热处理—预处理—转化膜处理—涂装—装配—检测
3582	口腔科用设备及器具制造	下料—机械加工—焊接—树脂纤维加工—粘接—热处理—预处理—转化膜处理—涂装—装配—检测
3583	医疗实验室及医用消毒设备和器具制造	下料—机械加工—焊接—树脂纤维加工—粘接—热处理—预处理—转化膜处理—涂装—装配—检测
3584	医疗、外科及兽医用器械制造	下料—机械加工—焊接—树脂纤维加工—粘接—热处理—预处理—转化膜处理—涂装—装配—检测
3585	机械治疗及病房护理设备制造	下料—机械加工—焊接—树脂纤维加工—粘接—热处理—预处理—转化膜处理—涂装—装配—检测
3586	康复辅具制造	下料—机械加工—焊接—树脂纤维加工—粘接—热处理—预处理—转化膜处理—涂装—装配—检测
3587	眼镜制造	下料—机械加工—焊接—树脂纤维加工—粘接—热处理—预处理—转化膜处理—涂装—装配—检测
3589	其他医疗设备及器械制造	下料—机械加工—焊接—树脂纤维加工—粘接—热处理—预处理—转化膜处理—涂装—装配—检测
359	环保、邮政、社会公共服务及其他专用设备制造	
3591	环境保护专用设备制造	下料—机械加工—焊接—热处理—预处理—涂装—装配—检测
3592	地质勘查专用设备制造	下料—机械加工—焊接—热处理—预处理—涂装—装配—检测
3593	邮政专用机械及器材制造	下料—机械加工—焊接—热处理—预处理—涂装—装配—检测
3594	商业、饮食、服务专用设备制造	下料—机械加工—焊接—热处理—预处理—涂装—装配—检测
3595	社会公共安全设备及器材制造	下料—机械加工—焊接—热处理—预处理—涂装—装配—检测
3596	交通安全、管制及类似专用设备制造	下料—机械加工—焊接—热处理—预处理—涂装—装配—检测
3597	水资源专用机械制造	下料—机械加工—焊接—热处理—预处理—涂装—装配—检测
3599	其他专用设备制造	下料—机械加工—焊接—热处理—预处理—涂装—装配—检测

4）汽车制造业

前述机械行业划分的各工段在汽车制造业均有涉及。典型汽车制造业主要工艺流程与产污节点示意见图5-2。汽车制造业各类别产品主要生产工艺如表5-4所列。

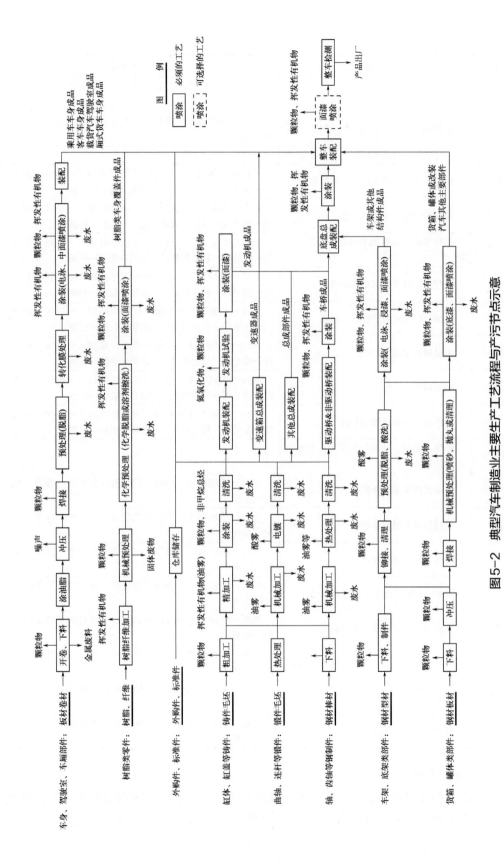

图5-2 典型汽车制造业主要生产工艺流程与产污节点示意

表5-4　36汽车制造业各类别产品主要生产工艺（来料加工模式）

行业类别		产品类别	主要生产工艺
汽车整车制造 361	汽柴油车整车制造 3611	汽柴油乘用车	下料、冲压、焊接、预处理、转化膜处理、涂装、装配、检测试验
		客车	下料、机加、冲压、焊接、铆接、粘接、预处理、转化膜处理、树脂纤维加工、涂装、装配、检测试验
		载货汽车	下料、机加、冲压、焊接、铆接、预处理、转化膜处理、涂装、装配、检测试验
		汽车底盘	
	新能源车整车制造 3612	新能源车整车	下料、机加、冲压、焊接、铆接、预处理、转化膜处理、涂装、装配（电池组装）、装配、检测试验
汽车用发动机制造 362		汽柴油发动机	机加、热处理、预处理、装配、检测试验、涂装
		新能源发动机	
改装汽车制造 363		石油专用工程车辆	下料、机加、热处理、冲压、焊接、预处理、涂装、装配
		智能交通事故现场勘查车	
		改装载货汽车	下料、机加、焊接、预处理、涂装、装配
		改装运动型多用途乘用车	
		改装自卸汽车	下料、机加、焊接、预处理、涂装、装配、检测试验
		改装牵引汽车	下料、机加、冲压、焊接、铆接、热处理、预处理、涂装、装配、检测试验
		改装客车	下料、冲压、焊接、铆接、粘接、树脂纤维加工、涂装、装配、检测试验
		改装厢式汽车	下料、冲压、焊接、铆接、热处理、预处理、涂装、装配、检测试验
		改装罐式汽车	下料、机加、焊接、预处理、涂装、装配、检测试验
		改装仓栅式汽车	下料、机加、焊接、预处理、涂装、装配、检测试验
		改装特种结构汽车	下料、机加、冲压、焊接、预处理、涂装、装配、检测试验
低速汽车制造 364		三轮载货汽车	下料、机加、冲压、焊接、预处理、转化膜处理、涂装、装配
电车制造 365		有轨电车、无轨电车	下料、机加、冲压、焊接、预处理、转化膜处理、涂装、装配
汽车车身与挂车制造 366		汽车车身	冲压、焊接、粘接、树脂纤维加工、预处理、转化膜处理、涂装
		客车车身	下料、冲压、焊接、铆接、树脂纤维加工、预处理、转化膜处理、涂装
		挂车	下料、机加、冲压、焊接、预处理、涂装、装配、检测试验
		特型挂车	下料、机加、冲压、焊接、铆接、预处理、涂装、装配、检测试验
		载客用挂车	下料、机加、冲压、焊接、树脂纤维加工、预处理、涂装、装配

行业类别	产品类别		主要生产工艺
汽车零部件及配件制造367	发动机零件	总成类零件（如油泵）	铸造、锻造、机加、热处理、预处理、电镀、涂装、装配、检测试验
		结构类零件（如飞轮）	铸造、锻造、机加
		热处理类零件（如轴齿）	铸造、锻造、机加、粉末冶金、热处理
		涂装类零件（如缸体）	铸造、机加（初加工）、热处理、预处理、涂装、机加（精加工）
		电镀类零件（如汽缸套）	铸造、机加、预处理、电镀
		复合类零件（如轴瓦）	铸造、机加、热处理、预处理、电镀
	挂车零件		铸造、机加、热处理、预处理、涂装、装配
	汽车零部件及配件	底盘车架	下料、机加、冲压、铆接、预处理、转化膜处理、涂装
		货箱	下料、机加、冲压、焊接、预处理、涂装
		变速器总成	铸造、下料、机加、锻造、热处理、涂装、装配、检测试验
		车桥总成	铸造、下料、机加、锻造、热处理、冲压、焊接、装配、涂装、检测试验
		机动车车轮总成	铸造、下料、冲压、焊接、机加、预处理、电镀、转化膜处理、涂装、检测试验
		离合器总成	铸造、下料、机加、热处理、预处理、涂装、装配、检测试验
		车用控制装置总成	下料、机加、装配、检测试验
		机动车制动系统	下料、机加、粉末冶金、热处理、预处理、涂装、装配、检测试验
		机动车缓冲器	下料、机加、预处理、转化膜处理、涂装、装配、检测试验
		机动车悬挂减震器	下料、机加、热处理、预处理、电镀、装配
		保险杠（钢材板材）	下料、机加、焊接、预处理、转化膜处理、涂装
		仪表台、顶棚、保险杠	树脂纤维加工、预处理、涂装、装配
		机动车辆散热器	下料、冲压、预处理、电镀、焊接、检验、涂装、装配
		消声器及其零件	下料、机加、焊接、涂装、装配
		座椅安全带	下料、树脂纤维加工、装配
		车窗玻璃升降器	下料、机加、涂装、装配
		机动车车窗	下料、冲压、预处理、电镀

5）铁路、船舶、航空航天和其他运输设备制造业

铁路、船舶、航空航天和其他运输设备制造业主要包括下料、冲压、机械加工、锻造、焊接、粉末冶金、树脂纤维加工、粘接、热处理、预处理、转化膜处理、涂装、装配、检测试验等环节。具体见表5-5。

表5-5　37铁路、船舶、航空航天和其他运输设备制造业主要工艺流程

行业代码	行业名称	主要工艺流程
371	铁路运输设备制造	下料
3711	高铁车组制造	下料—冲压—机械加工—焊接—树脂纤维加工—粘接—预处理—转化膜处理—涂装—装配—检测试验
3712	铁路机车车辆制造	
3713	窄轨机车车辆制造	
3714	高铁设备、配件制造	下料—机械加工—锻造—焊接—粉末冶金—热处理—预处理—电镀—涂装—装配
3715	铁路机车车辆配件制造	
3716	铁路专用设备及器材、配件制造	
3719	其他铁路运输设备制造	下料—冲压—机械加工—锻造—焊接—粉末冶金—树脂纤维加工—粘接—热处理—预处理—转化膜处理—涂装—装配—检测试验
3720	城市轨道交通设备制造	下料—冲压—机械加工—焊接—树脂纤维加工—粘接—预处理—转化膜处理—涂装—装配—检测试验
373	船舶及相关装置制造	
3731	金属船舶制造	下料—冲压—机械加工—焊接—树脂纤维加工—粘接—热处理—预处理—转化膜处理—涂装—装配—检测试验
3732	非金属船舶制造	下料—冲压—机械加工—焊接—树脂纤维加工—粘接—涂装—装配—检测试验
3733	娱乐船和运动船制造	下料—冲压—机械加工—焊接—树脂纤维加工—粘接—电镀—装配—检测试验
3734	船用配套设备制造	下料—冲压—机械加工—锻造—焊接—粉末冶金—树脂纤维加工—粘接—热处理—预处理—涂装—电镀—装配
3735	船舶改装	勘检—拆卸—修换—机械加工—焊接—涂装—装配
3736	船舶拆除	清仓—上层建筑和仓面拆解—机舱设备拆解—主船体拆解—船体小拆
3737	海洋工程装备制造	下料—冲压—机械加工—锻造—焊接—粉末冶金—树脂纤维加工—粘接—热处理—预处理—转化膜处理—涂装—装配—检测试验
3739	航标器材及其他相关装置制造	下料—机械加工—焊接—树脂纤维加工—粘接—涂装
374	航空、航天器及设备制造	
3741	飞机制造	整机制造：焊接—树脂纤维加工—粘接—预处理—涂装—装配—检测试验　零配件制造：下料—冲压—机械加工—锻造—焊接—粉末冶金—树脂纤维加工—粘接—热处理—预处理—转化膜处理—涂装—装配—检测试验
3742	航天器及运载火箭制造	
3743	航天相关设备制造	
3744	航空相关设备制造	
3749	其他航空航天器制造	
375	摩托车制造	
3751	摩托车整车制造	机械加工—焊接—热处理—预处理—转化膜处理—涂装—装配—检测试验
3752	摩托车零部件及配件制造	下料—冲压—机械加工—锻造—焊接—粉末冶金—树脂纤维加工—粘接—热处理—预处理—转化膜处理—涂装—电镀—装配—检测试验

行业代码	行业名称	主要工艺流程
376	自行车和残疾人座车制造	下料—冲压—机械加工—锻造—焊接—粉末冶金—树脂纤维加工—粘接—热处理—预处理—转化膜处理—涂装—电镀—装配—检测试验
3761	自行车制造	
3762	残疾人座车制造	
3770	助动车制造	
3780	非公路休闲车及零配件制造	
379	潜水救捞及其他未列明运输设备制造	
3791	潜水装备制造	设备制造：下料—冲压—机械加工—锻造—焊接—粉末冶金—树脂纤维加工—粘接—热处理—预处理—转化膜处理—涂装—装配—检测试验
3792	水下救捞装备制造	
3799	其他未列明运输设备制造	潜水服救生衣制造：树脂纤维加工—切割—粘接或缝制—检测

6）金属制品、机械和设备修理业

431金属制品修理、432通用设备修理、433专用设备修理主要工艺为拆除、清洗、焊接、安装、检测试验等环节。各行业产品主要工艺流程详见表5-6。

表5-6　431金属制品修理、432通用设备修理、433专用设备修理主要工艺

行业代码	行业名称		主要工艺
431	金属制品修理	金属集装箱专业修理	拆除、清洗、焊接、安装、检测试验
		金属压力及大型容器专业修理	
		其他金属制品专业修理	
432	通用设备修理	锅炉及辅助设备专业修理	
		内燃机专业修理	
		水轮机及辅机专业修理	
		机床专业修理	
		起重机专业修理	
		工业操作车辆专业修理	
		输送机械专业修理	
		泵及液体提升机专业修理	
		气体压缩机专业修理	
		非家用制冷、空调设备专业修理	
		其他通用设备专业修理	
433	专业设备修理	采矿专用设备专业修理	
		石油开采专用设备专业修理	

续表

行业代码	行业名称		主要工艺
433	专业设备修理	建筑工程专用设备专业修理	拆除、清洗、焊接、安装、检测试验
		冶金专用设备专业修理	
		石油化工专用设备专业修理	
		纺织专用设备专业修理	
		农业机械专用设备专业修理	
		医疗仪器设备及器械专业修理	
		其他专用设备专业修理	

金属制品、机械和设备修理业企业特点：污染物指标类型上，因产品的修理过程简单，多涉及拆解、组装、焊接、清洗。其中，组装基本不产生污染物，主要产生污染的过程为拆解、焊接和清洗。拆解过程产生的污染物主要为各种固体废物，焊接过程产生的污染物主要为颗粒物，清洗过程中产生的污染物为含油废水。产排污特点同各行业产品生产中的焊接、清洗活动的产排污特点类似，故金属制品修理行业的产排污数据可通过对产品生产中的焊接、清洗过程进行类比调查与监测得到。

434 铁路、船舶、航空航天等运输设备修理不包括船舶的拆卸活动和回造船厂修理，仅包括零件拆除、安装环节，不再考虑其产污环节，如表 5-7 所列。

表 5-7 434 铁路、船舶、航空航天等运输设备修理

行业代码	行业名称	主要工艺
434	铁路、船舶、航空航天等运输设备修理	
4341	铁路运输设备修理	
4342	船舶修理	拆除、安装
4343	航空航天器修理	
4349	其他运输设备修理	

（2）行业排污主要影响因素分析

① 废气：挥发性有机物处理主要采用吸附浓缩、热力焚烧技术等措施；颗粒物主要采用过滤除尘、静电除尘、湿式除尘、旋风除尘、重力沉降及惯性除尘技术等处理措施；油雾主要采用油雾净化器及金属编织板滤芯、PP 纤维滤芯和纤维过滤毡等过滤处理措施；氮氧化物主要采用氨选择性催化还原技术和碱液吸收技术。

② 废水：通常采用物理化学法预处理技术与生物法处理技术相结合的综合处理工艺。物理化学法主要有混凝、气浮、超滤等；生物法处理主要包括水解酸化工艺、生物接触氧化工艺、A/O 工艺、MBR 工艺、BAF 工艺、SBR 工艺。

③ 固体废物：危险废物委托有资质单位安全处置。一般固体废物中有回收利用价值

的交专业公司回收利用，其他采取填埋等措施合理处置。

5.2.2　产污工段识别及划分依据

《面向装备制造业　产品全生命周期工艺知识　第1部分：通用制造工艺分类》（GB/T 22124.1—2008）将通用制造工艺生产过程按照成形工艺分为去除成形、受迫成形、堆积成形和其他成形4个类别15个大类计若干个种类，根据该标准对本行业的主要生产工艺简介如下。

（1）铸造

铸造是指熔炼金属，制造模型（含制芯），并将熔融金属浇入模型，凝固后获得具有一定形状、尺寸和性能的金属零件毛坯的工艺过程。通常包括金属熔炼、造型、制芯、浇注、落砂、清理、砂处理、砂再生等内容。

铸造行业的污染物排放主要和所用原材料和辅助材料有关，和所用的铸造工艺联系紧密，不同的铸造工艺产生的污染物区别也很大。

（2）锻造

锻造是指在加压设备及工（模）具的作用下，使坯料、铸锭产生局部或全部的塑性变形，以获得具有一定形状、尺寸和质量的锻件的工艺过程。锻造结束后，需要对工件进行热处理和表面清理。

（3）粉末冶金

粉末冶金是指以制取金属粉末或用金属粉末（或金属粉末与非金属粉末的混合物）作为原料，经过成形和烧结，制造金属材料、复合材料以及各种类型制品等。

（4）下料

使用钢板卷材时，需要开卷、校平。板材下料包括涂油脂、剪切、矫直、落料等。型材下料包括锯切、砂轮切割、气割、等离子切割等以及简单的工件制作（也称备料），如折弯、钻孔、校正、修整等。

（5）冲压

冲压包括拉延、冲孔、翻边、冲裁、整形等，模具需要定期清洗。

（6）预处理

预处理分为机械预处理和化学预处理。机械预处理有机械抛丸、打磨、喷砂、清理；化学预处理工艺形式有酸洗除锈、化学脱脂等。

（7）机械加工

机械加工指采取车床、铣床、刨床、磨床、镗床、钳床、钻床及加工中心、数控中心等设备进行的去除成型加工。从污染物产生特点可分为干式加工、湿式加工等。

（8）树脂纤维加工

高分子材料树脂成型主要有注射成型、吹塑成型和发泡成型，纤维材料成型主要有手糊成型、拉挤成型、缠绕成型、模压成型、编织成型等，织物成型则通过剪裁缝制成型。注射常用于保险杠、仪表盘的生产。客车车身外蒙皮和内护板之间采用发泡剂、催化剂、阻燃剂、稳定剂等进行发泡反应，生成硬质泡沫塑料填充物，起保温降噪等作用。糊制成型以纤维材料和黏合剂为原料，常用于客车或乘用车非金属车身或零部件（如碳纤维、玻璃钢）的生产，经糊制、固化成为所需要的形状，主要用于车身及其零部件生产。皮革、织物面料的裁缝，常用于座椅生产和车辆内饰品生产。

（9）焊接

焊接用于组件焊接、部件焊接和总成焊接。常用的焊接设备有点焊、弧焊、钎焊、固相焊接、螺柱焊接、气焊等。

（10）粘接

粘接采用黏结剂黏合。部分涂黏结剂后进行加热固化。

（11）转化膜处理

机械工件表面常采用磷化、锆化、钝化、硅烷化处理等转化膜工艺，其作用是改变材料的表面结构形态，为后续工序涂装提供良好的基体。

（12）热处理

热处理有整体热处理（淬火、回火、正火、退火）、盐浴热处理、液体渗氮/氮碳共渗及气体碳氮共渗/渗氮/渗碳等工艺。

（13）装配

装配一般包括部件组装和总装。部件组装为各种部件的装配，总装为最终产品的装配。

（14）涂装

1）底漆

底漆有浸漆、电泳、喷底漆等工艺类型，采用喷涂进行底漆作业的列入喷涂范畴。电泳槽定期清洗产生高浓度清洗废水（简称电泳废液），电泳后清洗产生电泳废水。电泳烘干是涂装车间主要的挥发性有机物产生源之一。

2）密封涂胶

在底漆与中、面涂作业之间，需要在焊缝处涂覆密封胶，在车底涂覆防震涂料，对折边涂覆保护胶。密封胶烘干也是涂装生产单元主要的挥发性有机物产生源之一。

3）溶剂擦洗

不需要电泳的工件（如树脂类材质的保险杠、碳纤维车身等），则采用以溶剂擦洗的方式进行脱脂，所用溶剂有汽油、丙酮或其他溶剂，主要污染物是挥发性有机物。

4）喷涂

汽车等机械工业根据涂层质量要求，可喷底涂（不电泳的工件，底漆采用喷涂）、中涂、面漆、罩光漆和喷粉等多道涂层，各涂层作业均有准备、喷涂、流平和烘干等工艺。

喷涂前，要对车身或零部件进行刮腻子、打磨处理。刮腻子以客车居多，刮腻子后需要进行表面打磨。刮腻子、打磨工序产生少量的颗粒物。

湿式喷漆产生喷漆废水。

喷涂是涂装生产单元中最主要的挥发性有机物产生源。粉末喷涂的污染物主要是涂料粉末，属于颗粒物。

5）烘干

烘干按工艺形式分为自然晾干、直接热风（以燃料燃烧烟气和空气的混合气体）烘干、间接热风（以燃料燃烧加热的空气）烘干、闪干（用于中涂、面漆水性漆）、辐射烘干和强冷工艺等，采用的热源有电、天然气、轻柴油、蒸汽等。

（15）检测试验

检测试验分为产品出厂检测和产品性能检测。

（16）热浸锌

热浸锌又叫热浸镀锌，作为一种有效的金属防腐方式，已被广泛用于各行业的金属结构设施上。主要包括酸洗、助镀、浸锌等。

（17）其他

铸造、锻造、热处理、涂装等工段需设工艺加热炉（工业炉窑），一般采用天然气、轻柴油等作为燃料，归入各工段。

5.2.3 主要污染物指标识别

结合行业特点，确定主要污染类型及污染物指标如下。
① 废水：化学需氧量、石油类、氰化物、总磷、总氮。
② 废气：二氧化硫、氮氧化物、颗粒物、挥发性有机物、铅、氨气。

各生产工艺、产污类型及污染物指标如表5-8所列。

表5-8 机械行业主要生产工艺、产污类型及污染物指标

工艺	主要污染物										
	废水					废气					
	化学需氧量	石油类	总磷	总氮	氰化物	二氧化硫	氮氧化物	颗粒物	挥发性有机物	铅	氨气
铸造	○	○	○	○	○	●	●	●	●	●	○
锻造	○	○	○	○	○	●	●	●	○	○	○
粉末冶金	○	○	○	○	○	○	○	●	○	○	○
下料	○	○	○	○	○	○	○	●	○	○	○
冲压	●	○	○	○	○	○	○	○	○	○	○
机械预处理	○	○	○	○	○	○	○	●	○	○	○
化学预处理	●	●	●	○	○	○	○	○	○	○	○
机械加工	●	●	○	○	○	○	○	○	●	○	○
树脂纤维加工	●	○	○	○	○	○	○	○	●	○	○
焊接	○	○	○	○	○	○	○	●	○	○	○
粘接	○	○	○	○	○	○	○	○	●	○	○
转化膜处理	●	●	○	●	○	○	○	○	○	○	○
热处理	●	●	○	○	●	●	●	●	●	○	●
装配	●	●	○	○	○	○	○	○	○	○	○
涂装	●	○	○	○	○	●	●	●	●	○	○
检测试验	●	○	○	○	○	○	●	●	○	○	○
热浸锌	●	○	○	○	○	○	○	○	○	○	●

注：●表示对于工艺存在该类主要污染物；○表示对于工艺不存在该类主要污染物。

（1）铸造

铸造工艺中（见图5-3），颗粒物是最主要的污染物，在铸造的各个工序中都有产生，其成分可能含有来自型砂的无机非金属颗粒，以及熔炼和浇注环节高温金属产生的金属颗粒。在使用焦炭为燃料进行熔炼的工序，会产生二氧化硫和氮氧化物。挥发性有机物主要存在浇注及冷却工序，型砂中含有的有机物或者型砂黏结剂、固化剂及其他辅助材料热解也产生挥发性有机物。部分铸造企业，除铸造外，还配套相应预处理（抛丸清理）、热处理、涂装等生产能力。

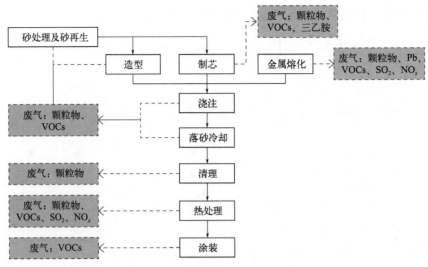

图5-3 铸造行业主要产污环节和产污因子

（2）锻造

锻造工艺中，加热环节主要污染物因子为VOCs、氮氧化物、二氧化硫、颗粒物。

（3）粉末冶金

粉末冶金工艺中，主要污染物因子为混粉成型及烧结工艺产生的颗粒物。

（4）下料

下料工艺中，切割环节主要污染物因子为颗粒物。切割方式主要有激光切割、等离子切割和气割等，其中激光切割用于航空航天、高铁、汽车等行业的金属和非金属材料的精密切割，切割过程颗粒物产生量极小；等离子切割主要用于船舶、机械、金属结构等行业的金属材料切割，产生的主要污染物为颗粒物；气割主要用于船舶拆解的切割和厚度较大、尺寸较长的钢材粗切割，切割过程颗粒物产生量较小。锯齿机、砂轮切割机是可对金属方扁管、方扁钢、工字钢、槽型钢等材料进行切割的常用设备，切割过程颗粒物产生量较小。

（5）冲压

冲压过程本身不产生废气、废水等污染物，仅冲压模具定期清洗产生含油废水，主要污染因子是石油类、化学需氧量。

（6）预处理

机械预处理工艺中，产生的主要污染物因子为颗粒物。本工艺主要包括抛丸、喷砂、打磨、滚筒四个工艺环节。抛丸主要用于中厚金属板材的表面处理，喷砂主要用于薄板材及大型结构件的表面处理，两者均在密闭空间中进行，并配有除尘设施；打磨主要使用含有较高硬度颗粒的砂纸等，对工件进行加工；滚筒主要用于清理铸件表面型砂和锻件表面氧化皮，适宜中、小件的清理，带有集尘装置，不产生颗粒物。化学预处理包括酸洗、碱洗（脱脂）等工艺。各种酸洗产生废水，污染因子为化学需氧量；脱脂主要产生含化学需氧量、总磷的废水、废液。

（7）机械加工

机械加工设备（特别是加工中心、数控中心等精密加工设备）湿式加工废气产生油雾（挥发性有机物），废水产生废切削液（或作为危险废物处置）、废清洗液或含油废水，污染因子为化学需氧量、石油类。

（8）树脂纤维加工

注塑、吹塑、发泡和纤维材料加热成形产生挥发性有机物。注塑设备等定期排放循环冷却水（清净下水），污染因子为少量化学需氧量。

（9）焊接

焊接工艺中，焊接环节主要污染物因子为颗粒物。焊接方式主要有电弧焊（手工电弧焊、埋弧焊）、等离子弧焊、气体保护焊（惰性、活性气体保护焊）、电子束焊、激光焊等。其中电子束焊、激光焊主要用于精密焊接，焊接过程中颗粒物产生量极小。电弧焊主要用于小型结构件的焊接；等离子弧焊，适用于焊接薄板和箱材，特别适合于各种难熔、易氧化及热敏感性强的金属材料（如钨、钼、铜、镍、钛等）的焊接；气体保护焊主要用于焊接化学活泼性强和易形成高熔点氧化膜的镁、铝及其合金。焊接产生的颗粒物主要与所用焊条、焊丝的材质相关。

（10）粘接

粘接工段主要产污在涂胶、固化的过程中，黏结剂所含的挥发性有机物（VOCs）全部排放。

（11）转化膜处理

磷化、锆化、硅烷化、陶化等转化膜处理过程主要产生废水。其中：磷化（含表调）工艺污染废水因子为化学需氧量、总磷和总氮。锆化、硅烷化、陶化等工艺污染因子为化学需氧量和总氮。

（12）热处理

热处理工艺中，正火/退火环节主要污染物因子为二氧化硫、氮氧化物、颗粒物；

淬火/回火环节主要污染物因子为挥发性有机物、颗粒物；液体渗氮/氮碳共渗环节主要污染物因子为化学需氧量、氰化物、氨气等；气体渗氮/渗碳/碳氮共渗环节主要污染物因子有挥发性有机物、氨气等，后续清洗环节主要污染物为石油类、化学需氧量等。

（13）装配

装配工艺一般不产生废气、废水污染物，仅整车淋雨试验产生淋雨试验废水，主要污染物为化学需氧量。

（14）涂装

涂装工段，密封胶（含底胶）中挥发性有机物在涂胶、固化过程中全部随废气排放；溶剂擦洗过程，溶剂中挥发性有机物全部排放；电泳底漆过程电泳漆中挥发性有机物在电泳、烘干过程全部随废气排放，废水产生电泳清槽废液、电泳后水洗废水，废水污染因子有化学需氧量；浸漆过程涂料中挥发性有机物在浸漆、烘干过程全部随废气排放；喷底漆、中涂、面漆（含罩光漆）过程涂料中挥发性有机物在喷漆（含流平）、烘干（或晾干）过程随废气全部排放，湿式喷漆（水净化漆雾）还产生喷漆废水，污染因子有化学需氧量；喷塑产生颗粒物；烘干加热炉（工业炉窑）燃料燃烧产生颗粒物、二氧化硫、氮氧化物。

（15）检测试验

检测试验工段，汽车发动机热试台架在性能试验过程产生颗粒物、挥发性有机物、氮氧化物。汽车发动机热试台架定期排放循环冷却水（清净下水），污染因子为少量化学需氧量。

（16）热浸锌

热浸锌工艺中，酸洗清洗环节主要污染物因子为化学需氧量；助镀、浸锌环节主要污染物为氨气、颗粒物。

5.3　机械行业主要产污工段及治理技术

5.3.1　主要产污工段识别结果

根据机械行业生产工艺及产排污特征，将行业包含的47个种类各生产组成划分为铸造、锻造、粉末冶金、下料、冲压、机械预处理、化学预处理、机械加工、树脂纤维加工、焊接、粘接、转化膜处理、热处理、装配、涂装、检测试验、热浸锌、电镀（含化学镀等）18个主要产污工段，可根据行业生产工艺特点，通过组合各产污工段进行产排污分析及量化。

5.3.2　主要治理技术及运行情况

（1）主要废气产生环节及治理措施

主要有喷涂过程中产生的挥发性有机物；气割、等离子切割、锯切、砂轮切割、干式机械加工、抛丸清理、清理滚筒、弧焊、粉状物料生产与输送、喷砂等设备产生的颗粒物；湿式机械加工和热处理产生的油雾（挥发性有机物）；柴油发动机试验过程中产生的氮氧化物。

挥发性有机物处理主要采用吸附浓缩、热力焚烧技术等措施；颗粒物主要采用过滤除尘、电除尘、湿式除尘、旋风除尘、重力沉降及惯性除尘技术等处理措施；油雾主要采用油雾净化器及金属编织板滤芯、PP纤维滤芯和纤维过滤毡等过滤处理措施；氮氧化物主要采用氨选择性催化还原技术和碱液吸收技术。

以汽车整车制造厂涂装工段为例，近几年针对喷漆室产生的大风量、低浓度的挥发性有机物废气，采用憎水性分子筛转轮吸附、热空气再生浓缩技术时，废气中挥发性有机物浓缩倍数可达10～15倍甚至更高，浓缩后的废气采用热力焚烧或催化燃烧法净化。以上吸附浓缩＋焚烧措施对喷漆室废气中挥发性有机物净化效率为90%以上。

（2）废水产生环节及治理措施

主要有模具清洗产生的含油废水；涂装前处理工段产生的预脱脂、脱脂废液及脱脂废水，表调废液、磷化废液或钝化废液，磷化废水或钝化废水，电泳工段电泳洗槽废液和工件清洗电泳废水，喷漆室喷漆废水；机械加工、装配的废切削液和废清洗液等。此外还有各车间生活设施的生活污水、循环水系统排污水，软化水、纯水制备系统排水等。

废水处理技术通常采用物理化学法预处理技术与生物法处理技术相结合的综合处理工艺。物理化学法主要有混凝、气浮、超滤等；生物法处理主要包括水解酸化工艺、生物接触氧化工艺、A/O工艺、MBR工艺、BAF工艺、SBR工艺。

（3）固体废物产生环节及治理措施

危险废物主要有机加工过程产生的废切削液（委外处理时）、废油、废过滤材料，热处理过程产生的废盐渣，预处理产生的废油，转化膜处理过程产生的磷化渣，喷涂过程产生的溶剂漆渣、废溶剂、废涂料，废气处理产生的废吸附材料（如废活性炭、废滤料等），废水处理过程产生的物化污泥、废油，生产设备产生的废机油和废液压油，生产过程产生的废化学品包装材料等。危险废物委托有资质单位安全处置。

一般工业固体废物主要有机加和冲压过程产生的金属切屑、废料，焊接过程产生的废焊丝、焊料，喷涂产生的水性漆渣，除尘器产生的粉尘等。一般固体废物中有回收利用价值的交专业公司回收利用，其他采取填埋等措施合理处置。

5.4　机械行业产排污定量识别诊断技术

5.4.1　产排污数据获取方案

5.4.1.1　总体方案

机械行业各工段产污系数数据来源主要包括以下3类。

① 调查数据收集：实测数据、历史数据（近年的监测报告数据）、调研企业统计数据等；此外，也可参考其他研究成果。

② 参考其他研究成果：全国污染源普查成果、类比其他工段产污系数、美国《大气污染物排放系数汇编》（即AP-42手册）、美国铸造行业减排计划（casting emission reduction program，CERP）等。

③ 经验数据：专家咨询及论证数据、行业经验数据和系数等。

根据产排污特点，机械行业主要废水污染指标为石油类、化学需氧量、总磷、总氮、氰化物；废气指标为颗粒物、二氧化硫、氮氧化物、氨气、挥发性有机物（非甲烷总烃）、铅。

按产污工段的情况，可将获取方案汇总如表5-9所列。

5.4.1.2　实测数据采集

机械行业实测依据的监测分析方法主要包括《固定污染源排气中颗粒物测定与气态污染物采样方法》（GB/T 16157—1996）及XG1—2017修改单、《固定污染源废气　低浓度颗粒物的测定　重量法》（HJ 836—2017）、《固定污染源废气　总烃、甲烷和非甲烷总烃的测定　气相色谱法》（HJ 38—2017）、《固定污染源废气　二氧化硫的测定　定电位电解法》（HJ 57—2017）、《固定污染源废气　氮氧化物的测定　定电位电解法》（HJ 693—2014）、《水质　化学需氧量的测定　重铬酸盐法》（HJ 828—2017）、《水质　石油类和动植物油类的测定　红外分光光度法》（HJ 637—2018）等。

各产污工段监测方案如表5-10所列。

表5-9 机械行业主要产污工段数据获取方案

工段	产品	工艺	原料	规模		污染物指标	数据来源
铸造	铸件	砂处理（黏土砂）	原砂、再生砂、水、膨润土、煤粉、其他辅助材料	所有	废气	工业废气量 颗粒物	调查数据收集
		砂处理（树脂砂）	原砂、再生砂、树脂、硬化剂	所有	废气	工业废气量 颗粒物	调查数据收集
		砂处理（熔模）	水玻璃、硅溶胶、原砂、再生砂、硬化剂	所有	废气	工业废气量 颗粒物	调查数据收集和专家咨询
		砂处理（干砂：消失模/V法）	原砂	所有	废气	工业废气量 颗粒物	调查数据收集
		熔炼（冲天炉）	废钢、铁合金、中间合金锭、焦炭	所有	废气	工业废气量 颗粒物 二氧化硫 氮氧化物	调查数据收集 参考其他研究成果 调查数据收集
		熔炼（电弧炉/LF炉/VOD炉）	废钢、中间合金锭、石灰石	所有	废气	工业废气量 颗粒物	调查数据收集和参考其他研究成果
		熔炼（感应电炉/电阻炉及其他）	生铁、废钢、铁合金、中间合金锭、增碳剂、电解铜、铝合金锭、镁合金锭、铜锭、锌锭、中间合金锭、其他金属材料、精炼剂、变质剂	所有	废气	工业废气量 颗粒物 工业废气量 颗粒物	调查数据收集 调查数据收集
		熔炼（燃气炉）	铝合金、铝青铜、铝合金、镁合金、铜合金锭、锌合金锭、铝合金锭、铜锭、镁合金锭、中间合金锭、其他金属材料、天然气、煤气、精炼剂、变质剂	所有	废气	工业废气量 铅 工业废气量 颗粒物	调查数据收集和专家咨询 调查数据收集
		制芯（热芯盒：覆膜砂）	覆膜砂、天然气	所有	废气	工业废气量 颗粒物 挥发性有机物	调查数据收集

157

工段	产品	工艺	原料	规模	污染物指标		数据来源
铸造	铸件	制芯（冷芯盒：三乙胺）	原砂、冷芯盒树脂、三乙胺	所有	废气	工业废气量 / 颗粒物 / 挥发性有机物	调查数据收集和专家咨询
		制芯（树脂砂制芯：呋喃、酚醛）	树脂、原砂、再生砂、硬化剂	所有	废气	工业废气量 / 颗粒物	调查数据收集和专家咨询
		造型/浇注（黏土砂）	原砂、再生砂、水、膨润土、煤粉、其他辅助材料、涂料、脱模剂	所有	废气	工业废气量 / 颗粒物 / 挥发性有机物	调查数据收集
		造型/浇注（树脂砂）	原砂、再生砂、树脂、硬化剂、涂料、脱模剂	所有	废气	工业废气量 / 颗粒物	调查数据收集
		造型/浇注（消失模/实型）	原砂、再生砂、树脂、硬化剂、涂料、白模	所有	废气	工业废气量 / 颗粒物 / 挥发性有机物	调查数据收集
		造型/浇注（V法）	原砂、再生砂、塑料薄膜、涂料	所有	废气	工业废气量 / 颗粒物	调查数据收集
		造型/浇注（离心）	冷芯、涂料	所有	废气	工业废气量 / 挥发性有机物	调查数据收集
		造型/浇注（有色压铸）	涂料	所有	废气	工业废气量 / 颗粒物 / 挥发性有机物	调查数据收集和专家咨询
		造型/浇注（搭模）	模料、水玻璃、硅溶胶、原砂、再生砂、硬化剂、其他辅助材料	所有	废气	工业废气量 / 颗粒物 / 挥发性有机物	调查数据收集

续表

工段	产品	工艺	原料	规模		污染物指标		数据来源
铸造	铸件	造型/浇注（完型）	覆膜砂、涂料	所有	废气	工业废气量		调查数据收集
						颗粒物		
		造型/浇注（重力、低压：限定金属型，石膏/陶瓷型/石墨型等）	金属液等、脱模剂	所有	废气	挥发性有机物		专家咨询
						工业废气量		
						颗粒物		
锻造	锻件	加热	天然气	所有	废气	二氧化硫		参考其他研究成果
						颗粒物		参考其他研究成果
						氮氧化物		参考其他研究成果
		混粉成形	粉末等			工业废气量		参考其他研究成果
粉末冶金	粉末冶金件			所有	废气	颗粒物		经验数据
		烧结				工业废气量		调查数据收集
						颗粒物		经验数据
下料	板材	氧气切割	钢板、铝板、铝合金板、其他金属材料	所有	废气	工业废气量		调查数据搜集
						颗粒物		参考其他研究成果
		等离子切割	钢板、铝板、铝合金板、其他金属材料			工业废气量		调查数据搜集
						颗粒物		调查数据搜集
		锯齿机、砂轮切割机	钢板、铝板、铝合金板、其他金属材料、玻璃纤维、其他非金属材料			工业废气量		调查数据搜集
						颗粒物		调查数据收集
冲压	冲压件	开卷剪切、冲压、模具清洗	钢材（含板材、构件等）、铝材（含板材、构件等）、铝合金（含板材、构件等）	所有	废水	工业废水量		调查数据收集
						化学需氧量		经验数据
						石油类		经验数据

工段	产品	工艺	原料	规模	污染物指标		数据来源
预处理	干式预处理件	抛丸、喷砂、打磨、滚筒	钢材（含板材、构件等）、铝材（含板材、构件等）、铝合金（含板材、构件等）、铁材料、其他金属材料	所有	废气	工业废气量	调查数据收集
						颗粒物	调查数据收集
		酸洗	盐酸		废水	工业废水量	调查数据收集＋经验数据
						化学需氧量	调查数据收集＋经验数据
	湿式预处理件	脱脂	脱脂剂		废水	工业废水量	调查数据收集
						化学需氧量	经验数据
						总磷	经验数据
						石油类	经验数据
机械加工	湿式机加工件	车床加工、铣床加工、刨床加工、磨床加工、镗床加工、钳床加工、钻床加工、加工中心加工、数控加工中心加工	切削液	所有	废水	工业废水量	数据调查收集
						化学需氧量	经验数据
						石油类	经验数据
					废气	工业废气量	数据调查收集
						挥发性有机物	数据调查收集
树脂纤维加工	注塑件、吹塑件、搪塑件、纤维材料	注塑成形、吹塑成形、搪塑成型	树脂材料或塑料（ABS材料）、树脂材料或塑料（PE材料）、树脂材料或塑料（PVC材料）、树脂材料或塑料（PP材料）、其他非金属材料	所有	废水	工业废水量	调查数据收集
						化学需氧量	经验数据
					废气	工业废气量	调查数据收集
						挥发性有机物	调查数据收集＋参考其他研究成果
	发泡件	发泡成形	发泡剂		废气	工业废气量	调查数据收集
						挥发性有机物	参考其他研究成果

续表

工段	产品	工艺	原料	规模		污染物指标	数据来源
焊接	焊接件	手工电弧焊	结构钢焊条（JXXX）、钼和铬钼耐热钢焊条（RXXX）、不锈钢焊条（G/AXXX）、堆焊焊条（DXXX）、低温钢焊条（WXXX）、铸铁焊条（ZXXX）、镍和镍合金焊条（NiXXX）、铜和铜合金焊条（TXXX）、铝和铝合金焊条（LXXX）、特殊用途焊条（TSXXX）	所有	废气	工业废气量	调查数据收集
						颗粒物	参考其他研究成果
		二氧化碳保护焊、埋弧焊、氩弧焊	药芯焊丝			工业废气量	调查数据收集
						颗粒物	参考其他研究成果
		二氧化碳保护焊、埋弧焊、氩弧焊	实芯焊丝			工业废气量	调查数据收集
						颗粒物	参考其他研究成果
粘接	黏结工件	涂胶及涂胶后固化	黏结剂	所有	废气	工业废气量	调查数据收集
						挥发性有机物	调查数据收集
转化膜处理	表调工件	表调	表调剂	所有	废气	工业废气量	调查数据收集
						化学需氧量	经验数据
						总磷	经验数据
	磷化工件	表调、磷化	磷化剂			工业废水量	调查数据收集
						化学需氧量	经验数据
						总磷	经验数据
						总氮	经验数据
	锆化工件、硅烷化工件、陶化工件	锆化、硅烷化、陶化	锆化剂、硅烷处理剂、陶化剂			工业废水量	调查数据收集
						化学需氧量	经验数据
						总氮	经验数据

续表

工段	产品	工艺	原料	规模		污染物指标	数据来源
热处理	热处理件	整体热处理（正火/退火）（类比天然气工业炉窑）	结构材料：金属工件；燃料：天然气等	所有	废气	二氧化硫	参考其他研究成果
						颗粒物	参考其他研究成果
						氮氧化物	参考其他研究成果
						工业废气量	参考其他研究成果
		整体热处理（淬火/回火）	结构材料：金属工件；工艺材料：淬火油		废气	挥发性有机物	经验数据
						挥发性有机物	经验数据
		液体渗氮/氮碳共渗	结构材料：金属工件；渗氮/氮碳共渗液体介质		废气	颗粒物	经验数据
						工业废气量	经验数据
					废气	氨	经验数据+调查数据收集
						工业废水量	参考其他研究成果+调查数据收集
					废水	化学需氧量	经验数据+调查数据收集
		气体渗氮/渗碳/碳氮共渗	结构材料：金属工件；渗碳/渗氮/碳氮共渗气体介质		废气	氰化物	经验数据+调查数据收集
						工业废气量	参考其他研究成果
					废气	氨	经验数据
		清洗	结构材料：热处理工件；工艺材料：清洗剂			挥发性有机物	经验数据
					废水	工业废水量	经验数据
						化学需氧量	参考其他研究成果
						石油类	参考其他研究成果
装配	整车	淋雨试验	新鲜水、整车	所有	废水	工业废水量	调查数据收集
						化学需氧量	经验数据
涂装	涂装件	喷胶、喷胶后烘干	密封胶、底胶	所有	废气	工业废气量	调查数据收集
						挥发性有机物	调查数据收集
		溶剂擦试	清洗溶剂	所有	废气	工业废气量	调查数据收集
						挥发性有机物	调查数据收集

续表

工段	产品	工艺	原料	规模		污染物指标	数据来源
涂装	涂装件	涂腻子、腻子打磨	腻子类	所有	废气	工业废气量	调查数据收集
						颗粒物	调查数据收集
		腻子烘干		所有	废气	工业废气量	调查数据收集
						挥发性有机物	调查数据收集
		电泳底漆	电泳底漆	所有	废水	工业废水量	调查数据收集
						化学需氧量	经验数据
		电泳底漆烘干		所有	废气	工业废气量	调查数据收集
						挥发性有机物	调查数据收集
		浸底漆	底漆	所有	废气	工业废气量	调查数据收集
						挥发性有机物	调查数据收集
		浸底漆烘干		所有	废气	工业废气量	调查数据收集
						挥发性有机物	调查数据收集
		喷漆	底漆、中涂漆、面漆、罩光漆、彩条漆	所有	废水	工业废水量	调查收集数据
						化学需氧量	经验数据
					废气	工业废气量	调查数据收集
						挥发性有机物	调查数据收集
		喷漆后烘干		所有	废气	工业废气量	调查数据收集
						挥发性有机物	调查数据收集
		喷塑	粉末涂料	所有	废气	工业废气量	调查数据收集
						颗粒物	调查数据收集
		喷塑后烘干				工业废气量	参考其他研究成果
						挥发性有机物	参考其他研究成果

163

离散型工业产排污规律与特征

续表

工段	产品	工艺	原料	规模		污染物指标	数据来源
涂装	涂装件	柴油工业炉窑	柴油	所有	废气	工业废气量	参考其他研究成果
						颗粒物	参考其他研究成果
						二氧化硫	参考其他研究成果
						氮氧化物	参考其他研究成果
		天然气工业炉窑	天然气	所有	废气	工业废气量	参考其他研究成果
						颗粒物	参考其他研究成果
						二氧化硫	参考其他研究成果
						氮氧化物	参考其他研究成果
		燃煤工业炉窑	煤	所有	废气	工业废气量	参考其他研究成果
						颗粒物	参考其他研究成果
						二氧化硫	参考其他研究成果
						氮氧化物	参考其他研究成果
		生物质工业炉窑	生物质	所有	废气	工业废气量	参考其他研究成果
						颗粒物	参考其他研究成果
						二氧化硫	参考其他研究成果
						氮氧化物	参考其他研究成果
		工业炉窑	液化石油气	所有	废气	工业废气量	参考其他研究成果
						颗粒物	参考其他研究成果
						二氧化硫	参考其他研究成果
						氮氧化物	参考其他研究成果

续表

工段	产品	工艺	原料	规模	污染物指标		数据来源
检测试验	柴油发动机	柴油发动机热试	柴油	所有	废水	工业废水量	调查数据收集
						化学需氧量	经验数据
					废气	工业废气量	调查数据收集
						颗粒物	经验数据
						挥发性有机物	经验数据
						氮氧化物	经验数据
热浸镀锌	热浸锌件	酸洗水洗	锌锭、盐酸、氢氧化钠、氯化铵、金属工件	所有	废水	工业废水量	参考其他研究成果
						化学需氧量	参考其他研究成果
		助镀、浸锌			废气	工业废气量	调查数据收集
						氨	经验数据
						颗粒物	调查数据收集
修理	金属制品修理件、通用设备修理件、专用设备修理件	拆除、清洗、焊接、安装、检测试验	更换备件、钢材（含板材、构件等）、铝合金、铝材（含板材、构件等）	所有	废水	工业废水量	参考其他研究成果
						化学需氧量	参考其他研究成果
						石油类	参考其他研究成果
		拆除、清洗、焊接（手工电弧焊）、安装、检测试验	结构钢焊条（JXXX）、不锈钢焊条（G/AXXX）、钼和铬钼耐热钢焊条（RXXX）、堆焊焊条（DXXX）、低温钢焊条（WXXX）、铸铁焊条（ZXXX）、镍和镍合金焊条（NiXXX）、铜和铜合金焊条（TXXX）、铝和铝合金焊条（LXXX）、特殊用途焊条（TSXXX）	所有	废气	工业废气量	参考其他研究成果
						颗粒物	参考其他研究成果
		拆除、清洗、焊接（二氧化碳保护焊、氧化碳保护焊、氩弧焊）、安装、检测试验	药芯焊丝	所有	废气	工业废气量	参考其他研究成果
						颗粒物	参考其他研究成果
		拆除、清洗、焊接（二氧化碳保护焊、氧化碳保护焊、氩弧焊）、安装、检测试验	实芯焊丝	所有	废气	工业废气量	参考其他研究成果
						颗粒物	参考其他研究成果

表5-10　机械行业主要产污工段监测方案

工段	工艺	检测项目	检测标准	工艺	检测频次
铸造	熔炼	废气:颗粒物、工业废气量	GB/T 16157—1996 HJ 836—2017	连续稳定排放工艺	分别在净化设备进出口同时连续采集3组样品
		废气:氮氧化物	HJ 693—2014		
		废气:二氧化硫	HJ 57—2017		
	浇注	废气:颗粒物、工业废气量	GB/T 16157—1996 HJ 836—2017	不连续有稳定周期工艺	可视为连续稳定排放,分别在净化设备进出口同时连续采集3组样品
		废气:挥发性有机物	HJ 38—2017	不连续无稳定周期工艺	周期较短(1~2h):1个周期同时采集1组出口样品,连续采集3个周期
					周期较长(3h以上):1个周期内同时采集3组进出口样品
锻造	锻造	废气:颗粒物、二氧化硫、氮氧化物、工业废气量	GB/T 16157—1996 HJ 836—2017 HJ 57—2017 HJ 693—2014	不连续有稳定周期工艺	可视为连续稳定排放,分别在净化设备进出口同时连续采集3组样品
				不连续无稳定周期工艺	周期较短(1~2h):1个周期同时采集1组进出口样品,连续采集3个周期
					周期较长(3h以上):1个周期内同时采集3组进出口样品
粉末冶金	粉末冶金	废气:颗粒物、二氧化硫、工业废气量	GB/T 16157—1996 HJ 836—2017	不连续有稳定周期工艺	可视为连续稳定排放,分别在净化设备进出口同时连续采集3组样品
				不连续无稳定周期工艺	周期较短(1~2h):1个周期同时采集1组进出口样品,连续采集3个周期
					周期较长(3h以上):1个周期内同时采集3组进出口样品
下料	等离子切割	废气:颗粒物、工业废气量	GB/T 16157—1996 HJ 836—2017	连续稳定排放工艺	分别在净化设备进出口同时连续排放采集3组样品
		废气:颗粒物、工业废气量	GB/T 16157—1996 HJ 836—2017	不连续有稳定周期工艺	可视为连续稳定排放,分别在净化设备进出口同时连续采集3组样品

续表

工段	工艺	检测项目	检测标准	稳定性	周期	检测频次
下料	氧气切割 激光切割 锯齿机 砂轮切割机	废气:颗粒物、工业废气量	GB/T 16157—1996 HJ 836—2017	不连续无稳定周期工艺	周期较短(1~2h)	1个周期同时采集1组进出口样品,连续采集3个周期
					周期较长(3h以上)	1个周期内同时采集3组进出口样品
冲压	冲压	废水:石油类、化学需氧量	HJ 828—2017 HJ 637—2018	可视为连续稳定排放		分别在净化设备进出口同时连续采集3组样品
热处理	正火/退火	废气:颗粒物、二氧化硫、氮氧化物、工业废气量	GB/T 16157—1996 HJ 836—2017	不连续有稳定周期工艺	周期较短(1~2h)	1个周期同时采集1组进出口样品,连续采集3个周期
					周期较长(3h以上)	1个周期内同时采集3组进出口样品
	淬火、回火	废气:挥发性有机物、工业废气量、颗粒物	HJ 38—2017 GB/T 16157—1996	可视为连续稳定排放		废气:分别在净化设备进出口同时采集3组样品
	液体渗氮、氮碳共渗	废气:氨、工业废气量 废水:化学需氧量、氰化物	HJ 533—2009 GB/T 16157—1996 HJ 828—2017 HJ 637—2018 HJ 484—2009	不连续无稳定周期工艺	周期较短(1~2h)	废气:1个周期同时采集1组进出口样品,连续采集3个周期 废水:工艺废水排口1个周期采集1个样品,连续采集3个周期
	气体渗碳、渗氮、碳氮共渗	废气:挥发性有机物、氨、工业废气量	HJ 38—2017 HJ 533—2009 GB/T 16157—1996		周期较长(3h以上)	废气:1个周期内同时采集3组进出口样品

续表

工段	工艺	检测项目	检测标准	检测频次		
装配	清洗	废水：化学需氧量	HJ 828—2017	不连续有稳定周期工艺	可视为连续稳定排放	在工艺废水排口采集3个样品
				不连续无稳定周期工艺	周期较短(1～2h)	1个周期在工艺废水排口采集1个样品，连续采集3个周期
					周期较长(3h以上)	1个周期内在工艺废水排口采集3个样品
涂装	胶类（PVC胶、密封胶等）	废气：挥发性有机物、颗粒物、二氧化硫、工业废气量	HJ 38—2017 GB/T 16157—1996 HJ 836—2017 HJ 57—2017 HJ 693—2014	不连续有稳定周期工艺	可视为连续稳定排放	分别在净化设备进出口同时连续采集3组样品
	溶剂擦拭			不连续无稳定周期工艺	周期较短(1～2h)	1个周期同时采集1组进出口样品，连续采集3个周期
	漆类（浸漆、喷底漆、面漆等）				周期较长(3h以上)	1个周期内同时采集3组进出口样品
预处理	抛丸、喷砂	废气：颗粒物、工业废气量	GB/T 16157—1996 HJ 836—2017	不连续有稳定周期工艺	可视为连续稳定排放	分别在净化设备进出口同时连续采集3组样品
				不连续无稳定周期工艺	周期较短(1～2h)	1个周期同时采集1组进出口样品，连续采集3个周期
					周期较长(3h以上)	1个周期内同时采集3组进出口样品
	化学预处理（酸洗）	废水：化学需氧量	HJ 828—2017	不连续无稳定周期工艺	周期较长(3h以上)	废水：工艺废水排口1个周期内同时连续采集3个样品
机械加工	湿式机械加工	废气：挥发性有机物、工业废气量	HJ 38—2017 GB/T 16157—1996	不连续有稳定周期工艺	可视为连续稳定排放 废气：分别在净化设备进出口稳定排放 废水：工艺废水排口稳定排放	废气：分别在净化设备进出口同时连续采集3组样品

续表

工段	工艺	检测项目	检测标准		检测频次
机械加工	湿式机械加工	废水：化学需氧量、石油类	HJ 828—2017 HJ 637—2018	不连续无稳定周期工艺 周期较短(1~2h)	废气：1个周期同时采集1组进出口样品，连续采集3个周期 废水：工艺废水排口1个周期采集1个样品，连续采集3个周期
				周期较长(3h以上)	废气：1个周期内同时采集3组进出口样品 废水：工艺废水排口1个周期内采集1个样品，连续采集3个周期
树脂纤维加工	注塑 吹塑 发泡	废气：挥发性有机物、工业废气量	HJ 38—2017 GB/T 16157—1996	不连续有稳定周期工艺	可视为连续稳定排放，分别在净化设备进出口同时连续采集4组样品
				不连续无稳定周期工艺 周期较短(1~2h)	1个周期同时采集1组进出口样品，连续采集4个周期
焊接	手工电弧焊 自动埋弧焊 二氧化碳保护焊 氩弧焊	废气：颗粒物、工业废气量	GB/T 16157—1996 HJ 836—2017	不连续有稳定周期工艺	可视为连续稳定排放，分别在净化设备进出口同时连续采集3组样品
				不连续无稳定周期工艺 周期较短(1~2h)	1个周期同时采集1组进出口样品，连续采集3个周期
				不连续无稳定周期工艺 周期较长(3h以上)	1个周期内同时采集3组进出口样品
粘接	粘接	废气：挥发性有机物、工业废气量	HJ 38—2017 GB/T 16157—1996	不连续有稳定周期工艺	可视为连续稳定排放，分别在净化设备进出口同时连续采集3组样品
				不连续无稳定周期工艺 周期较短(1~2h)	1个周期同时采集1组进出口样品，连续采集3个周期
				不连续无稳定周期工艺 周期较长(3h以上)	1个周期内同时采集3组进出口样品

工段	工艺	检测项目	检测标准	条件	检测频次
转化膜处理	表调 磷化 钝化 锆化 陶化 硅烷化	废水：化学需氧量、总磷、总氮	HJ 828—2017 HJ 636—2012 GB 11893—1989	不连续有稳定周期工艺	可视为连续稳定排放，在工艺废水排口采集3个样品
				不连续无稳定周期工艺 周期较短(1~2h)	1个周期在工艺废水排口采集1个样品，连续采集3个周期
				周期较长(3h以上)	1个周期内在工艺废水排口采集3个样品
热浸锌	热浸锌	废气：颗粒物、氨、工业废气量 废水：化学需氧量	GB/T 16157—1996 HJ 836—2017 HJ 828—2017	不连续有稳定周期工艺	可视为连续稳定排放，分别在净化设备进出口同时连续采集3组样品
				不连续无稳定周期工艺 周期较短(1~2h)	1个周期同时采集1组进出口样品，连续采集3个周期
				周期较长(3h以上)	1个周期内同时采集3组进出口样品
检测试验	热试柴油机	废气：颗粒物、氮氧化物、挥发性有机物、工业废气量 废水：化学需氧量	GB/T 16157—1996 HJ 836—2017 HJ 693—2014 HJ 38—2017 HJ 828—2017	不连续有稳定周期工艺	可视为连续稳定排放，分别在净化设备进出口同时连续采集3组样品
				不连续无稳定周期工艺 周期较短(1~2h)	1个周期同时采集1组进出口样品，连续采集3个周期
				周期较长(3h以上)	1个周期内同时采集3组进出口样品

5.4.1.3　历史数据采集

数据来源主要包括行业代码内企业、行政主管部门、国家及地方权威统计部门、具备 CMA 和 CNAS 等资质的第三方检测机构等。具体数据包括典型污染源监督性监测报告及数据、日常监测报告及数据、环境保护建设项目竣工验收报告及数据资料、生产性数据资料、行业技术报告、技术文献等。在此基础上与实测数据及专家论证数据互相校核，从而对其数据准确性进行验证。

5.4.1.4　数据质量控制

机械行业产污系数是通过实测数据、收集数据、参考其他研究成果及采用经验数据计算得到。在实际执行中，实测过程应符合规范，收集全部为监测数据；参考的研究成果均应来源于权威数据机构；咨询的行业专家应具备丰富的经验，数据尽可能与实际接近。因此，所取得的产污系数有较高的合理性和可信度。此外，还可针对不同数据开展质量控制。

（1）实测数据的质量控制

对整个污染物产排污系数制定过程进行全程序质量控制，从方案制定、数据收集、现场监测、实验室分析、数据汇总、系数计算、手册编制全过程严格把控，各环节设置由具备相应能力的负责人开展全面审核把关工作。

1）现场监测人员及实验室人员能力资质

项目参与人员均通过专业的教育和培训，保证参与人员的业务能力和操作技能及质量意识，确保其胜任本职工作，要求每个监测人员都持证上岗。

2）实验室设备和标准物质有效性

仪器设备统一编号、管理、检定校准、维修和状态控制，日常维护和保养。仪器由经过授权的人员操作。所购标准物质应能溯源到国家测量标准，严格按照标准物质证书标示的有效期进行管理。

3）实验用品质量控制

实验室用标准（溯源标准）应采用国内或国际认可的标准物质；样品分析所使用的器皿应按照相关方法要求进行洗涤处理，保证空白实验结果满足方法空白要求。

4）现场监测采样质量控制

采样前后对采样器进行流量校准，现场测量数据如二氧化硫、氮氧化物等参数进行标气校准；现场采集样品采用适当保存方法分开保存如水样中化学需氧量加酸保存，石油类单独用棕色玻璃瓶装满密封保存，所有样品均做好样品唯一性标注。

5）实验室内部质量控制

① 分析仪器性能校准：按照所使用的分析方法进行仪器性能校准。

② 校准曲线或标准检查点通用质控要求：在样品分析的同时，测定两份校准曲线

中的高低浓度点及空白溶液，与原校准曲线的相同浓度点校核，相对偏差均必须＜5%，原曲线可以使用，否则必须重新制作校准曲线。

③ 分析项目应做实验室空白，其检测结果应小于该项目分析方法检出限。

④ 在每一批样品中随机抽取5%比例的实验室平行样品进行分析测定。

⑤ 实验室样品检测时应采用有证标准物质进行准确度测定，每20个样品为一批做1～2个有证标准物质，测定结果必须在有证标准物质定值范围内。

6）质量控制依据

①《固定源废气监测技术规范》（HJ/T 397—2007）；

②《大气污染物无组织排放监测技术导则》（HJ/T 55—2000）；

③《固定污染源监测质量保证与质量控制技术规范（试行）》（HJ/T 373—2007）；

④《水质采样　样品的保存和管理技术规定》（HJ 493—2009）；

⑤《水质　采样技术指导》（HJ 494—2009）；

⑥《水质　采样方案设计技术规定》（HJ 495—2009）；

⑦《地表水和污水监测技术规范》（HJ/T 91—2002）；

⑧《环境监测质量管理技术导则》（HJ 630—2011）；

⑨《泄漏和敞开液面排放的挥发性有机物检测技术导则》（HJ 733—2014）等。

7）颗粒物质量控制

① 在采样前、采样后称重时，必须进行天平校准。

② 采样前、采样后平衡及称量时，应保证环境温度和环境湿度条件一致。应避免静电对称量造成的影响。保证同一称量部件在采样前后称量为同一天平，并避免称量前后人员不同引起的误差。采样前后，放置、安装、取出、标记、转移采样部件时应戴无粉末、抗静电的一次性手套。

③ 现场采样的质量保证措施应符合H/T 397中现场采样质量保证措施的要求。

④ 采样过程中，采样断面最大流速和最小流速比不应大于3。

⑤ 现场应及时清理采样管，减少样品沾污。

⑥ 任何低于全程序空白增重的样品均无效。全程序空白增重除以对应测量系列的平均体积不应超过排放限值的10%。

⑦ 在现场条件允许的前提下，尽可能选取入口直径大的采样嘴。

⑧ 样品采集时应保证每个样品的增重不小于1mg，或采样体积不小于1m³。

⑨ 颗粒物浓度低于方法检出限时，对应的全程序空白增重应不高于0.5mg，失重应不多于0.5mg。

⑩ 测定同步双样时，同步双样的相对偏差应不大于允许的最大相对偏差。

8）非甲烷总烃质量控制

① 采样前采样容器应使用除烃空气清洗，然后进行检查。每20个或每批次（＜20个）应至少取1个注入除烃空气，室温下放置不少于实际样品保存时间后，按样品测定步骤分析，总烃测定结果应低于本标准方法检出限。重复使用的气袋均必须在采样前进

行空白实验，总烃测定结果应低于本标准方法检出限。

②　采样系统连接后，对采样系统进行气密性检查。

③　校准曲线的相关系数应≥0.995。

④　运输空白样品总烃测定结果应低于本标准方法检出限。

⑤　每批样品应至少分析10%的实验室内平行样，其测定结果的相对偏差应不大于15%。

⑥　每批次样品分析前后，应测定校准曲线范围内有证标准气，结果的相对误差应不大于10%。

⑦　应定期对流量计、皮托管、温度传感器等进行校准。

⑧　采样容器在采样现场应存放在密闭的样品保存箱中，以避免污染。

⑨　分析高沸点组分样品后，可通过提高柱温等方式去除分析系统残留的影响，并通过分析除烃空气予以确认。

9）二氧化硫、氮氧化物质量控制

①　监测前，测定零气和二氧化硫标准气体，计算示值误差、系统偏差。若示值误差和/或系统偏差不符合要求，应查找原因，进行仪器维护或修复，直至满足要求。

②　监测后，再次测定零气和二氧化硫标准气体，计算示值误差、系统偏差。若示值误差和系统偏差符合要求，判定样品测定结果有效；否则，判定样品测定结果无效。

③　样品测定结果应处于仪器校准量程的20%～100%之间，否则应重新选择校准量程。

④　若测定仪未开展一氧化碳干扰试验或一氧化碳干扰试验未通过，废气中一氧化碳浓度超过50μmol/mol时测得的二氧化硫浓度分析数据，应作为无效数据予以剔除。若测定仪已通过一氧化碳干扰试验，废气中一氧化碳浓度超过干扰试验确定的一氧化碳浓度最高值时测得的二氧化硫浓度分析数据，以及超过干扰试验确定的二氧化硫浓度最高值的二氧化硫浓度分析数据，均应作为无效数据予以剔除。对一次测量值，应获得不少于5个有效二氧化硫浓度分析数据。

⑤　每个月至少进行一次零点漂移、量程漂移检查，且应符合要求。否则，应及时维护或修复仪器。

⑥　定电位电解法传感器的使用寿命一般不超过2年，到期后应及时更换。校准传感器时，若发现其动态范围变小，测量上限达不到满量程值，或复检仪器校准量程时示值误差超过要求，则表明传感器已失效，应及时更换。

⑦　测定仪应在其规定的环境温度、环境湿度等条件下工作。

⑧　进入定电位电解法传感器的废气温度应不高于40℃。

⑨　应及时排空除湿装置的冷凝水，防止影响测定结果。

⑩　应及时清洁采样滤尘装置，防止阻塞气路。测定仪应具有抗负压能力，保证采样流量不低于其规定的流量范围。

（2）收集数据的质量控制

1）收集数据有效性保证

数据来源均为行业代码内企业，收集和采用的报告资料数据均来自行政主管部门、国家及地方权威统计部门、具备CMA或CNAS等资质的第三方检测机构，相关数据准确性得到了行业专家或协会认可，具有较强的科学性和可用性。鉴于机械制造行业产排污按照工段进行划分，部分工段企业监测或统计数据较少，对于此类无法从以上来源直接获取的资料数据，可通过召开专家评审会、电话咨询、现场调研等方式，广泛征求行业专家和环保专家意见，对数据有效性进行评审，通过后用于本行业研究使用。

2）数据分析统计过程质量保证

所取得的有效数据，在进一步分析统计时尽量与原数据来源的场景、基准、依据等保持一致，如污染物产生量的基准与产品产量单位对应并保持不变；当需要对产量单位进行变更时，如从"吨"变更为"台"时，通过对大量统计数据、技术报告等分析，研究建立产品单位的转化关系，再进行变更，能够保证分析统计过程的质量。

3）现场调查数据质量保证措施

现场调查的资料及数据均来自企业正常生产工况下，使用有效的计量器具进行测量和评估。

4）历史数据与现场调查监测数据对应性保证

现场调查数据分别采用专家甄别、统计数据对比等方式进行校验，对现场调查数据质量进行控制。所取得的有效历史数据在使用过程中，发现与现场调查监测数据有冲突时，以现场调查监测数据为准；而在现场调查监测中无法取得的同批、同类数据，则通过与之校正后方可使用。

（3）参考其他研究成果及经验数据的质量控制

参考其他研究成果包括全国污染源普查成果、类比其他工段产污系数、美国《大气污染物排放系数汇编》（即AP-42手册）等；

经验数据都是由行业协会及行业龙头专家结合监测及历史数据，反复确认论证，以取得可信度较高的产排污数据。

5.4.1.5 数据处理原则和方法

在实测及收集数据中，根据产污系数核算表达式及计算思路，可按照以下几点原则剔除部分可疑或不可靠的数据。

（1）产污浓度误差较大的数据

通过多年从业经验及收集国内外研究成果，首先建立起机械行业主要污染源经验数据体系，对主要污染源产生排放情况有一定了解，对收集和实测数据进行了甄别，误差较大的数据首先剔除。

（2）无进口数据

部分工段工序无治理措施进口采样口，无法得到进口数据，采用污染治理措施平均去除效率反推误差较大，故剔除该部分数据。

（3）无法计算产污系数（产量/原辅材料未列出）

在收集的数据中，用于核算产污系数的基本参数未直接表明。如热处理行业企业仅给出生产产品的台套数，而未给出产品产量（吨），按照热处理行业产污系数表达式无法计算，故剔除该部分数据。

（4）其他

对于工业炉窑、焊接工段产污系数等国内外已有系统全面的研究成果，在行业内已得到多年应用，权威性较强，因此直接使用。

5.4.2　主要影响因素组合识别与确定

《面向装备制造业　产品全生命周期工艺知识　第1部分：通用制造工艺分类》（GB/T 22124.1—2008）将通用制造工艺生产过程按照成形工艺分为去除成形、受迫成形、堆积成形和其他成形4个类别15个大类计若干个种类，根据该标准并结合所包含行业生产工艺和产排污特点，将行业包含的47个种类各生产组成划分为铸造、锻造、粉末冶金、下料、冲压、预处理（包括机械预处理、化学预处理等）、机械加工、树脂纤维加工（非金属材料成形等）、焊接、粘接、转化膜处理、热处理、装配、涂装、检测试验（试验与检验）、表面处理（电镀）等生产工艺。对于行业对应的47个种类中的任意一种，均是由其中部分生产工艺组合而成（不包含电镀工序）。锻造工艺产污系数调查组合表见表5-11。

表5-11　锻造工艺产污系数调查组合表（示例）

工段	工艺	原料及燃料	产品	生产规模	四同个数	污染物指标
锻造	天然气工业炉窑	结构材料：钢材、铝合金等；燃料：天然气	锻件	所有规模	1	废气 工业废气量
						颗粒物
						氮氧化物
						二氧化硫

5.4.3 产污系数制定方法

5.4.3.1 产污系数分析制定流程

具体流程如图5-4所示。

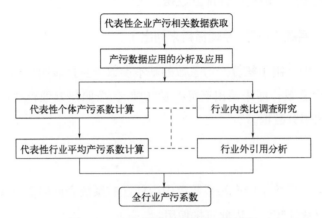

图5-4 产污系数分析制定一般流程

5.4.3.2 个体产污系数的计算及示例

（1）个体样本废水污染物产污系数计算方法

1）采用废水污染物浓度和废水量计算产污系数

$$R_a = \sum_{i=1}^{n} w_i \times \left(\frac{G_i}{M_i} \right) \qquad (5-1)$$

式中 R_a——废水污染指标的个体产污系数；

$\quad G_i$——某一批次废水样本污染指标的 产生量；

$\quad M_i$——某一批次废水样本采集时间内产品产量（或原辅材料用量）；

$\quad w_i$——不同批次样本量产污系数的权重。

示例1：热处理工段液体渗氮/氮碳共渗工艺产生的氰化物计算（表5-12）。

表5-12 热处理工段液体渗氮/氮碳共渗工艺氰化物指标情况表（示例）

工序名称	污染物指标	污染物浓度 /(mg/L)	废水产生量 /(t/a)	污染物产生量 /(g/a)	系数相关产品产量 /(t/a)
液体渗氮/氮碳共渗	氰化物	4.8	36	172.8	热处理件300

热处理工段液体渗氮/氮碳共渗工艺氰化物个体产污系数=权重×污染物浓度×废水产生量÷相关产品产量=（1×4.8mg/L×36t/a）÷300t/a=0.576g/t。

示例 2：冲压磨具清洗、涂装喷漆、湿式机加工和清洗等工序废水产污系数核算，以冲压磨具清洗工序的产污系数计算为例（表 5-13）。

表 5-13　冲压磨具清洗工序产污指标情况表（示例）

工序名称	污染物指标	数据来源	污染物浓度/（mg/L）	废水产生量/（t/a）	污染物产生量/（t/a）	系数相关产品产量/（t/a）
冲压工段模具清洗	化学需氧量	企业 1	45000	575	25.88	冲压件 37815.4
		企业 2	45000	900	40.50	冲压件 24990
		企业 3	45000	250	11.25	冲压件 31260.88
	石油类	企业 1	13000	575	7.48	冲压件 37815.4
		企业 2	13000	900	11.70	冲压件 24990
		企业 3	13000	250	3.25	冲压件 31260.88

企业 1 的冲压工序化学需氧量产污系数 = 权重 × 污染物浓度 × 废水产生量 ÷ 相关产品产量 = 1 × 45000mg/L × 575t/a ÷ 37815.4t/a = 0.6842kg/t

企业 2 的冲压工序化学需氧量产污系数 = 权重 × 污染物浓度 × 废水产生量 ÷ 相关产品产量 = 1 × 45000mg/L × 900t/a ÷ 24990t/a = 1.621kg/t

企业 3 的冲压工序化学需氧量产污系数 = 权重 × 污染物浓度 × 废水产生量 ÷ 相关产品产量 = 1 × 45000mg/L × 250t/a ÷ 31260.88t/a = 0.3599kg/t

企业 1 的冲压工序石油类产污系数 = 权重 × 污染物浓度 × 废水产生量 ÷ 相关产品产量 = 1 × 13000mg/L × 575t/a ÷ 37815.4t/a = 0.1977kg/t

企业 2 的冲压工序石油类产污系数 = 权重 × 污染物浓度 × 废水产生量 ÷ 相关产品产量 = 1 × 13000mg/L × 900t/a ÷ 24990t/a = 0.4682kg/t

企业 3 的冲压工序石油类产污系数 = 权重 × 污染物浓度 × 废水产生量 ÷ 相关产品产量 = 1 × 13000mg/L × 250t/a ÷ 31260.88t/a = 0.1040kg/t

2）根据单位原料污染物产生量计算产污系数

转化膜处理工段的表调、磷化和硅烷化工序、脱脂工序和电泳底漆工序需要通过添加原辅材料（如表调剂、磷化剂和硅烷化剂、脱脂剂、电泳底漆）制成液态槽液来处理工件，后续通过清洗槽清洗处理，污染物通过清洗工件或清洗装置槽外排。因此，上述工序废水污染物均产生于装置槽。对于上述工序，如果它们的污染物指标（COD、石油类、总磷、总氮）的浓度为 P，所用槽液是按照 1kg 原辅材料、M 的水配制而成，则这些工段对污染物指标（COD、石油类、总磷、总氮）的产污系数为：

$$R_a = \frac{M+1}{\rho} \times P \tag{5-2}$$

式中　R_a——产污系数，kg/t（溶剂）；

M——用来稀释 1kg 脱脂剂的水量，kg；

P——实测污染物指标（COD、石油类、总磷等），mg/L；

ρ——调研得到的槽液的密度，kg/m^3。

示例1：转化膜处理工段产污系数计算（表5-14）。

表5-14 磷化工序所需原料及污染物浓度情况表（示例）

工序名称	污染物指标	化学需氧量浓度/（mg/L）	稀释1kg磷化剂所需的水/kg	磷化液浓度
转化膜处理磷化	化学需氧量	1000	100	与水接近

磷化的化学需氧量产污系数=（稀释1kg磷化剂所需的水+1）÷磷化液浓度×COD浓度=（100kg+1kg）÷（1.0×10^{3}kg/m^3）×1000mg/L=101kg/t（磷化剂）。

示例2：预处理脱脂工段产污系数计算（表5-15）。

表5-15 脱脂工序所需原料及污染物浓度情况表（示例）

工序名称	污染物指标	化学需氧量浓度/（mg/L）	稀释1kg脱脂剂所需的水/kg	脱脂液浓度
脱脂	化学需氧量	25000	50	与水接近

脱脂的化学需氧量产污系数=（稀释1kg脱脂剂所需的水+1）÷脱脂液浓度×COD浓度=（50kg+1kg）÷（1.0×10^{3}kg/m^3）×25000mg/L=1275kg/t（脱脂剂）。

示例3：电泳底漆工段产污系数计算（表5-16）。

表5-16 电泳底漆工序所需原料及污染物浓度情况表（示例）

工序名称	污染物指标	化学需氧量浓度/（mg/L）	稀释1kg电泳底漆所需的水/kg	电泳液浓度
电泳底漆	化学需氧量	50000	3.5	与水接近

电泳底漆的化学需氧量产污系数=（稀释1kg电泳底漆所需的水+1）÷电泳液浓度×COD浓度=（3.5kg+1kg）÷（1.0×10^{3}kg/m^3）×50000mg/L=225kg/t（电泳底漆）。

（2）个体样本废气污染物产污系数计算方法

1）采用废气污染物浓度和废气量计算产污系数

核算方法表达式如下：

$$R_a=\sum_{i=1}^{n} w_i \times \frac{G_i}{M_i} \tag{5-3}$$

式中 R_a——废气污染指标的个体产污系数；

G_i——某一批次废气样本污染指标的产生量；

M_i——某一批次废气样本采集时间内产品重量（或原辅材料用量/燃料用量）；

w_i——不同批次样本量产污系数的权重。

示例1：铸造工段产污系数计算。

以企业进行铸造工段中的树脂砂造型/浇注为例（表5-17），企业生产产品为铸铁件，产品重量覆盖小、中、大件。

表5-17 铸造工段产污情况表（示例）

工序名称	污染物指标	企业名	污染物浓度/（mg/m³）	废气产生量/（m³/h）	污染物产生量/（t/d）	系数相关产品或原辅材料量
造型/浇注	颗粒物	企业1	38.9	36250	21.15	日工作时间15h，日产量35t
			45.4	37201	25.33	
			48.0	36272	26.12	
		企业2	22.6	49213	13.35	日工作时间12h，日产量10t
			21.7	49526	12.90	
			23.0	50466	13.93	
		企业3	127	12000	12.19	日工作时间8h，日产量19t
			101	12100	9.78	
			130	12100	12.58	

企业1树脂砂造型/浇注工序颗粒物产污系数＝权重×污染物浓度×废气产生量÷原辅材料量＝（1/3×38.9mg/m³×36250m³/h+1/3×45.4mg/m³×37201m³/h+1/3×48.0mg/m³×36272m³/h）×15/35=0.69kg/t（产品）。

企业2树脂砂造型/浇注工序颗粒物产污系数＝权重×污染物浓度×废气产生量÷原辅材料量＝（1/3×22.6mg/m³×49213m³/h+1/3×21.7mg/m³×49526m³/h+1/3×23.0mg/m³×50466m³/h）×12/10=1.34kg/t产品。

企业3树脂砂造型/浇注工序颗粒物产污系数＝权重×污染物浓度×废气产生量÷原辅材料量＝（1/3×127mg/m³×12000m³/h+1/3×101mg/m³×12100m³/h+1/3×130mg/m³×12100m³/h）×8/19=0.61kg/t（产品）。

示例2：机械加工工段挥发性有机物个体产污系数计算（表5-18）。

表5-18 不同企业机械加工工段产挥发性有机物基本情况（示例）

工序名称	数据来源	浓度/（mg/m³）	废气产生量/（m³/h）	污染物产生量/（t/a）	系数相关产品或原辅材料量/（t/a）
机械加工工段挥发性有机物	企业1	50	180000	47.25	切削液201
	企业2	50	233000	60.93	切削液351.36
	企业3	75	144823	74.78	切削液480
	企业4	142	88176	86.21	切削液472.57
	企业5	117	100000	66.08	切削液130

注：污染物产生量=污染物浓度×废气产生量×年时基数。

企业1的机械加工工段挥发性有机物产污系数=权重×污染物产生量÷原辅材料使用量=1×（50mg/m³×180000m³/h×5250h）÷201t=235.1kg/t（切削液）。

企业2的机械加工工段挥发性有机物产污系数=权重×污染物产生量÷原辅材料使用量=1×（50mg/m³×233000m³/h×5230h）÷351.36t=173.4kg/t（切削液）。

企业3的机械加工工段挥发性有机物产污系数=权重×污染物产生量÷原辅材料使用量=1×（75mg/m³×144823m³/h×6885h）÷480t=155.8kg/t（切削液）。

企业4的机械加工工段挥发性有机物产污系数=权重×污染物产生量÷原辅材料使用量=1×（142mg/m³×88176m³/h×6885h）÷472.57t=182.4kg/t（切削液）。

企业5的机械加工工段挥发性有机物产污系数=权重×污染物产生量÷原辅材料使用量=1×（117mg/m³×100000m³/h×5648h）÷130t=508.3kg/t（切削液）。

示例3：下料工段颗粒物个体产污系数计算。

氧气切割、锯齿切割、砂轮切割机切割、等离子切割工段废气产污系数核算，以等离子切割工段的产污系数计算为例（表5-19）：

表5-19 不同企业下料工段产颗粒物基本情况（示例）

工序名称	污染物指标	企业名	污染物浓度/（mg/m³）	废气产生量/（m³/a）	污染物产生量/（kg/a）	系数相关产品或原辅材料量/（t/a）
等离子切割	颗粒物	企业1	170.6	4004000	683.08	钢材用量600
		企业2	410.0	6492000	2661.72	钢材用量2500

企业1的等离子切割工段颗粒物产污系数=权重×污染物浓度×废气产生量/原辅材料量=1×170.6mg/m³×4004000m³/a÷600t/a=1.14kg/t（原料）。

企业2的等离子切割工段颗粒物产污系数=权重×污染物浓度×废气产生量/原辅材料量=1×410.0mg/m³×6492000m³/a÷2500t/a=1.06kg/t（原料）。

示例4：干式预处理工段个体产污系数计算（表5-20）。

表5-20 不同干式预处理工段产颗粒物基本情况（示例）

工序名称	污染物指标	企业名	污染物浓度/（mg/m³）	废气产生量/（10⁴m³/a）	污染物产生量/（kg/a）	系数相关产品或原辅材料量/（t/a）
喷砂/抛丸	颗粒物	企业1	106	23799.6	25227.58	13200
		企业2	2600	6224.96	161848.96	85000
		企业3	108	90	97.2	43
		企业4	783	1101.36	8623.65	8000
		企业5	500	457.47	2287.35	600
		企业6	967	1991	19252.97	8813

企业1的喷砂/抛丸工序颗粒物产污系数=权重×污染物浓度×废气产生量/原辅材料量=1×106mg/m³×23799.6×10⁴m³/a÷13200t/a=1.91kg/t(原料)。

企业2的喷砂/抛丸工序颗粒物产污系数=权重×污染物浓度×废气产生量/原辅材料量=1×2600mg/m³×6224.96×10⁴m³/a÷85000t/a=1.90kg/t(原料)。

企业3的喷砂/抛丸工序颗粒物产污系数=权重×污染物浓度×废气产生量/原辅材料量=1×108mg/m³×90×10⁴m³/a÷43t/a=2.26kg/t(原料)。

企业4的喷砂/抛丸工序颗粒物产污系数=权重×污染物浓度×废气产生量/原辅材料量=1×783mg/m³×1101.36×10⁴m³/a÷8000t/a=1.08kg/t(原料)。

企业5的喷砂/抛丸工序颗粒物产污系数=权重×污染物浓度×废气产生量/原辅材料量=1×500mg/m³×457.47×10⁴m³/a÷600t/a=3.81kg/t(原料)。

企业6的喷砂/抛丸工序颗粒物产污系数=权重×污染物浓度×废气产生量/原辅材料量=1×967mg/m³×1991×10⁴m³/a÷8813t/a=2.18kg/t(原料)。

2)采用物料衡算法计算产污系数

示例1:涂装工段电泳及烘干产污系数计算(表5-21)。

表5-21 电泳底漆及烘干工段原辅材料及产污情况表(示例)

工序名称	电泳底漆中挥发性有机物含量	电泳底漆产挥发性有机物系数/(kg/t)	不同工序排放比例/%
电泳底漆	5%	50	15
电泳底漆后烘干			85

调查涂装用电泳底漆挥发性有机物平均含量5%,则每吨电泳底漆含50kgVOCs,即VOCs总产生量50kg/t电泳底漆。

经调查,电泳底漆中VOCs约15%在电泳工序排放,85%在烘干工段排放。

则电泳工段挥发性有机物产污系数:50kg/t×15%=7.5kg/t,电泳烘干工段挥发性有机物产污系数:50kg/t×85%=42.5kg/t。

示例2:涂装工段喷漆、烘干产污系数计算(表5-22)。

表5-22 喷漆及喷漆后烘干工段原辅材料及产污情况表(示例)

工序名称	油漆中挥发性有机物含量	油漆产挥发性有机物系数/(kg/t)	不同工序排放比例/%
喷漆	40%	400	85
喷漆后烘干			15

调查喷涂用油漆(含稀释剂)挥发性有机物含量平均40%,则每吨油漆含400kgVOCs,即VOCs总产生量400kg/t漆。

经调查,油漆中VOCs约85%在喷漆工序排放,15%在烘干工段排放。

则喷漆工段挥发性有机物产污系数：400kg/t × 85%=340kg/t。喷漆后烘干工段挥发性有机物产污系数：400kg/t × 15%=60kg/t。

（3）涂装工段浸漆、烘干产污系数计算（表5-23）

表5-23　浸漆及浸漆后烘干工段原辅材料及产污情况表（示例）

工序名称	浸漆中挥发性有机物含量	浸漆产挥发性有机物系数/（kg/t）	不同工序排放比例/%
浸漆	50%	500	15
浸漆后烘干			85

调查喷涂用油漆（含稀释剂）挥发性有机物含量平均50%，则每吨油漆含500kgVOCs，即VOCs总产生量500kg/t漆。

经调查，油漆中VOCs约15%在喷漆工段排放，85%在烘干工段排放。

则喷漆工段挥发性有机物产污系数：500kg/t × 15%=75kg/t。喷漆后烘干工段挥发性有机物产污系数：500kg/t × 85%=425kg/t。

5.4.3.3　行业平均产污系数的计算及示例

在获取行业平均产污系数时，可采用算术平均、加权平均、中位数、几何平均等数理统计方法，对不同方法之间的差异性进行比较分析，从中选取最优统计方法，示例如表5-24和表5-25。

表5-24　铸造环节熔炼（感应电炉/电阻炉及其他）工艺产颗粒物产污系数制定一览表（示例1）

内容	企业名称	每小时铸件产量/t	产污系数/（kg/t）	平均产污系数/(kg/t)			
				算术平均法	几何平均法	中位数法	加权平均法
计算	企业1	1	0.23	0.5965	0.5307	0.61	由于样本量不足，无法确定权重，故弃用该方法
计算	企业2	3.125	0.67				
计算	企业3	1.25	0.936				
计算	企业4	1.79	0.55				

表5-25　铸造环节熔炼（感应电炉/电阻炉及其他）工艺产颗粒物产污系数验证一览表（示例2）

内容	企业名称	每小时铸件产量/t	每小时产污量/kg	计算产污量/kg			
				算术平均法	几何平均法	中位数法	加权平均法
验证	企业5	3.50	0.950	2.088	1.857	2.135	—
验证	企业6	6.75	6.189	4.026	3.582	4.118	—
合计		10.25	7.139	6.114	5.439	6.253	—
相差百分率/%				14.36	23.81	12.41	

（1）算术平均法

算术平均法适用性范围广，这里使用算术平均法得到的产污系数为 0.5965kg/t，计算得到的产污量 6.114kg，与实测产污量 7.139kg 相差 14.36%，＜20%。

（2）几何平均法

几何平均法仅适用于具有等比或近似等比关系的数据，采用几何平均法得到的产污系数是 0.5307kg/t，计算得到的产污量 5.439kg，与实测产污量 7.139kg 相差 23.81%，＞20%，排除该方法。

（3）中位数法

中位数法适用于离散性较小的数列，采用几何平均法得到的产污系数是 0.61kg/t，计算得到产污量 6.253kg，与实测产污量 7.139kg 相差 12.41%（＜20%）。

（4）加权平均法

由于样本量不足，无法确定权重，故弃用该方法。

综上排除加权平均法和几何平均法。中位数法和算术平均法得到的产污系数均符合要求，但由于中位数法适用于离散性较小且样本量相对较多的数列，而机械行业属于离散型行业且收集得到的数据较少，因此中位数法不适用于机械行业产污系数的计算，故选择算术平均法计算行业平均产污系数。

5.4.4　处理效率和实际运行率的确定

5.4.4.1　处理效率确定方法

（1）废气治理措施治理效率的确定

机械行业废气污染物主要有颗粒物、二氧化硫、氮氧化物、挥发性有机物等，普遍采取技术成熟的治理措施，现有研究成果已有系统研究总结。且大多数企业废气治理设施进口无采样孔，或受工艺限制无法设置采样孔，很难取得进、出口同时监测数据。因此，总结国家各行业污染防治可行技术指南、《国家先进污染防治技术目录（VOCs 防治领域）》《2018 年国家先进污染防治技术目录（大气污染防治领域）》及其他研究成果内容，结合专家论证及部分数据，可以综合得出污染治理设施运行效率。分析如下：

1）含颗粒物废气污染治理技术

① 过滤除尘技术。采用袋式过滤和滤筒过滤，除尘效率为 90%～99.9%。

② 静电除尘技术。除尘效率为 95%～99%。

③ 湿式除尘技术。除尘效率为 80%～98%。

④ 旋风除尘、重力沉降及惯性除尘技术，除尘效率较低，通常用于预除尘。

2）二氧化硫废气污染治理技术

经调研，近年来机械行业燃煤使用越来越少，二氧化硫产生源主要是加热炉等工业炉窑燃天然气废气，均为直排。仅铸造企业熔炼工序使用焦炭产生二氧化硫，一般采用双碱法脱硫。二氧化硫去除率可达80%，甚至90%以上。

3）氮氧化物废气治理技术

① 氨选择性催化还原技术。废气采用高温材料过滤除去颗粒物后，调节温度至250～350℃进入催化剂床层，使氮氧化物与喷入的尿素发生氧化还原反应，将氮氧化物还原为氮气。氮氧化物去除率可达到65%，甚至80%。

② 碱液吸收法。以碱性溶液为吸收剂的氮氧化物污染控制技术，因一氧化氮溶解度低，且不与碱反应，主要适用于二氧化氮含量高的氮氧化物废气。氮氧化物去除率可达50%以上。

4）挥发性有机物（VOCs）废气污染治理技术

① 热力焚烧技术。适用烘干废气及其他高浓度VOCs废气净化。在750℃、停留时间0.5～1s条件下，净化效率不低于95%。主要有蓄热式热力焚烧炉（RTO）、热回收式热力炉（TNV）等。

② 浓缩+热力焚烧净化技术。低浓度VOCs废气，采用漆雾捕集装置去除漆雾，再经吸附净化后由排气筒排放；配备热力焚烧设施对吸附床再生产生的高浓度废气进行焚烧处理后排放。VOCs吸附去除率不低于85.5%。

③ 吸附法。传统吸附法主要采用活性炭作为吸附材料，对VOCs净化效率达50%～80%。

④ 光氧催化法。利用高能高臭氧UV紫外线光束照射，裂解挥发性有机物，受停留时间和设备功率影响较大，净化效率达10%～50%。

⑤ 油雾净化器。对于湿式机械加工油雾，因目前尚无排放标准和监测方法，暂归入挥发性有机物。采用机械过滤技术或静电净化技术，净化切削液油雾等。机械过滤技术采用金属编织滤芯、纤维滤芯或过滤毡过滤，依靠重力、吸附、溶合和分散效应，去除油雾和颗粒物。静电净化技术原理同静电除尘器。油雾或油烟去除率均＞90%。

5）其他废气治理技术

热浸锌助镀工艺产生氨气，采取吸收法，去除率90%以上。机械行业废气治理措施治理效率如表5-26。

表5-26 机械行业废气治理措施治理效率一览表（示例）

类型	工艺名称	治理效率/%	行业平均治理效率/%	确定依据
除尘工艺	过滤除尘	90～99.9	95	机械行业工件产尘量普遍不大，颗粒物浓度不高，治理效率较低
	静电除尘	95～99	95	
	湿式除尘	80～98	85	

续表

类型	工艺名称	治理效率/%	行业平均治理效率/%	确定依据
脱硫工艺	双碱法	80～90	80	技术成熟，净化效果较好
脱硝工艺	氨选择性催化还原技术	65～80	80	SCR法为目前最主流的脱硝路线，具有较好的净化效果
	碱液吸收法	≥50	50	净化效果一般
挥发性有机物处理工艺	热力焚烧	≥95	95	焚烧法普遍设施先进，具有较好的净化效果
	浓缩+热力焚烧净化	≥85.5	85.5	
	吸附法	50～80	60	吸附材料及时更换净化效率较高，若吸附饱和则影响净化效率
	光氧催化法	10～50	30	效率受停留时间和设备功率影响较大，现阶段该类设施净化效率普遍偏低
	油雾净化器	≥90	90	净化效果较好
氨气处理工艺	吸收法	≥90	90	—

6）部分实测处理效率数据

在某次调查研究中，进行了部分铸造、焊接工段、树脂纤维加工、涂装工段企业废气处理设施处理效率实测，结果如表5-27所列。

表5-27　某次实测各废气环保设施治理效率一览表（示例）

序号	监测单位编号	环节	环保设施	污染物	进口平均浓度/(mg/m³)	排口平均浓度/(mg/m³)	治理效率/%
1	企业1	焊接	滤筒除尘器	颗粒物	21.8	2.97	86.38
2	企业2	烘干	热力燃烧炉（TNV）	非甲烷总烃	9.24	5.37	41.88
3	企业3	注塑	UV光解设施	非甲烷总烃	4.52	4.35	3.76
4	企业4	浇注	水浴	颗粒物	91.3	7.45	91.8
		浇注	光氧	非甲烷总烃	5.35	3.58	33.1
5	企业5	熔炼	布袋除尘器	颗粒物	82.4	5.9	92.8
		浇注	布袋除尘器	颗粒物	61.1	4.59	92.5
		清理	布袋除尘器	颗粒物	59.3	5	91.6
6	企业6	熔炼	布袋除尘器	颗粒物	31.9	14.6	54.2
		砂处理	布袋除尘器	颗粒物	169.5	17.4	89.7
7	企业7	熔炼	布袋除尘器	颗粒物	31.7	10.1	68.1
8	企业8	砂处理	布袋除尘器	颗粒物	373	23	93.8
9	企业9	浇注	光氧	非甲烷总烃	7.1	6.07	14.5
		砂处理	布袋除尘器	颗粒物	414	11	97.3

序号	监测单位编号	环节	环保设施	污染物	进口平均浓度/(mg/m³)	排口平均浓度/(mg/m³)	治理效率/%
10	企业10	浇注（树脂砂）	布袋除尘器	颗粒物	22.4	6.26	72.1
		浇注（树脂砂）	光氧	非甲烷总烃	5.15	4.79	7.0
		浇注（水平线）	布袋除尘器	颗粒物	15.3	5.78	62.2
		浇注（水平线）	光氧	非甲烷总烃	12.4	9.1	26.6
11	企业11	浇注	布袋除尘器	颗粒物	15	5.25	65
		浇注	光氧	非甲烷总烃	7.4	4.9	33.8
		制芯	布袋除尘器	颗粒物	37.8	7.4	80.42
		制芯	光氧	非甲烷总烃	6.04	3.69	38.91
12	企业12	浇注	布袋除尘器	颗粒物	44.1	16.4	62.8
		浇注	光氧	非甲烷总烃	43.2	9.7	77.5
13	企业13	制芯	中和喷淋塔	颗粒物	50.2	12	76.1

由表5-27可知，本次部分实测环保设施治理效率接近表5-28确定行业平均治理效率。但受实测样本量偏少影响，部分环保设施实测治理效率偏低。因此，本次采用现有研究成果确定废气治理措施治理效率。

表5-28 机械行业废水治理工艺治理效率一览表

工艺名称	对应普查表附录工艺代码	对应普查表附录工艺名称	治理效率	行业平均治理效率	确定依据
混凝+沉淀组合技术	3100	化学混凝法	COD 30%～50% 石油类 40%～60% 总磷 75%～95%	COD 40% 石油类 50% 总磷 85%	取平均治理效率
混凝+隔油+气浮	3100+1500	化学混凝法+上浮分离	COD 30%～70% 石油类 60%～80% 总磷 75%～95%	COD 50% 石油类 70% 总磷 85%	
超滤技术	1700	其他（超滤技术）	COD 50%～90% 石油类 70%～90% 总磷 85%～95%	COD 90% 石油类 90% 总磷 90%	常用于废切削液等高浓度废水预处理，净化效率较高
氧化还原法	3000	物理化学处理法	氰化物 90%～99%	95%	取平均治理效率
好氧生物处理技术	4150 4160 4230	SBR类 MBR类 生物接触氧化法	COD 60%～80% 氨氮 50%～90%	COD 70% 氨氮 70%	取平均治理效率

工艺名称	对应普查表附录工艺代码	对应普查表附录工艺名称	治理效率	行业平均治理效率	确定依据
厌氧+好氧组合技术	5100 +4150 5100 +4160 5100 +4230	厌氧水解类+SBR类 厌氧水解类+MBR类 厌氧水解类+生物接触氧化法	COD 70%～90% 氨氮 60%～90%	COD 80% 氨氮 75%	取平均治理效率

（2）废水治理措施治理效率的确定

机械行业废水以含油、含高分子树脂、含磷废水为主，主要污染物有COD、石油类、总磷等，普遍采取技术成熟的治理措施，现有研究成果已有系统研究总结。且废水多采用分质预处理+混合物化和生化处理工艺，多种工艺并用，多种不同特性废水在不同处理阶段混合，实测很难取得单个工艺运行效率，各企业历史监测数据也极少进行废水设施运行效率监测。因此，本课题组直接总结国家各行业污染防治可行技术指南、各年度《国家先进污染防治示范技术名录》和《国家鼓励发展的环境保护技术目录》及其他研究成果内容，结合专家论证及部分数据，综合给出各废水治理技术运行效率。分析如下：

① 混凝+沉淀组合技术。COD去除率为30%～50%，石油类去除率为40%～60%，总磷去除率为75%～95%。

② 混凝+隔油+气浮组合技术。COD去除率为30%～70%，石油类去除率为60%～80%，总磷去除率为75%～95%。

③ 超滤技术。COD去除率为50%～90%，石油类去除率为70%～90%，总磷去除率为85%～95%。

④ 氧化还原法。电解氧化法、碱性氯化法。氰化物去除率为90%～99%。

⑤ 好氧生物处理技术。COD去除率为60%～80%，氨氮去除率为50%～90%。

⑥ 厌氧+好氧组合技术。COD去除率为60%～90%，氨氮去除率为50%～90%。

5.4.4.2　污染处理设施实际运行效率确定方法

机械行业污染防治设施实际运行率k值计算公式如下：

$$除尘设施：k=\frac{除尘设备耗电量}{除尘设备额定功率×除尘设备运行时间}$$

$$工艺废气处理设施：k=\frac{工艺废气净化装置耗电量}{工艺废气净化装置额定功率×工艺废气净化装置运行时间}$$

$$污水处理设施：k = \frac{污水治理设施运行时间}{正常生产时间}$$

经调查，机械行业污染治理设施实际运行率及平均运行率见表5-29和表5-30。

表5-29　机械行业废气污染治理设施实际运行率及平均运行率一览表

类型	工艺名称	实际运行率k	行业平均实际运行率k
除尘工艺	过滤除尘	0.9～1	0.95
	静电除尘	0.85～0.95	0.9
	湿式除尘	0.85～0.95	0.9
脱硫工艺	双碱法	0.9～1	0.95
脱硝工艺	氨选择性催化还原技术	0.85～0.95	0.9
	碱液吸收法	0.85～0.95	0.9
挥发性有机物处理工艺	热力焚烧	0.9～1	0.95
	浓缩+热力焚烧净化	0.9～1	0.95
	吸附法	0.7～0.9	0.8
	光氧催化法	0.7～0.9	0.8
	油雾净化器	0.9～1	0.95
氨气处理工艺	吸收法	0.9～1	0.95

表5-30　机械行业废水治理设施实际运行率一览表

工艺名称	实际运行率k	行业平均实际运行率k
混凝+沉淀组合技术	0.9～1	0.95
混凝+隔油+气浮	0.9～1	0.95
超滤技术	0.9～1	0.95
氧化还原法	0.9～1	0.95
好氧生物处理技术	0.9～1	0.95
厌氧+好氧组合技术	0.9～1	0.95

5.4.5　基于产污系数的产排污量核算方法

5.4.5.1　水污染物排放量的核算

定义$E_入$为企业内部污水集中处理设施进口中某污染物的量，其等于各个工段该污染物的排放量之和，即各个工段污染物的产生量经处理（或未经处理）后的量之和。

$$E_入 = \sum_{i=1}^{n} R_i M_i (1 - \eta_i k_i) \tag{5-4}$$

该企业某污染物的排放量由下式计算：

$$E_{排} = E_{入}(1 - \eta_{T}k_{T}) \tag{5-5}$$

式中　R_i——工段 i 某种污染物的产污系数；

　　　M_i——工段 i 某种污染物产污系数 R_i 对应的原料或辅料消耗量；

　　　$E_{排}$——某企业某污染物的平均排放量；

　　　η_i——工段 i 末端治理设施的平均治理（去除）效率，若该工段无末端治理设施则 $\eta_i=0$；

　　　k_i——工段 i 末端治理设施的实际运行率，若该工段无末端治理设施则 $k_i=0$；

　　　η_T——企业集中污水治理设施的平均治理（去除）效率；

　　　k_T——企业集中污水治理设施的实际运行率。

5.4.5.2　大气污染物排放量的核算

定义 E_x 为企业内某一烟囱或大气排放点某污染物的排放量，则 $E_{总}$ 表示某一工序或某几个工序的污染物经处理后的排放量，即某一工序或某几个工序污染物的产生量经处理（或未经处理）后的量之和。位于大气排口 a 的污染物排放量 E_a 由下式计算：

$$E_a = [R_1M_1(1-\eta_1k_1) + R_2M_2(1-\eta_2k_2) + \cdots + R_iM_i(1-\eta_ik_i)] \times (1-\eta_ak_a) \tag{5-6}$$

则该企业某污染物的总排放量由下式计算：

$$E_{总} = E_a + E_b + \cdots + E_x \tag{5-7}$$

式中　R_i——工段 i 某种污染物的产污系数；

　　　M_i——工段 i 某种污染物产污系数 R_i 对应的原料或辅料消耗量；

　　　η_i——工段 i 末端治理设施的平均治理（去除）效率，若该工段无末端治理设施则 $\eta_i=0$；

　　　k_i——工段 i 末端治理设施的实际运行率，若该工段无末端治理设施则 $k_i=0$；

　　　η_a——企业大气排口 a 的平均治理（去除）效率，若该排口无末端治理设施，则 $\eta_a = 0$；

　　　k_a——企业大气排口 a 的实际运行率，若该排口无末端治理设施，则 $k_a = 0$。

5.4.5.3　固体废物产生量的核算

定义 E_s 为企业固体废物产生量。

该企业固体废物的产生量由下式计算：

$$E_s = RP \tag{5-8}$$

式中　R——固体废物产污系数；

　　　P——R 对应的产品量。

5.4.5.4 危险废物产生量的核算

定义E_d为企业危险废物产生量。

该企业固体废物的产生量由下式计算：

$$E_d = RP \tag{5-9}$$

式中 R——危险废物产污系数；

P——R对应的产品量。

5.4.5.5 核算案例

某商用车企业，位于某市生产基地，具备重卡3万辆/年、车桥15万根/年、柴油发动机5万台/年生产能力。其主要原辅料用量见表5-31。其生产工艺流程及产污分析见图5-5。

表5-31 重卡和车桥原辅料及能源用量表（示例）

类别	序号	原料名称	消耗量/(t/a)	备注
重卡生产	1	钢板	35814	冲压工段
	2	各类焊丝	24	焊接工段
	3	焊缝密封胶、PVC胶	273	涂装工段
	4	脱脂剂	185	预处理工段
	5	磷化剂	214	转化膜工段
	6	表调剂	25	转化膜工段
	7	电泳底漆	307.5	涂装工段
	8	车身中涂漆	120	涂装工段
	9	面漆	150	涂装工段
	10	各种稀释剂	40.5	涂装工段
	11	天然气	$206.6 \times 10^4 m^3/a$	涂装工段
保险杠生产	1	聚丙烯树脂	862	树脂纤维加工
	2	丙酮清洗溶剂	5	涂装工段
	3	中涂漆	38	涂装工段
	4	面漆	78	涂装工段
	5	稀释剂	29	涂装工段
	6	天然气	$20.2 \times 10^4 m^3/a$	涂装工段
车桥生产	1	钢板	46686	下料工段
	2	各类焊丝	84	焊接工段
	3	面漆	174	涂装工段
	4	各种稀释剂	26.1	涂装工段
	5	热处理淬火油	12	热处理工段
	6	天然气	$22.8 \times 10^4 m^3/a$	热处理工段、涂装工段

类别	序号	原料名称	消耗量/（t/a）	备注
柴油发动机生产	1	铸件产品产量	26624	铸造工段
	1.1	主要原料：生铁、废钢	31000	
	1.2	原砂、再生砂	3200	
	1.3	树脂	320	
	2	锻件	6656	外购
	3	面漆	42	涂装工段
	4	稀释剂	8	涂装工段
	5	切削液	120	机械加工工段
	6	清洗液	80	机械加工工段
	7	天然气	$12 \times 10^4 m^3/a$	热处理工段、涂装工段

本核算示例以废气中颗粒物、挥发性有机物以及废水中化学需氧量为例，说明该企业颗粒物、挥发性有机物、COD 排放量的计算方法。

（1）颗粒物

1）颗粒物产生量计算

① 查找产污系数及其计量单位

铸造工段：产品为铸件。主要工艺为：黏土砂造型＋热芯盒＋中频炉熔炼。组合中的产污系数单位为 kg/t（产品）。

下料工段：产品为板材。主要工艺为等离子切割。产污系数单位为 kg/t（板材）。

预处理工段：产品为干式预处理工件。主要工艺为抛丸。产污系数单位为 kg/t（预处理工件）。

焊接工段：产品为焊接件。主要工艺为二氧化碳保护焊。产污系数单位为 kg/t（焊材）。

热处理、涂装工段：燃天然气废气中含颗粒物。产污系数单位为 kg/m^3（天然气）。

检测试验工段：主要工艺为柴油发动机热试。产污系数单位为 kg/台（柴油发动机）。

热处理（淬火）：主要工艺是淬火。产污系数单位为 kg/t（淬火油）。

② 获取企业产品产量与原辅料用量

该企业 2017 年产品产量与原辅料用量统计如下：

铸造工段：铸件产量 26624t/a。

下料工段：下料钢板量 46686t/a。

预处理工段：抛丸清理铸件量 26624t/a，车桥钢板抛丸量约 20000t/a。

焊接工段：重卡焊丝耗量 24t/a，车桥焊丝耗量 84t/a。

热处理、涂装工段：天然气耗量合计 $261.6 \times 10^4 m^3/a$。

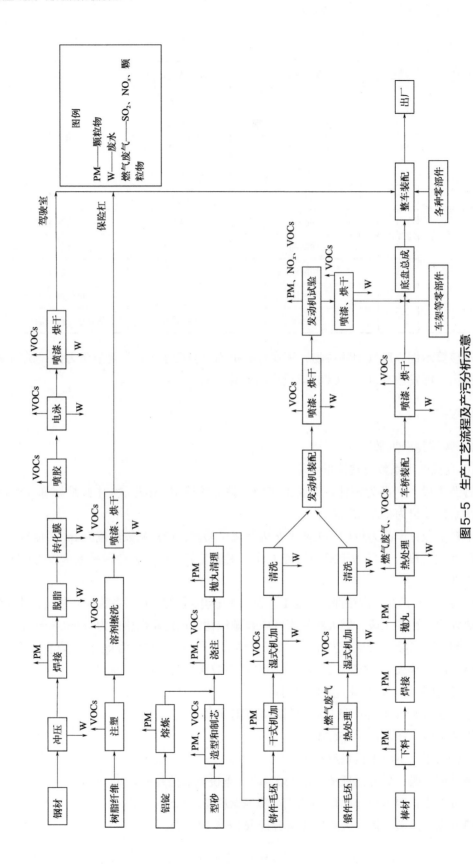

图5-5 生产工艺流程及产污分析示意

检测试验工段：柴油发动机热试量50000 台 /a。

热处理（淬火）：热处理淬火油用量12t/a。

③ 计算颗粒物产生量

分工段核算产生量如下。

Ⅰ. 铸造工段：颗粒物产生量＝黏土砂造型/浇注工艺颗粒物产污系数 × 铸件产量＋热芯盒工艺颗粒物产污系数 × 铸件产量＋中频炉熔炼工艺颗粒物产污系数 × 铸件产量＝1.5 × 26624t/a+0.04 × 26624t/a+0.45 × 26624t/a=52.98t/a。

Ⅱ. 下料工段：颗粒物产生量＝等离子切割工艺颗粒物产污系数 × 下料钢板量=1.1kg/t板材 × 46686t/a=51.35t/a。

Ⅲ. 预处理工段：颗粒物产生量＝抛丸工艺颗粒物产污系数 × 抛丸工件量=2.190kg/t产品 × 46624t/a=102.11t/a。

Ⅳ. 焊接工段：颗粒物产生量＝焊接工艺颗粒物产污系数 × 焊丝耗量=9.19kg/t产品× 108t/a=0.992t/a。

Ⅴ. 热处理、涂装工段：颗粒物产生量＝燃天然气颗粒物产污系数 × 天然气耗量=0.000286kg/m³ × 2616000m³/a=0.748t/a。

Ⅵ. 检测试验工段：颗粒物产生量＝柴油发动机热试产污系数 × 柴油发动机热试量=0.008333 × 50000 台 /a=0.417t/a。

Ⅶ. 热处理（淬火）工段：颗粒物产量＝热处理（淬火）产污系数 × 热处理淬火油用量=200kg/t淬火油 × 12t/a淬火油=0.24t/a

合计产生量：52.98t/a+51.35t/a+102.11t/a+0.992t/a+0.748t/a+0.417t/a+0.24t/a=208.837t/a

2）颗粒物去除量计算

① 查找治理技术平均去除效率。

铸造、下料、预处理、焊接工段颗粒物治理技术采用布袋除尘，查询布袋除尘的平均去除效率为90%。

热处理、涂装工段燃天然气颗粒物和柴油发动机热试颗粒物无治理措施，去除效率为0。

热处理（淬火）工段颗粒物治理技术采用油雾净化器，查询油雾净化器的平均去除效率为90%。

② 计算污染治理技术实际运行率。

根据产污系数组合查询结果，该组合中颗粒物布袋除尘法对应的污染治理设施实际运行参数分别为：除尘设备耗电量、除尘设备额定功率、除尘设备运行时间。

根据查询结果，该组合中颗粒物布袋除尘法和油雾净化器对应的污染治理设施实际运行率计算公式为：

k=除尘设备耗电量/(除尘设备额定功率 × 除尘设备运行时间)，行业平均k值0.95。

③ 计算颗粒物去除量：

颗粒物去除量＝（52.98+51.35+102.11+0.992+0.748+0.417+0.24）t/a × 90% × 0.95=178.556t/a

3）颗粒物排放量计算

颗粒物排放量=208.837t/a−178.556t/a=30.28t/a

上述信息填入普查报表G106-1中，其中污染物产生量及计量单位、污染物排放量及计量单位为计算填报；产品产量、原料用量、污染治理设施实际运行参数一数值、参数二数值、参数三数值按企业实际情况填报；其他信息依据查询结果填报。

（2）挥发性有机物

1）挥发性有机物产生量计算

① 查找产污系数及其计量单位

铸造工段：产品为铸件。主要工艺为：黏土砂造型＋热芯盒＋中频炉熔炼。组合中的产污系数单位为kg/t产品。

机械加工工段：产品为湿式加工工件。主要工艺为加工中心加工。产污系数单位为kg/t切削液。

树脂纤维加工工段：产品为注塑件。主要工艺为注塑。产污系数单位为kg/t树脂材料。

热处理工段：产品为热处理件。主要工艺为淬火。产污系数单位为kg/t淬火油。

涂装工段：密封胶、底胶工序包括喷胶、喷胶后烘干工艺，产污系数单位为kg/t胶；溶剂擦拭工序，产污系数单位为kg/t溶剂；电泳底漆工序包括电泳底漆、电泳底漆烘干工艺，产污系数单位为kg/t电泳底漆；喷漆工序包括喷漆、烘干工艺，产污系数单位为kg/t漆。

检测试验工段：主要工艺为柴油发动机热试。产污系数单位为kg/台柴油发动机。

② 获取企业产品产量与原辅料用量

该企业2017年产品产量与原辅料用量统计如下。

铸造工段：铸件产量26624t/a。

机械加工工段：切削液耗量120t/a。

树脂纤维加工工段：树脂材料耗量862t/a。

涂装工段：密封胶、底胶耗量273t/a；清洗溶剂耗量5t/a；电泳底漆耗量307.5t/a；重卡、保险杠、车桥、发动机油漆（含稀释剂）耗量合计705.6t/a。

检测试验工段：柴油发动机热试量50000台/a。

热处理（淬火）：热处理淬火油用量12t/a。

③ 计算挥发性有机物产生量

分工段核算产生量。

铸造工段：挥发性有机物产生量=热芯盒工艺挥发性有机物产污系数 × 铸件产量+造型/浇注（黏土砂）工艺挥发性有机物产污系数 × 铸件产量=26624t/a × 0.05kg/t+26624t/a × 0.3kg/t=9.32t/a。

机械加工工段：挥发性有机物产生量=湿式机加工工艺挥发性有机物产污系数 × 切削液耗量=251.0kg/t × 120t/a=30.12t/a。

树脂纤维加工工段：挥发性有机物产生量=注塑工艺挥发性有机物产污系数 × 树脂材料耗量=0.1177kg/t × 862t/a=0.1015t/a。

热处理工段：挥发性有机物产生量=淬火工艺挥发性有机物产污系数 × 淬火油用量=0.0096kg/t × 12t/a=0.1152kg/a。

涂装工段：

密封胶、底胶工序挥发性有机物产生量=喷胶、喷胶后烘干工艺挥发性有机物产污系数 × 胶耗量=60kg/t × 273t/a=16.38t/a；

溶剂擦拭工序挥发性有机物产生量=溶剂擦拭工艺挥发性有机物产污系数 × 溶剂耗量=1000kg/t × 5t/a=5t/a；

电泳底漆工序挥发性有机物产生量=电泳底漆工艺挥发性有机物产污系数 × 电泳底漆耗量=7.5kg/t × 307.5t/a=2.31t/a；

电泳底漆烘干工序挥发性有机物产生量=电泳底漆烘干工艺挥发性有机物产污系数 × 电泳底漆耗量=42.5kg/t × 307.5t/a=13.07t/a；

喷漆工序挥发性有机物产生量=喷漆工艺挥发性有机物产污系数 × 漆耗量=340kg/t × 705.6t/a=239.90t/a；

喷漆后烘干工序挥发性有机物产生量=喷漆后烘干工艺挥发性有机物产污系数 × 漆耗量=60kg/t × 705.6t/a=42.34t/a。

检测试验工段：挥发性有机物产生量=柴油发动机热试产污系数 × 柴油发动机热试量=0.125kg/ 台 × 50000 台 /a=6.25t/a。

合计产生量：9.32t/a+30.12t/a +0.1015t/a+0.1152kg/a+16.38t/a+5t/a +2.31t/a +13.07t/a+239.90t/a+42.34t/a+6.25t/a=364.79t/a。

2）挥发性有机物去除量计算

① 查找治理技术平均去除效率。铸造、树脂纤维加工、热处理和涂装工段溶剂擦拭、电泳底漆、喷漆工序挥发性有机物治理技术采用吸附法，查询活性炭吸附的平均去除效率为60%。

机械加工挥发性有机物治理技术采用油雾净化法，查询油雾净化器的平均去除效率为90%。

涂装工段喷胶、电泳底漆烘干、喷漆后烘干、检测试验工段挥发性有机物治理技术采用热力焚烧法，查询热力焚烧法的平均去除效率为95%。

柴油发动机热试挥发性有机物无治理措施，去除效率为0。

② 计算污染治理技术实际运行率。根据产污系数组合查询结果，该组合中挥发性有机物对应的污染治理设施实际运行参数分别为：工艺废气净化装置耗电量、工艺废气净化装置额定功率、工艺废气净化装置运行时间。

根据查询结果，该组合中挥发性有机物对应的污染治理设施实际运行率计算公式为：

$$k = \frac{\text{工艺废气净化装置耗电量}}{\text{工艺废气净化装置额定功率} \times \text{工艺废气净化装置运行时间}}$$

活性炭吸附、油雾净化器、热力焚烧法行业平均k值分别为0.8、0.9、0.95。

③ 计算挥发性有机物去除量

挥发性有机物去除量=（9.32+0.1015+5+2.31+239.90+0.0001152）t/a×60%×0.8+30.12 t/a×90%×0.9+（16.38+13.07+42.34+6.25）t/a×95%×0.95=218.01t/a。

3）挥发性有机物排放量计算

挥发性有机物排放量=364.79t/a－218.01t/a=146.78t/a。

（3）化学需氧量

1）化学需氧量产生量计算

① 查找产污系数及其计量单位

a.冲压工段：产品为冲压件。主要工艺为模具清洗。产污系数单位为kg/t冲压件。

b.预处理工段：脱脂工序产品为湿式预处理件。主要工艺为脱脂。产污系数单位为kg/t脱脂剂。

c.机械加工工段：机加工工序加工中心湿式加工产污系数单位为kg/t切削液；清洗工序清洗剂清洗产污系数单位为kg/t清洗液。

d.树脂纤维加工工段：注塑工序产污系数单位为kg/t树脂材料。

e.转化膜工段：表调工序产污系数单位为kg/t表调剂；磷化工序产污系数单位为kg/t磷化剂。

f.装配工段：淋雨试验产污系数单位为kg/辆整车。

g.涂装工段：电泳底漆工序产污系数单位为kg/t电泳底漆；喷漆工序产污系数单位为kg/t漆。

h.检测试验工段：发动机热试废水产污系数单位为kg/台柴油发动机。

② 获取企业产品产量与原辅料用量

该企业2017年产品产量与原辅料用量统计如下。

a.冲压工段：冲压件产量25069.8t/a。

b.预处理工段：脱脂剂耗量185t/a。

c.机械加工工段：切削液耗量120t/a；清洗液耗量80t/a。

d.树脂纤维加工工段：树脂材料耗量862t/a。

e.转化膜工段：表调剂耗量25t/a；磷化剂耗量214t/a。

f.装配工段：整车产量30000辆/a。

g.涂装工段：电泳底漆耗量307.5t/a；重卡、保险杠、车桥、发动机油漆（含稀释剂）耗量合计705.6t/a。

h.检测试验工段：柴油发动机热试量50000台/a。

③ 计算化学需氧量产生量

分工段核算产生量如下。

a.冲压工段：COD产生量=模具清洗废水COD产污系数×冲压件产量=0.8883kg/t×

25069.8t/a=22.27t/a。

b. 预处理工段：COD产生量=脱脂废水COD产污系数 × 脱脂剂耗量=1275kg/t × 185t/a=235.88t/a。

c. 机械加工工段：湿式加工工序COD产生量=湿式加工废水COD产污系数 × 切削液耗量=702.0kg/t × 120t/a=84.24t/a；清洗工序COD产生量=清洗废水COD产污系数 × 清洗液耗量=97.48kg/t × 80t/a=7.80t/a。

d. 树脂纤维加工工段：注塑废水COD产生量=注塑废水COD产污系数 × 树脂材料耗量=0.1177kg/t × 862t/a=0.10t/a。

e. 转化膜工段：表调工序COD产生量=表调工序COD产污系数 × 表调剂耗量=30.3kg/t × 25t/a=0.76t/a；磷化工序COD产生量=磷化工序COD产污系数 × 磷化剂耗量=101kg/t × 214t/a=21.61t/a。

f. 装配工段：淋雨试验废水COD产生量=淋雨试验废水COD产污系数 × 整车产量=0.002042kg/辆 × 30000辆/a=0.06t/a。

g. 涂装工段：电泳废水COD产生量=电泳工序废水COD产污系数 × 电泳底漆耗量=225kg/t × 307.5t/a=69.19t/a；喷漆废水COD产生量=喷漆废水COD产污系数 × 油漆耗量=78.93kg/t × 705.6t/a=55.69t/a。

h. 检测试验工段：检测试验废水COD产生量=检测试验废水COD产污系数 × 发动机热试数量=0.01967kg/台 × 50000台/a=0.98t/a。

合计产生量：22.27t/a+235.88t/a+84.24t/a+7.80t/a+0.10t/a+0.76t/a+21.61t/a+0.06t/a+69.19t/a+55.69/a+0.98t/a=498.58t/a。

2）化学需氧量去除量计算

① 查找治理技术平均去除效率。冲压工段、预处理工段、树脂纤维加工工段、转化膜工段、装配工段、涂装工段、检测试验工段废水采用混凝+沉淀组合技术，COD平均去除效率均为40%。

机械加工工段废水采用超滤技术，COD平均去除效率均为90%。

各种废水预处理后，采用厌氧+好氧组合技术净化，查询平均去除效率80%。

② 计算污染治理技术实际运行率。根据产污系数组合查询结果，该组合中COD对应的污染治理设施实际运行参数分别为：污水治理设施运行时间、正常生产时间。

根据查询结果，该组合中COD对应的污染治理设施实际运行率计算公式为：

$$k = \frac{污水治理设施运行时间}{正常生产时间}$$

污水处理设施行业平均 k 值为0.95。

③ 计算化学需氧量去除量

机加工废水超滤化学需氧量去除量=（84.24t/a+7.80t/a）× 90% × 0.95=78.69t/a。

其他各种废水混凝+沉淀化学需氧量去除量=（22.27t/a+235.88t/a+0.10t/a+0.76t/a+

21.61t/a+0.06t/a+69.19t/a+55.69t/a+0.98t/a）×40%×0.95=154.49t/a

混合废水厌氧+好氧组合技术净化化学需氧量去除量=（498.58t/a−78.69t/a−154.49t/a）×80%×0.95=201.70t/a

化学需氧量合计去除量=78.69t/a+154.49t/a+201.70t/a=434.88t/a。

3）化学需氧量排放量计算

化学需氧量排放量=498.58t/a － 434.88t/a=63.7t/a。

5.4.5.6　核算关键问题说明

① 对于非通用表述方法工艺及新开发新工艺，应根据工艺特点合理归类至本次产排污系数手册中工艺通用表述方法。

② 不同企业之间，受产品或工艺要求影响，相同工段和工艺，生产方式和污染物产生情况也可能存在不同，例如：

a.本行业给出冲压工段模具清洗废水产污系数，因整车制造企业冲压工段一般需对模具进行清洗，防止模具表面的灰尘、油污等损伤板件质量，该类企业填写工业企业废水治理与排放情况和工业企业污染物产排污系数核算信息时，可按本行业给出产污系数进行废水污染物计算；但对工艺质量要求不高的普通机加工企业，可采取抹布擦拭的替代手段清洁模具，则不产生废水，该企业不需进行废水污染物计算。

b.本行业给出涂装工段喷漆废水产污系数，对于采用湿式（文氏、水旋、水帘喷漆室）除漆雾的企业适用，该类企业可按本行业给出产污系数进行废水污染物计算；但采用干式（玻璃纤维棉、石灰石粉、纸盒过滤）除漆雾，则不产生废水，该类企业不需进行废水污染物计算。

即对于实际生产不产生给出系数的污染物的工段、工艺，则不需进行该污染物产生量计算。

5.4.6　基于类比的产排污量核算方法

5.4.6.1　核算方法

本行业16个生产工段采用了调研数据收集、类比其他研究成果或经验数据、物料衡算等方法制定了产污系数，均可采用产污系数法计算产排污量。

对于431金属制品修理业、432通用设备修理业、433专用设备修理业以及机械各行业存在维修车间的企业而言，主要涉及废水废气产污的工序为清洗和焊接。维修作为产品的补充及售后，存在与自身产品生产工艺、原料和污染物高度类似且无独立、不同于生产工艺这一特点，因此其清洗和焊接可按类比法得到相应的产排污系数。

维修行业主要工艺流程见表5-32。

表5-32　维修行业主要工艺流程

代码	产品	主要工艺流程
431	金属制品修理	
	金属集装箱专业修理	
	金属压力及大型容器专业修理	
	其他金属制品专业修理	
432	通用设备修理	
	锅炉及辅助设备专业修理	
	内燃机专业修理	
	水轮机及辅机专业修理	
	机床专业修理	
	起重机专业修理	
	工业操作车辆专业修理	
	输送机械专业修理	
	泵及液体提升机专业修理	拆除、清洗、焊接、安装、检测试验
	气体压缩机专业修理	
	非家用制冷、空调设备专业修理	
	其他通用设备专业修理	
433	专业设备修理	
	采矿专用设备专业修理	
	石油开采专用设备专业修理	
	建筑工程专用设备专业修理	
	冶金专用设备专业修理	
	石油化工专用设备专业修理	
	纺织专用设备专业修理	
	农业机械专用设备专业修理	
	医疗仪器设备及器械专业修理	
	其他专用设备专业修理	

表5-32维修行业清洗环节会产生一定量COD和石油类污染物,焊接环节会产生一定量颗粒物。结合本行业中冲压工段的含油模具清洗和焊接工段的产排污系数可进行维修行业产排污量核算。

（1）根据清洗维修件重量和其产污系数可得清洗环节产污量

COD产污量（kg/a）=年清洗维修件重量（t/a）×清洗COD产污系数（kg/t维修件）；

石油类产污量（kg/a）=年清洗维修件重量（t/a）×清洗石油类产污系数（kg/t维修件）；

定义E_λ为修理行业企业内部污水集中处理设施进口中某污染物的量，其等于各个工段该污染物的排放量之和，即各个工段污染物的产生量经处理（或未经处理）后的量之和。

$$E_\lambda = \sum_{i=1}^{n} R_i M_i (1 - \eta_i k_i)$$

该修理企业某污染物的排放量由下式计算：

$$E_{排} = E_\lambda (1 - \eta_T k_T)$$

式中　R_i——工段i某种污染物的产污系数；

M_i——工段i某种污染物产污系数R_i对应的原料或辅料消耗量；

$E_{排}$——修理行业某企业某污染物的平均排放量；

η_i——工段i末端治理设施的平均治理（去除）效率，若该工段无末端治理设施，则η_i=0；

k_i——工段i末端治理设施的实际运行率，若该工段无末端治理设施则k_i=0；

η_T——企业集中污水治理设施的平均治理（去除）效率；

k_T——企业集中污水治理设施的实际运行率。

（2）根据焊材用量和其产污系数可得焊接环节产污量

颗粒物产污量（kg/a）=焊材年用量（t/a）×焊接颗粒物产污系数（kg/t焊材）

颗粒物排污量（kg/a）=颗粒物产污量×（1－除尘设施去除效率×k）

k=除尘设施耗电量/（除尘设备额定功率×除尘设备运行时间）

此外，热处理工段清洗工艺中化学需氧量类比液体渗氮/氮碳共渗工艺化学需氧量产污系数；石油类类比冲压工段含油模具清洗工艺石油类产污系数、热浸锌工段酸洗工艺类比化学预处理工段酸洗工艺产污系数。

5.4.6.2　核算案例

某集装箱实业有限公司从事集装箱、集装罐检测修理项目，该企业检修工序过程主要产生冲水试验废水（W1）、罐体清洗废水（W2）和试压试验废水（W3）三种废水。其中，冲洗试验废水W1为罐体外表面冲刷15min检测整体密封性能时产生的，产生的主要污染因子为悬浮物，非产污重点，试压废水W3为清洗完罐体后进行满罐水压压力泄漏检测时产生的，水质干净且为重复使用循环水，因此主要废水为罐体清洗废水 W2，主要污染因子为化学需氧量。对于检测有泄漏的集装箱（罐）体对其进行补焊焊接，产生焊接废气（G1），主要污染因子为颗粒物。

本核算示例以废水中化学需氧量和废气中颗粒物为例，说明该企业化学需氧量和颗粒物排放量的计算方法。

查找集装箱专业修理在《国民经济行业分类》（GB/T 4754—2017）中所属的行业类别及代码。查询结果：431 金属制品修理；因修理行业采用类比法，此处需进一步查找集装箱生产所属行业类别和代码。查询结果：3331 集装箱制造和 3332 金属压力容器制造。

在上述修理行业的对应生产行业《工业污染源产品、原料、工艺基本信息表》中查找到对应的产品、原料与工艺及其代码。

根据企业填报的产品、原料、工艺、规模等信息，查找到对应的产污系数组合，以该组合中废水中化学需氧量和废气中颗粒物为例说明计算过程。

（1）化学需氧量

① 化学需氧量产生量计算

a. 查找可类比产污系数及其计量单位。检修清洗工艺类比冲压工段中的含油模具清洗工艺：产品为检修件（对应冲压件），主要工艺为清洗。化学需氧量产污系数单位为 kg/t 清洗件。

b. 获取企业产品检修量与原辅料用量。该企业一年清洗 1350 只 20 英尺（1 英尺 = 30.48 厘米）标准集装箱（罐），每只重量约为 2.2t，可知清洗量为 2970t/a。

c. 计算化学需氧量产生量。

化学需氧量产生量 = 年清洗检修件重量（t/a）× 清洗化学需氧量产污系数（kg/t）= 2970t/a × 0.8883kg/t（类比冲压模具清洗产污系数）= 2638kg/a。

石油类产生量 = 年清洗检修件重量（t/a）× 清洗石油类产污系数（kg/t）= 2970t/a × 0.2566kg/t（类比冲压模具清洗产污系数）= 762kg/a。

② 化学需氧量去除量计算

a. 查找可类比治理技术平均去除效率。修理行业中的清洗可类比冲压工段模具清洗，其废水采用混凝 + 沉淀组合技术，化学需氧量平均去除率为 40%；预处理后采用厌氧 + 好氧组合技术净化，查询平均去除效率 80%。

b. 计算污染治理技术实际运行率。根据产污系数组合查询结果，该组合中化学需氧量对应的污染治理设施实际运行率计算公式为：

k = 污水治理设施运行时间 / 正常生产时间

污水处理设施行业平均 k 值为 0.95。

c. 计算化学需氧量去除量。

集装箱检修残液出售给有资质的处理公司，处理量 2000kg/a，故净化设备实际处理化学需氧量总量 = 2638kg/a − 2000kg/a = 638kg/a；

废水混凝+沉淀化学需氧量去除量=638kg/a×40%×0.95=242.4kg/a；

混合废水厌氧+好氧组合技术净化化学需氧量去除量=（638−242.4）kg/a×80%×0.95=300.7kg/a；

化学需氧量合计去除量=242.4kg/a+300.7kg/a=543.1kg/a。

③ 化学需氧量排放量计算

化学需氧量排放量=638kg/a−543.1kg/a=94.9kg/a。

（2）颗粒物

① 查找可类比产污系数及其计量单位

修理焊接工艺类比焊接工段：产品为焊接件。主要工艺为手工电弧焊和二氧化碳保护焊。产污因子为颗粒物，产污系数单位为kg/t焊材。

② 获取企业产品检修量与原辅料用量

该企业一年使用焊条0.2t，药芯焊丝5t。

③ 计算颗粒物产生量

颗粒物产生量=使用焊条量（t/a）×焊条产污系数（kg/t焊材）+使用药芯焊丝量（t/a）×药芯焊丝产污系数（kg/t焊材）=0.2t/a×20.17kg/t+5t/a×20.45kg/t=106.3kg/a。

④ 计算颗粒物去除量

经调查，该企业采用布袋除尘，其去除效率为95%，运行效率为0.95，故去除量=106.3kg/a×95%×0.95=95.9kg/a。

⑤ 计算颗粒物排放量

颗粒物排放量=106.3kg/a−95.9kg/a=10.4kg/a。

第**6**章

木材家具行业产排污规律与特征

6.1 主要环境问题分析

（1）木材加工和木、竹、藤、棕、草制造业

2010～2015年全国木材加工和木、竹、藤、棕、草制品业所排放的工业废气量逐年递增，2015年的工业废气排放量尤为突出，达到了5658亿立方米，同比增长76.9%；工业废气治理设施数逐年增加，2015年达到3724套，工业废气治理设施处理能力2013～2015年三年间波动不大，总体呈增加趋势，2013年相对较高，达到8419万立方米/时；2007～2015年间工业二氧化硫与氮氧化物排放量增长趋势平缓，在2014年有明显下降的趋势，工业烟尘的排放量呈现先增长后下降的趋势，在2011年达到排放峰值20.5万吨。

总体来说，废气排放量与处理设施及处理能力的8年间总体增长趋势差别不显著，但从2014～2015年两年数据来看，废气的排放量上升速度远远高于治理能力的上升速度，潜在表明其处理水平不足以应对排放的废气量，行业整体的污染形势仍然严峻。

2007～2015年间工业废水排放量呈现先下降再增长的趋势，2011年排放量最低，为3522万吨，2015年达到5446万吨；2011～2015年五年间，工业废水处理量在2012年达到最高，共处理了3452万吨废水，2013年有所下降，但在之后两年呈现增长的趋势；工业废水治理设施数平稳上升，其设施处理能力五年间平均达到22万吨；就污染物而言，2007～2015年间工业化学需氧量排放量较为波动，2011年后呈现下降的趋势，与之相反，氨氮排放量2011年后较为波动，2013～2015年间呈明显上升趋势。

（2）家具制造业

伴随中国家具行业的迅速发展，我国木器涂料2013年产量已达到约110万吨，其中水性木器涂料产量约5万吨。伴随着国家宏观调控政策的实施，配合节能减排、产业转型升级的步伐，结合家具产业集中度欠佳、自动化程度不高、环保压力日盛的现状，木器涂料成为促进家具行业转型升级、提升企业形象、做大做强企业规模、提高产品附加值的关键力量之一。

我国木质家具仍然存在使用溶剂型涂料：硝基漆原漆、PU漆原漆、PE漆原漆、醇酸漆、UV漆以及稀释剂、固化剂、其他（含擦色剂）、胶黏剂的企业，这些高VOCs的油漆在涂装过程中会释放出大量的有机溶剂。高VOCs木器家具涂料的优点是装饰作用较好，施工简便，干燥迅速，对涂装环境的要求不高，具有较好的硬度和亮度，不易出现漆膜弊病，修补容易。正是因为这些优点，高VOCs木器家具涂料目前仍被广泛应用

于木器家具、室内装修的涂饰中。但高VOCs木器家具涂料同时也存在着明显的缺点，例如固含量低、硬度不高、丰满度一般、耐溶剂差、高湿天气易发白等。高VOCs木器家具涂料的施工固含量在15%～20%之间，在涂装过程中会有大量的VOCs排放，对大气环境和人们的健康构成了严重的威胁。家具制造的涂装过程包括上底色、底涂、色漆及面漆等2～3个或全部过程。一般企业的面漆喷漆车间为了保证喷件的光洁度均采用无尘封闭喷漆室，而底漆、色漆工艺虽然也有独立的喷漆室，但由于对喷件表面的光洁度要求不严，一般多为敞开式喷漆房。喷漆有干喷和湿喷两种方式，湿喷在喷漆过程中通过安装水帘装置去除过喷漆雾，经水帘去除漆渣后的气体再经吸附等处理后通过排气筒排放。干喷则没有水帘去除漆雾的过程，管理相对较好的企业会通过在喷漆台安装过滤棉装置去除漆雾，而管理较差的企业则通过车间墙体上安装排风扇直接排放，对环境的影响非常恶劣。

6.2　木材家具行业产排污特征分析

6.2.1　产排污主要影响因素分析

（1）行业产污主要影响因素

在201木材加工行业中，主要涉及的工段一般为软化、下料、干燥、改性和染色。在软化工段中原料为原木或枝丫木，相应的产品为木片或单板，工艺为水浸工艺，产生的污染物主要为废水中的化学需氧量。在下料阶段中，原料为原木，相应的产品为锯材、木片或单板，工艺为锯切/切削/旋切工艺，产生的污染物主要为工业废气中颗粒物。在干燥阶段中，原料为原木或枝丫木，相应的产品为锯材、木片或单板，工艺为烘干工艺，产生的污染物主要为工业废气中的挥发性有机物。在改性阶段中，原料主要为改性试剂，产品为其他木材加工产品，涉及的工艺为化学处理工艺，产生的主要污染物为工业废气中的挥发性有机物以及废水中的化学需氧量。在染色工段主要原料为染色剂，相应的产品为其他木材加工产品，涉及的处理工艺为调色工艺，产生的主要污染物为废水中的化学需氧量。

在202人造板制造行业中，主要涉及的工段为基本单元加工工段、下料工段、原料干燥工段、施胶工段、产品干燥工段、铺装工段、热压/胶压/压贴工段、冷却/裁边/砂光工段。在基本单元加工工段中，主要原料为木片时，产品为纤维板，工艺为木片清洁及热磨工艺，产生的污染物主要为废水中的化学需氧量及废气中的挥发性有机物；主要原料为单板时，产品为其他人造板（重组装饰材），涉及的工艺为漂白工艺，产生的污染物为废水中的化学需氧量；当原料为木制碎料时，产品主要为刨花板，主要工艺为软化工艺，产生的污染物为废水中的化学需氧量。在下料工段中，主要原料为木制碎料，产品主要为刨花板，工艺为削片-刨片工艺，产生的污染物为工业废气中的颗粒物。在原料干燥阶段，主要原料为木制碎料、基材、板芯、单板，主要产品为刨花板、其他人造板（非木质人造板、细工木板、胶合木、重组装饰材、饰面人造板等），涉及的工艺为烘干工艺，主要产生工业废气中的挥发性有机物。在施胶工段和产品干燥工段中，主要原料为胶黏剂，生产的产品为胶合板、纤维板、刨花板等人造板，工艺为拌胶/涂胶/喷胶/浸胶，主要产生挥发性有机物。在铺装阶段，主要原料为纤维、刨花，主要生产纤维板和刨花板，产生的污染物为颗粒物。在热压/胶压/压贴阶段，主要原料为胶黏剂，生产胶合板，工艺为定型工艺，产生的污染物为挥发性有机物。在冷却/裁边/砂光阶段，主要原料为单板、木片等，生产的是胶合板、纤维板和刨花板，主要产生的污染物为颗粒物和挥发性有机物。

在203木质制品制造行业中，生产的主要为实木地板、木门窗、木楼梯等。与以上行业类似，主要涉及的工段为下料、原料干燥、机加工、施胶、胶压、砂光/打磨以及喷漆/涂漆/淋漆等。主要原料有木材、表板、实木、胶黏剂、涂料等。因涉及工艺有涂胶/淋胶/喷胶、烘干、表面处理等工艺，故产生的污染物主要为工业废气中的颗粒物及挥发性有机物，在涂料的涂饰阶段则可能会产生高化学需氧量的废水。

在204竹、藤、棕、草等制品制造行业中，主要生产的是竹制人造板，竹地板，竹、藤、棕、草制品等。涉及的主要工序为下料、预处理、原料干燥、施胶、胶压、染色、砂光/打磨、喷漆/涂漆/淋漆等。主要原料为竹、藤、棕、草，以及胶黏剂、染色剂等，因此主要产生的污染物为废气中的颗粒物和挥发性有机物。在预处理、施胶、染色等工序中可能会产生含有COD的废水。

在21家具制造业中，主要生产竹、藤制家具，实木家具，金属家具，塑料家具等产品。涉及的工序为下料、胶合、热压/胶压、涂漆/喷漆、产品干燥、磨光、成型等。因原料主要涉及胶黏剂、油漆，工艺主要涉及涂饰、涂胶、机加工等，故主要产生的污染物为颗粒物和挥发性有机物。在金属家具的生产过程中则可能会产生废水。

（2）行业排污主要影响因素

主要废水处理设施，包括一级、二级、三级处理设施。

1）一级处理

主要包括过滤、沉淀、混凝三种工艺设施。

① 过滤。废水经过格栅和滤筛，去除其中悬浮物的过程。COD_{Cr}去除效率为15%～30%，BOD_5去除效率为5%～10%，SS去除效率为40%～60%。

② 沉淀。利用重力作用，废水中密度比废水大的悬浮物通过自然沉降，进行分离的过程。COD_{Cr}去除效率为15%～30%，BOD_5去除效率为5%～20%，SS去除效率为40%～55%。

③ 混凝。通过投加混凝剂、助凝剂，废水中的悬浮物、胶体生成絮状体，从废水中分离的过程，采用混凝沉淀COD_{Cr}去除效率55%～75%，BOD_5去除效率25%～40%，SS去除效率80%～90%；采用混凝气浮沉淀COD_{Cr}去除效率30%～50%，BOD_5去除效

率 25% ～ 40%，SS 去除效率 70% ～ 85%。

2）二级处理

主要包括厌氧、升流式厌氧污泥床、好氧三种工艺设施。

① 厌氧技术。在无氧条件下通过厌氧微生物的作用，将废水中有机物分解为甲烷和二氧化碳的过程。采用水解酸化作用 COD_{Cr} 去除效率 10% ～ 30%，BOD_5 去除效率 10% ～ 20%，SS 去除效率 30% ～ 40%。

② 升流式厌氧污泥床（UASB）COD_{Cr} 去除效率 50% ～ 60%，BOD_5 去除效率 60% ～ 80%，SS 去除效率 50% ～ 70%；厌氧膨胀颗粒污泥床（EGSB）及内循环升流式厌氧反应器 COD_{Cr} 去除效率 50% ～ 60%，BOD_5 去除效率 60% ～ 80%，SS 去除效率 50% ～ 70%。

③ 好氧技术。在有氧条件下，活性污泥吸附、吸收、氧化、降解废水中的有机污染物，一部分转化为无机物并提供微生物生长所需能源，另一部分转化为污泥，污泥通过沉降分离，使废水得到净化。完全混合活性污泥法 COD_{Cr} 去除效率为 60% ～ 80%，BOD_5 去除效率 80% ～ 90%，SS 去除效率 70% ～ 80%；厌氧/好氧（A/O）工艺 COD_{Cr} 去除效率 75% ～ 85%，BOD_5 去除效率 70% ～ 90%，SS 去除效率 40% ～ 80%；序批式活性污泥法（SBR）COD_{Cr} 去除效率 75% ～ 85%，BOD_5 去除效率 70% ～ 90%，SS 去除效率 70% ～ 80%。

3）三级处理

主要包括絮凝沉淀或气浮、高级氧化技术。

① 絮凝沉淀是颗粒物在水中做絮凝沉淀的过程。在水中投加混凝剂后，其中悬浮物的胶体及分散颗粒在分子力的相互作用下生成絮状体且在沉降过程中它们互相碰撞凝聚，其尺寸和质量不断变大，沉降速度不断增加。

② 气浮是在水中产生大量细微气泡，细微气泡与废水中小悬浮粒子相黏附，形成整体密度小于水的"气泡颗粒"复合体，悬浮粒子随气泡一起浮升到水面，形成泡沫浮渣，从而使水中悬浮物得以分离。气浮法是一种替代沉淀的方法。

③ 高级氧化技术是通过加入氧化剂，对废水中的有机物进行氧化处理的方法，一般包括 pH 值调节、氧化、中和、分离等过程，目前多采用硫酸亚铁-双氧水催化氧化（Fenton 氧化），氧化剂的投加比例需根据废水水质适当调整，反应 pH 值一般为 3 ～ 4，氧化反应时间一般为 30 ～ 40min，COD_{Cr} 去除效率为 70% ～ 90%。

（3）主要废气处理设施

行业固定污染源 VOCs 废气治理技术可分为回收和销毁两种方式。回收是通过物理的方法，改变温度、压力或采用选择性吸附剂等方法来富集分离有机气相污染物，主要有吸附、吸收、冷凝法，处理效率为 50% ～ 80%。销毁主要是通过化学或生化反应，用热、光、催化剂和微生物等将有机化合物转变成为二氧化碳和水等无毒害或低毒害的无机小分子化合物，主要治理技术有直接焚烧、催化燃烧、催化氧化、催化净化等，处理效率为 50% ～ 95%。

6.2.2 产污工段识别及划分依据

根据生命周期分析，首先确定木材加工和木、竹、藤、棕、草制品行业以及家具制造业各产品的生产工艺流程，然后利用系统分析方法，识别污染物产生的关键节点，确定污染物指标，最后分析行业的主要污染治理技术与治理措施。

（1）木材加工行业

木材加工行业又细分为锯材加工、木片加工、单板加工和其他木材加工。

图6-1为锯材加工的生产工艺流程及产污关键节点识别图。从图中可以看出锯材生产过程中产生的主要污染物为锯切过程中产生的工业粉尘。

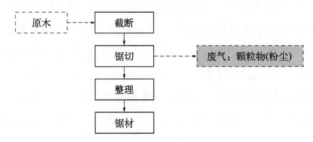

图6-1　锯材加工的生产工艺流程及产污关键节点识别图

图6-2为木片加工的生产工艺流程及产污关键节点识别图。可以看出木片生产过程中主要的废气来自原木截断和削片过程中产生的工业粉尘。木段水热处理工序、设备冲洗过程中等会有工业废水排出。

图6-3为单板加工的生产工艺流程及产污关键节点识别图。可以看出单板生产过程

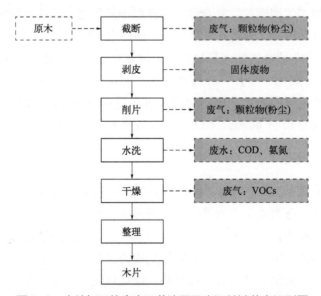

图6-2　木片加工的生产工艺流程及产污关键节点识别图

中主要的废气来自原木截断和旋切过程中产生的工业粉尘。木段水热处理工序、设备冲洗过程中等会有工业废水排出。

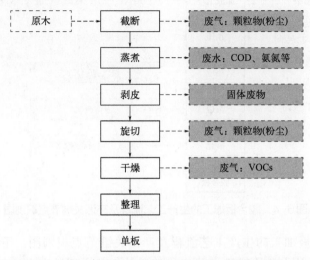

图6-3 单板加工的生产工艺流程及产污关键节点识别图

表6-1为其他木材加工工艺中的产排污关键节点及污染物指标，在木材干燥过程中会产生大量的VOCs，在干燥设备的冲洗过程中会产生大量的有机废水；木材防腐工艺中会用到大量的防腐剂，防腐剂中会含有砷、六价铬等对人类有害的物质；木材改性工艺产生的主要污染物会随工艺的不同而发生变化，如木材塑合工艺会产生苯乙烯、丙烯腈等环境污染物，木材浸渍工艺会产生甲醛等气体污染物；木材染色加工工艺过程中会产生大量的有机染料废水。

表6-1 其他木材加工工艺中的产排污关键节点及污染物指标

行业代码	行业名称	产排污关键节点	污染物指标
2019	其他木材加工	干燥	废气：VOCs
		防腐	废水：砷、六价铬等
		改性	废气：VOCs
		染色加工	废水：有机染料

（2）人造板制造

人造板制造又细分为胶合板制造、纤维板制造、刨花板制造和其他人造板制造。

图6-4为胶合板加工的生产工艺流程及产污关键节点识别图，可以看出胶合板生产时主要的废气来自单板干燥机，制（调）胶、涂胶、热压等过程中也会产生甲醛等有害气体；在截断、旋切等原料准备阶段和砂光工序会散发出工业粉尘；木段剥皮工序（主要为水力剥皮）、木段水热处理工序、单板干燥工序冲洗、制（调）胶及涂胶设备冲洗

等会有工业废水排出。

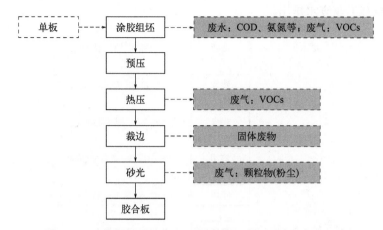

图6-4　胶合板加工的生产工艺流程及产污关键节点识别图

图6-5为纤维板加工的生产工艺流程及产污关键节点识别图。干法生产纤维板时，在纤维干燥工段排放大量的尾气，VOCs、颗粒物等是主要污染物；在热压、冷却过程，散发游离甲醛等气体；在木片削片、筛选、成型等工段，还会产生一定程度的粉尘污染。纤维板生产废水主要产生于水洗和热磨工序，不仅具有较高的COD_{Cr}、BOD_5及SS，同时具有一定量的氨氮和挥发酚。另外，还有制胶车间冲洗设备的废水。

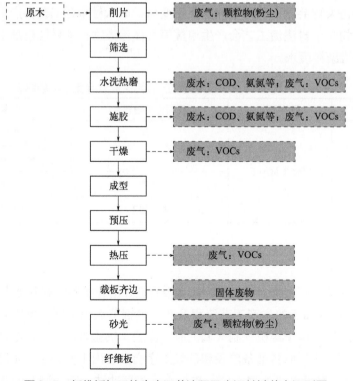

图6-5　纤维板加工的生产工艺流程及产污关键节点识别图

图6-6为刨花板加工的生产工艺流程及产污关键节点识别图。由于广泛使用脲醛树脂胶等醛类树脂胶，刨花板生产过程中，在施胶、板坯热压、毛板冷却和锯边等工序中，均会逸出游离甲醛；在刨花制备、干燥、板材砂光等工序会产生粉尘；在刨花干燥过程中产生大量的干燥尾气，亦含有一定量的VOCs、颗粒物等；其生产过程中产生的工业废水主要来自制胶脱水过程，含有部分甲醛。

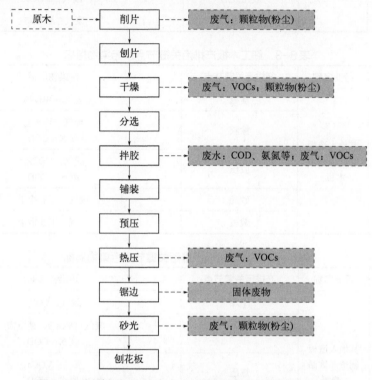

图6-6　刨花板加工的生产工艺流程及产污关键节点识别图

其他人造板制造包括重组装饰材、细工木板、饰面人造板等。重组装饰材生产工厂排放的废水中，主要含有漂白与染色工艺的残液，清洗设备的残胶水，以及各工序排出的砂土、尘埃、油脂、纤维屑等物质，且水温较高。在重组装饰材生产的原料准备阶段，如旋切、剪切和干燥工艺会产生工业粉尘，涂胶、胶压过程的污染源主要为胶黏剂中含有的甲醛、苯酚及其他有毒物质（表6-2）。细工木板和饰面人造板的产排污关键节点及污染物指标如表6-3、表6-4所列。

表6-2　重组装饰材产排污关键节点及污染物指标

行业代码	行业名称	产排污关键节点	污染物指标
2029	其他人造板制造（重组装饰材）	水热处理	废水：COD、氨氮
		干燥	废气：VOCs、颗粒物
		漂白	废水：COD、氨氮

行业代码	行业名称	产排污关键节点	污染物指标
2029	其他人造板制造（重组装饰材）	染色	废水：COD、氨氮
		涂胶	废水：COD； 废气：VOCs
		胶压成形	废气：VOCs
		裁边	废气：颗粒物

表6-3　细工木板产排污关键节点及污染物指标

行业代码	行业名称	产排污关键节点	污染物指标
2029	其他人造板制造（细工木板）	横截	废气：颗粒物
		涂胶	废气：VOCs； 废水：COD
		胶压	废气：VOCs； 废水：COD
		砂光	废气：工业粉尘
		裁板	废气：工业粉尘

表6-4　饰面人造板产排污关键节点污染物指标

行业代码	行业名称	产排污关键节点	污染物指标
2029	其他人造板制造（饰面人造板）	干燥	废气：VOCs
		涂胶	废气：VOCs、颗粒物； 废水：COD
		热压	废气：VOCs； 废水：COD
		修边	废气：颗粒物
		砂光	废气：颗粒物

（3）木制品制造

木门窗、木楼梯、木地板的生产工艺流程及产污关键节点如图6-7、图6-8所示，可以看出，在木门窗、木楼梯、木地板生产时主要的废气来自喷漆过程。

（4）竹藤棕草等制品制造

图6-9为竹胶合板加工的生产工艺流程及产污关键节点识别图。可以看出竹胶合板生产时主要的废气来自制（调）胶、涂胶、热压胶拼等过程中产生的甲醛等有害气体；在截断、粗刨等原料准备阶段和砂光工序会散发出工业粉尘。蒸煮漂白、涂胶以及热压胶拼阶段等会有工业废水排出。

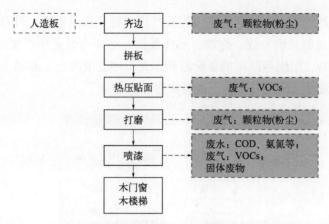

图6-7 木门窗、木楼梯加工的生产工艺流程及产污关键节点识别图

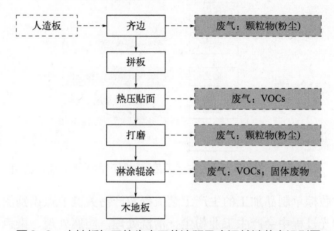

图6-8 木地板加工的生产工艺流程及产污关键节点识别图

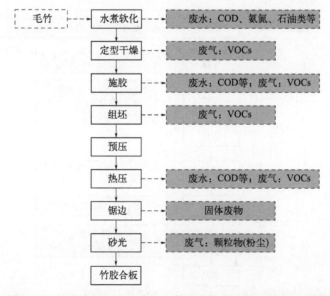

图6-9 竹胶合板加工的生产工艺流程及产污关键节点识别图

213

图6-10为竹地板加工的生产工艺流程及产污关键节点识别图。可以看出竹地板生产时主要的废气来自制（调）胶、涂胶、热压胶拼、涂漆等过程中产生的甲醛、VOCs等有害气体；在截断、粗刨等原料准备阶段和砂光工序会散发出工业粉尘。蒸煮漂白、涂胶、热压胶拼以及涂漆阶段等会有工业废水排出。

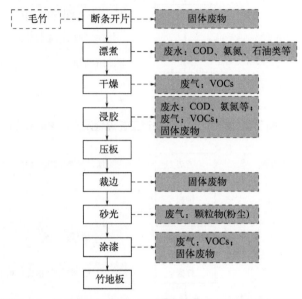

图6-10　竹地板加工的生产工艺流程及产污关键节点识别图

图6-11为竹藤棕草制品加工的生产工艺流程及产污关键节点识别图。可以看出在原材料的修剪和砂光过程中会产生工业粉尘，清洗处理、防腐处理、染色处理会产生大量的工业废水，含有COD、BOD等污染物。

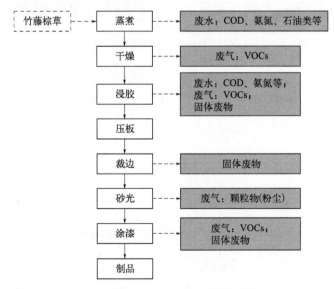

图6-11　竹藤棕草制品加工的生产工艺流程及产污关键节点识别图

（5）家具制造业

家具制造业为离散型行业，主要产排污节点为涂胶、喷漆、辊涂/淋涂、喷粉、砂光等环节，在涂胶和喷漆的过程中不仅会产生大量工业废水，还会产生大量的挥发性有机物和颗粒物（表6-5）。

表6-5　家具制造业产排污关键节点污染物指标

行业代码	行业名称	产排污关键节点	污染物指标
21	家具制造业	涂胶	废水：COD、氨氮等； 废气：VOCs
		喷漆	废水：COD、氨氮等； 废气：VOCs、颗粒物
		辊涂/淋涂	废气：VOCs
		喷粉（金属家具）	废气：颗粒物
		金属家具预处理	废水：COD、氨氮等

6.2.3　主要污染物指标识别

结合木材加工和木、竹、藤、棕、草制品行业以及家具制造业行业特征，确定行业的污染物指标。废水涉及的污染物为化学需氧量（COD）、氨氮等。废气涉及的污染物包括：颗粒物，挥发性有机物，确定木材加工和木、竹、藤、棕、草制品行业以及家具制造业的VOCs排放源项（为有机溶剂类使用）。

6.3　木材家具行业主要产污工段及治理技术

6.3.1　主要产污工段识别结果

木材加工和木、竹、藤、棕、草制品行业产生的主要污染物是工业粉尘，尤其在制材过程中会产生大量的工业粉尘，在人造板制造和木制品制造的砂光环节也会产生工业粉尘。另外，在胶合板、纤维板、刨花板和一些木竹制品的生产过程中会用到胶黏剂以及涂料等含有有机溶剂的材料，会产生甲醛等挥发性有机物。该行业产生的废水主要来自原木蒸煮、涂胶、设备冲洗等过程，废水中含有大量的COD。

在家具的生产过程中，尤其是木质家具的生产过程中会大量使用涂料，产生的挥发性有机物等废气比较多。家具制造过程VOCs排放主要存在以下特点：①VOCs排放与使用的涂料类型有关，涂装相同面积时使用溶剂型涂料产生的VOCs最多，水性涂料次之，粉末涂料最少；②VOCs排放与涂装技术有关，涂装相同面积时，空气喷涂技术涂料使用量最大，因而产生的VOCs最多，辊涂和刷涂等工艺产生的VOCs较少；③VOCs排放与企业管理水平和操作工人的操作方式密切相关，对于管理水平较差、工人操作方式比较粗犷的企业而言，为了追求快速的生产效率，工人在喷涂时往往将喷枪的雾化程度调到最大，使喷出的涂料量达到最大，同时距待喷件的距离超过35cm或更远，使得喷出的涂料在空气中呈严重的飞散状态，大大降低了涂料的传输和使用效率，导致VOCs的排放量增加。

其他排放有机气体的环节有调漆和干燥过程，在此过程中由于有机溶剂的挥发产生有机废气排放，目前多数企业对这些环节排放的有机挥发性污染物控制不够。

6.3.2　主要治理技术及运行情况

目前，国内主要采用传统的物化+生化污水处理工艺来处理工业废水，如A/O（厌氧-好氧）工艺和ABR-SBR（折流式厌氧反应器-序批式活性污泥）工艺等。有些企业将处理的废水作为水洗木片的回用水使用，但回用水对水洗废水的水质冲击较大，影响后续水处理系统，特别是生化处理系统。在木材加工、人造板制造过程中产生的工业粉尘主要使用机械法进行去除，用得较多的是旋风除尘器，除尘效率为90%左右。挥发性有机物等废气的处理常常需要多种技术组合使用。例如，纤维板干燥尾气的处理，需要组合重力分离、洗涤、电除尘以及水处理等技术。

6.4　木材家具行业产排污定量识别诊断技术

6.4.1　产排污数据获取方案

6.4.1.1　实测数据的获取

（1）监测项目

化学需氧量，颗粒物，挥发性有机物。

（2）监测频次

共监测一天，工业废水在进出口同时采样，连续排放的间隔1h采集两次进行混合；非连续排放的，第一次采集完成后等候至再次排放再采集第二次的水样，两次采集水混合成一个样品；各生产工序在同一车间的选择本车间1个主要排气筒进行采集，不同工序（产颗粒物环节、产挥发性有机物环节）在不同车间的，分别选择各主要车间1个排气筒进行采集，进出口同时采集小时均值，连续排放的间隔1h采集第二次，非连续排放的待再次生产后采集第二次。检测项目及分析方法如表6-6所列，使用的仪器设备如表6-7所列。

表6-6　检测项目及分析方法

序号	检测项目	检测依据
1	化学需氧量	《水质　化学需氧量的测定　重铬酸盐法》（HJ 828—2017）
2	颗粒物	《固定污染源排气中颗粒物测定与气态污染物采样方法》（GB/T 16157—1996）
		《固定源废气监测技术规范》（HJ/T 397—2007）
3	挥发性有机物	《环境空气　挥发性有机物的测定　吸附管采样-热脱附/气相色谱-质谱法》（HJ 644—2013）

表6-7　使用仪器设备一览表

序号	设备名称	设备型号	数量	用途
1	紫外可见分光光度计	WFZ UV-2100	1	氨氮、总磷、总氮、氨、挥发酚、硫化氢、铬、六价铬、氰化物、硫化物、阴离子表面活性剂、亚硝酸盐、氮氧化物、二氧化硫
2	电子天平	GPA-2250	1	颗粒物
3	气相色谱质谱联用仪	Trace ISQ	1	VOCs、苯系物

（3）现场采样的实施

废水采样过程严格按照《地表水和污水监测技术规范》（HJ/T 91—2002）执行。废气采样时严格执行《固定污染源监测质量保证与质量控制技术规范（试行）》（HJ/T 373—2007）和《固定源废气监测技术规范》（HJ/T 397—2007）。

每个采样组至少2名采样员，采样时注意参加人员安全，及时填写采样记录，贴好样品标签。做好样品保存。

采样现场GPS定位，对现场点位核实清晰后拍照并记录。照片收集后，进行检查和筛选，将重复和无价值的照片舍弃，保留要求的必需照片。记录采样时间，所有照片及电子影像资料以每个采样点为单位单独保存。

（4）样品保存、运输及交接

①样品保存：依据《地表水和污水监测技术规范》（HJ/T 91—2002）要求保存，确保采样的样品和质量控制样品在0～5℃条件下冷藏保存。

②样品的运输：样品的运输采用专车运输，妥善装入保温箱内存放，避免损坏和

遗撒。同一采样点的样品瓶尽量装在同一保温箱内，与采样记录逐件核对，检查所采样品是否已全部装箱。样品装箱时用泡沫塑料或波纹纸板间隔防震，保温箱应有"切勿倒置"等明显标志。样品运输过程中应避免日光照射。运输时有押运人员，防止样品污损。

③ 样品的交接：样品管理员对样品进行检查和验收。包括：样品包装、样品标识及外观是否完好，样品是否受到污染；对照委托单检查样品名称、样品数量、形态等是否一致。样品交接时需填写《样品登记表》，交接双方签字确认。

④ 样品的发放：按照样品的备样和检测样品分别存放并标识。

6.4.1.2 历史数据的获取

在获取历史数据时，优先选用环保部门监测性监测数据，其次选用主要污染源排放口在线监测、例行监测等监测数据，最后选用企业自测的历史监测数据。同步记录产品产量和原料投入量、主要污染物产生和排放量、末端处理技术设备以及产排污数据对应的时点。

对收集的历史数据中采用监测性数据、例行监测数据的，按照生态环境部发布的相关监测技术规范要求，在监测频次、布点与采样、分析方法和质量保证等方面进行数据评估；采用在线监测数据的，若自动在线监测仪器设备通过生态环境部环境监测仪器质量监督检验中心性能检验合格，符合生态环境部发布的相关自动在线监测技术规范要求并通过县（区）及以上环保部门验收，采纳其数据。

6.4.1.3 数据质量控制

（1）实测数据的质量控制

现场实验过程中所有操作均依据相关标准进行，以保证数据的可信度。

1）实验室分析质量控制

实验中所涉及的玻璃器皿要严格按照操作规程进行清洗，防止污染。

① 检测用水：严格根据标准要求使用，对制备的一级水、二级水定期进行检测和结果确认。

所有用于试验的试剂经验收合格后使用，并根据标准选用相应纯度等级的试剂。

所有的标准物质采用有证标准物质，实现量值溯源。

全程序空白样品的检测结果均应小于方法检出限。

② 准确度控制：在对每批次样品进行分析时，对已知浓度的质控样品或自配标准溶液进行同步测定，若标准样品测试结果超出标准值范围，或自配标准溶液分析结果相对误差超过 ±10%，查找原因并予以纠正，必要时重新采样。

③ 标准曲线的使用：标准曲线的浓度点选择严格结合方法的线性范围、仪器的线性范围以及待测样品的浓度，选择 5～7 个点（除零点外）；标准曲线相关系数 $r > 0.999$；当相关系数 $r < 0.999$ 时，则此曲线不能使用，要分析原因，重新制作。

2）全程序质量监督检查

由采样组组长不定期对现场采样员进行现场监督检查，确保采样过程规范。

由具有丰富检测经验的人员担任实验室内监督员，按照公司监督计划对检测员进行监督，确保检测过程符合检测标准要求。

3）原始记录的质量控制

样品采集的原始记录由校审岗审核后再进行报告编制。

检测原始记录在检测员完成同组互审后提交校审岗审核，然后再提交质量技术部进行报告编制。

4）检测报告质量控制：检测报告执行三级审核制度

① 第一级审核：报告编制人根据委托单、采样记录表及原始记录相关信息进行报告编制，对相应的信息进行核对把关。

② 第二级审核：报告审核人负责审核检测报告内容和原始记录的一致性，审核报告及记录内容的完整性，数据的准确性、科学性和合理性。

③ 第三级审核：授权签字人对报告进行最终的审核与确认，确认无误后签发。

因此，现场实测数据可以认为是可信的、合理的，不需要进行校正。

（2）历史数据的质量控制

① 对历史数据进行横向和纵向的比对、审核，同时对同样工艺段的产排污相关数据进行多个数据来源的比对，确保数据的可用性。

② 咨询行业和环保专家，对数据进行审核和取舍。

③ 将历史数据的计算结果与行业专家的研究结果进行对比，对数据质量进行评估。

④ 用所获数据计算产排污系数，并与已有系数进行对比，进一步验证数据质量。

6.4.2　主要影响因素组合识别与确定

围绕木材加工和木、竹、藤、棕、草制品业以及家具制造业生产特点，初步确定影响组合数确定的因素有产品类型、原辅材料、生产规模、生产工艺、区域差异和工况差

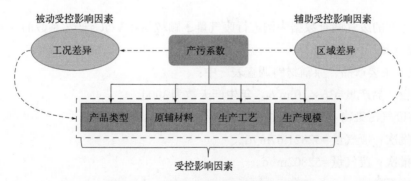

图6-12　产污系数影响因素分析示意图

异6种（见图6-12）。其中，产品类型、原辅材料、生产规模、生产工艺4种为核算产污系数的受控因素，区域差异为辅助受控因素，工况差异为被动受控因素，所以最终确定"原辅材料""产品类型""生产工艺""生产规模"为这两个行业产污系数的主要影响因素，并按影响因素影响程度的大小进行排序。

6.4.3 产污系数制定方法

产污系数的表达方式包括数值法、函数法以及混合法三种。木材加工和木、竹、藤、棕、草制品业以及家具制造业的产污系数表达方式采用数值法。

6.4.3.1 个体产污系数的计算及示例

（1）个体产污系数的计算方法

某组合条件下，某样本企业的产污系数计算：

通过实测法、物料衡算法、类比调查法等获取该样本企业的排污信息、产品（或原料）信息。

$$R_a = \frac{G}{M} \tag{6-1}$$

式中 R_a——某一污染物的个体产污系数；
G——采集时间内样本企业污染物的产生量；
M——采集时间内产品产量（或原料总量）。

若采用同一种数据获取方法获得该样本企业多个平行样，则取其平均数作为该样本企业的个体产污系数，若数据来源不同，可采取加权平均的方法，权重可由不同来源数据的原始样本数目比例、数据差异性和质量保证等确定。

某组合条件下，代表该类企业的平均产污系数 $R_{\neq}$ 可由个体产污系数的加权平均计算得到，权重可根据数据质量、样本企业特征来定。

（2）实测法案例

以某企业的废气调查数据为例进行废气量、颗粒物和VOCs产污系数的计算。

1）废气量产污系数计算

① 在"主要产品、原辅材料调查表"中：

刨花板产品产量=36×10⁴m³/a，年生产天数为300d。

② 在废气污染物-砂光工段：

第一批次：废气量=52821.67m³/d。

第二批次：废气量=52802m³/d。

则产污系数：

$R_{a1}=G/M = 52821.67 \div （36 \times 10^4/300）=44.02$（$m^3/m^3$产品）。

$R_{a2}=G/M = 52802 \div （36 \times 10^4/300）=44.00$（$m^3/m^3$产品）。

平均$R_a= 44.01m^3/m^3$产品。

2）颗粒物产污系数计算

① 在"主要产品、原辅材料调查表"中：

刨花板产品产量$=36 \times 10^4 m^3/a$，年生产天数为300d。

② 在废气污染物-砂光工段：

第一批次：废气量$=52821.67m^3/d$；进口浓度$=921mg/m^3$（颗粒物）。

第二批次：废气量$=52802m^3/d$；进口浓度$=888mg/m^3$（颗粒物）。

则产污系数：

$R_{a1}=G/M = 52821.67 \times 921 \times 10^{-6} \div （36 \times 10^4/300）=0.0405$（$kg/m^3$产品）。

$R_{a2}=G/M = 52802 \times 888 \times 10^{-6} \div （36 \times 10^4/300）=0.0391$（$kg/m^3$产品）。

平均$R_a= 0.0398kg/m^3$产品。

3）VOCs产污系数计算

① 在"主要产品、原辅材料调查表"中：

刨花板产品产量$=36 \times 10^4 m^3/a$，年生产天数为300d。

② 在废气污染物-热压工段：

第一批次：废气量$=451864m^3/d$；进口浓度$=64.37mg/m^3$（VOCs）。

第二批次：废气量$=453032m^3/d$；进口浓度$=63.9mg/m^3$（VOCs）。

则产污系数：

$R_{a1}=G/M = 451864 \times 64.37 \times 10^{-3} \div （36 \times 10^4/300）=24.24$（$g/m^3$产品）。

$R_{a2}=G/M = 453032 \times 63.9 \times 10^{-3} \div （36 \times 10^4/300）=24.12$（$g/m^3$产品）。

平均$R_a= 24.18g/m^3$产品。

（3）物料衡算法案例

以某企业的废气调查数据为例进行VOCs产排污系数的计算。

① 在"企业基本情况表"中：

实木家具产量=800万套，相当于$68000m^3/a$，年生产天数为300天。

② 在有机溶剂使用类"总表"中：

使用PU，溶剂型漆；商品使用量为1006t/a；三组分（油漆：固化剂：稀释剂=1：0.5：0.65）；油漆和固化剂中有机溶剂含量分别为50%和40%；稀释剂名称及比例为PMA20%，乙酸丁酯80%；有废气收集设施，喷涂车间封闭；

油漆中有机溶剂使用量为：D_1（有机溶剂）$=kKQ=50\% \times [1 \div (1+0.5+0.65)] \times 1006=50\% \times 1006 \times 0.4651=233.95$（t/a）。

稀释剂中有机溶剂使用量为：D_2（有机溶剂）$=kKQ=100\% \times [0.65 \div (1+0.5+0.65)] \times 1006=1006 \times 0.3023=304.14$（t/a）。

固化剂中有机溶剂使用量为：D_3（有机溶剂）$=kKQ=40\% \times [0.5 \div (1+0.5+0.65)] \times 1006-40\% \times 1006 \times 0.2326=93.60$（t/a）。

D（有机溶剂）$=D_1$（有机溶剂）$+D_2$（有机溶剂）$+D_3$（有机溶剂）$=631.69$t/a。

则VOCs产污系数：

$R_a^1=D$（有机溶剂）$/M$（原料）$=631.69 \times 10^3 \div 68000=9.29$（kg/m^3）。

$R_a^2=D$（有机溶剂）$/M$（油漆）$=631.69 \times 10^6 \div 1006 \times 10^3=627.92$（g/kg）。

（4）类比法案例

以某金属家具预处理工段的废水化学需氧量产污系数的类比为例。

从调查表中得出金属家具预处理工段的工艺主要为清洗和表面处理，通过咨询专家与资料查阅，建议类比汽车整车制造业中轿车的产污系数。由资料查阅可知，一般每辆轿车的表面积为80m^2。由《第一次全国污染源普查手册》可知，3721汽车整车制造业中产品为轿车的工艺化学需氧量产污系数为2741.6g/辆产品。故：

金属家具涂漆工段的化学需氧量产污系数$=2741.6 \div 80=34.27$（g/m^{2}产品）。

6.4.3.2 行业平均产污系数的计算及示例

在获取行业平均产污系数时，常用算术平均数、加权平均数及中位数等数理统计方法获取行业平均产污水平。

下面对几种平均算法简单介绍，并分析其优缺点。

（1）算术平均数

算术平均数是指在一组数据中所有数据之和再除以数据的个数。它是反映数据集中趋势的一项指标。计算公式为：

$$A=\frac{a_1+a_2+a_3+\cdots+a_n}{n} \tag{6-2}$$

（2）加权平均数

加权平均数是不同比重数据的平均数，加权平均数就是把原始数据按照合理的比例来计算，若n个数中，x_1出现f_1次，x_2出现f_2次，$\cdots$，x_n出现f_n次，那么：

$$\frac{x_1f_1+x_2f_2+\cdots+x_nf_n}{f_1+f_2+\cdots+f_n} \tag{6-3}$$

叫作x_1、$x_2\cdots x_n$的加权平均数；f_1、$f_2\cdots f_n$是x_1、$x_2\cdots x_n$的权。

（3）中位数

中位数是刻画平均水平的统计量，设X_1、$X_2\cdots X_n$水平的统计是来自总体的样本，将

其从小到大排序为 $X_{(1)}$、$X_{(2)}$…$X_{(n)}$，则中位数定义为：

当 n 为奇数时：

$$m_{0.5} = X_{(\frac{n+1}{2})} \tag{6-4}$$

当 n 为偶数时：

$$m_{0.5} = \frac{X_{(\frac{n}{2})} + X_{(\frac{n}{2}+1)}}{2} \tag{6-5}$$

在实际统计过程中，算术平均数能够利用所有数据的特征，而且计算较为简单。在数学上，算术平均数是使误差平方和达到最小的统计量，也就是说利用算术平均数代表数据，可以使二次损失最小。因此，算术平均数在数学中是一个常用的统计量。但是其极易受极端数据的影响。例如，在一个行业中，如果一个企业的生产规模、产品量特别大，就会使得这个行业所有企业的平均产品情况也表现得很高。中位数虽然能刻画这个行业所有企业产品量的平均水平，能够避免极端数据的影响，但缺点是没有完全利用数据所反映出来的信息。对于一个行业来说，忽略一些大型企业的产品情况显然是不合理的。因此本项目采用加权平均数的算法，以各个企业的产品产量在行业所调查企业的总产品产量中所占比例为权重 f，以获取行业平均产污系数。具体计算公式如下：

$$R_{a行} = R_{a1}f_1 + R_{a2}f_2 + \cdots + R_{an}f_n \tag{6-6}$$

式中　$R_{a1}, R_{a2}, \cdots, R_{an}$——第 1，2，…，$n$ 家企业的产污系数；

$f_1, f_2, \cdots, f_n$——第 1，2，…，n 家企业的产品产量权重。

下面举例说明行业平均产污系数的计算过程。

假设刨花板行业有三家企业，企业 1 的产品年产量为 36 万立方米，计算得出的下料工段颗粒物产污系数为 0.452kg/m³ 产品。企业 2 的产品年产量为 20 万立方米，计算得出的下料工段的颗粒物产污系数为 0.383kg/m³ 产品。企业 3 的产品年产量为 30 万立方米，计算得出的下料工段颗粒物产污系数为 0.405kg/m³ 产品。则各企业产污系数的权重为：

$f_1 = 36/(36+20+30) = 0.419$

$f_2 = 20/(36+20+30) = 0.233$

$f_3 = 30/(36+20+30) = 0.349$

该行业下料工段的颗粒物产污系数为：

$R_{a行} = 0.452 \times 0.419 + 0.383 \times 0.233 + 0.405 \times 0.349 = 0.420$（kg/m³）

6.4.4　处理效率和实际运行率的确定

6.4.4.1　处理效率确定方法

排污量为污染物产生量经处理设施处理之后排放的污染物量，用来确定污染治理设施的平均处理效率 η 和实际运行率 k。在计算行业的处理效率时，按各企业设施处理效率的算术平均值计算，然后将该算术平均值与权威专家提供的处理效率进行比对。与专家结果较为接近的，采用计算所得的平均效率；与专家结果相差较远的，采用专家提供的处理效率结果。

6.4.4.2 污染处理设施实际运行效率确定方法

污水治理设施的实际运行率由处理设施运行时间、正常生产时间来确定。如下式所示：

$$k=污水治理设施运行时间/正常生产时间$$

在该公式中，分母中的正常生产时间可以看作污水治理设施应该运行的时间，分子中的治理设施运行时间为该企业的治理设施实际运行时间。因此其比值即为污染治理设施的实际运行率k值。

需要注意的是，在获取的历史数据中部分企业的治理设施运行时间数据缺失。依据专家咨询意见、相关行业专家的经验以及类比文献报道数据可得：在无法计算时，污水治理设施实际运行率k值统一取0.8。

废气治理设施的实际运行率由治理设施耗电量、设备额定功率以及运行时间来确定。如下式所示：

$$k=治理设施耗电量/(设备额定功率 \times 运行时间)$$

在该公式中，分母中的设备额定功率×运行时间可以看作治理设施应该消耗的电量，分子中的治理设施耗电量为该企业的治理设施的实际耗电量。因此，其比值即为污染治理设施的实际运行率k值。

在调查过程中，企业治理设施耗电量数据可能存在缺失的情况。在该情况下依据调查填写的治理设施运行时间除以年生产运行时间计算k值。如运行时间的数据也缺失，则依据专家咨询意见、相关行业专家的经验以及类比文献报道数据，涉及颗粒物的污染治理设施k值统一取1.0，涉及VOCs的污染治理设施k值统一取0.8。

下面以2023刨花板制造行业的某企业砂光工段为例说明k值的计算过程：

处理设施耗电量=1800000kW·h；设备额定功率=425kW；年生产运行时间=4300h。

则实际运行率：

$k=$处理设施耗电量/（设备额定功率×年生产运行时间）=1800000/（425×4300）=0.985。

6.4.5 基于产污系数的产排污量核算方法

6.4.5.1 核算方法

（1）计算污染物产生量

① 确定需要查找的小类行业代码和行业名称（据GB/T 4754—2017），根据手册目

录，翻查到相关行业。

② 根据相关产品名称、原料名称、生产工艺、生产规模，细读相关注意事项，确定产污系数。

③ 利用污染物产生量计算公式（如下）进行计算：

污染物产生量=污染物对应的产污系数 × 产品产量（原料用量）。

（2）计算污染物去除量

① 根据企业对某一个污染物所采用的治理技术查找和选择相应的治理技术平均去除效率；

② 根据所填报的污染治理设施实际运行率参数及其计算公式得出该企业某一污染物的治理设施实际运行率（k值）；

③ 利用污染物去除量计算公式（如下）进行计算：

污染物去除量=污染物产生量 × 污染物去除率=污染物产生量 × 治理技术平均去除效率 × 治理设施实际运行率。

（3）计算污染物排放量

污染物排放量=污染物产生量−污染物去除量=污染物对应的产污系数 × 产品产量（原料用量）−污染物产生量 × 治理技术平均去除效率 × 治理设施实际运行率。

同一企业某污染物全年的污染物产生/排放总量为该企业同年实际生产的全部工艺（工段）、产品、原料、规模污染物产生/排放量之和（图6-13）。

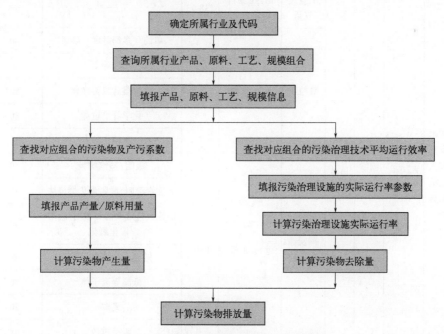

图6-13　污染物排放量计算过程示意图

6.4.5.2 核算案例

某木制家具生产企业，以木材、人造板为主要原材料，生产过程中回收了喷枪、管道冲洗废水，喷涂废气、颗粒物和挥发性有机物，产量为247.51万立方米/年。末端处理技术：废水委托有资质单位进行处理；废气采用布袋除尘器及低温等离子体技术工艺处理，涉及的污染物包括颗粒物和挥发性有机物。

具体计算方法如下：

第一步：获知该企业属于"2110木质家具制造"业。

第二步：确定实木家具及人造板家具所产生的污染物的产生量和排放量。

① 确认企业的产品为实木家具及人造板家具，以木材和人造板为主要原料，生产过程中回收了喷枪、管道冲洗废水，喷涂废气、颗粒物和挥发性有机物，产量为247.51万立方米/年，涂料（水性）总量为338388kg/a。末端处理技术：废水采用化学混凝+上浮分离+A^2/O工艺+沉淀分离进行处理；废气采用布袋除尘器及低温等离子体技术工艺处理。

② 根据以上信息查"2110木质家具制造"业产排污系数表（见表6-8），得出该企业生产实木家具及人造板家具的产排污系数。

表6-8 木质家具制造业产排污系数表（示例）

工段名称	产品名称	原料名称	工艺名称	规模等级	污染物指标	单位	产污系数	末端治理技术名称	末端治理技术处理效率/%	k值
涂饰	实木家具和人造板家具	涂料（水性）	喷涂	所有规模	工业废气量	m³/kg涂料（标准状态）	238.53	—	—	—
					颗粒物	g/kg涂料	20.79	单筒（多筒并联）旋风	80	1
								布袋除尘	90	1
								水帘湿式喷雾净化	80	1
								化学纤维过滤	80	1
								直接排放	0	1
					挥发性有机物	g/kg涂料	46.08	吸附/蒸汽解吸	50	0.8
								活性炭吸附/脱附催化燃烧法	70	0.8
								活性炭纤维或沸石吸附/脱附/催化氧化	90	0.8
								抛弃式活性炭吸附	6	0.8
								低温等离子体	30	0.8
								光解	20	0.8
								直接排放	0	0.8

工段名称	产品名称	原料名称	工艺名称	规模等级	污染物指标	单位	产污系数	末端治理技术名称	末端治理技术处理效率/%	k值
涂饰	实木家具和人造板家具	涂料（水性）	喷涂	所有规模	工业废水量	t/kg涂料	0	—	—	—
					化学需氧量	g/kg涂料	0	化学混凝+上浮分离+A²/O工艺+沉淀分离	90	0.8
								直接排放	0	0.8

③ 以企业实际生产量，计算得出污染物的产生量和排放量。

污染物产生量＝产污系数 × 原料总量

污染物排放量＝排污系数 × 原料总量

由年用涂料总量为338388kg得各种污染物量分别为：

涂饰工段：

工业废气产生量 = 238.53 × 338388 = 80715689.64 ［m³（标准状态）/a］

排放量 = 238.53 × 338388 = 80715689.64 ［m³（标准状态）/a］

废气中颗粒物产生量 = 20.79 × 338388 = 7035086.52（g/a）

排放量 = 7035086.52 × (1−0.9 × 1) = 703508.65（g/a）

废气中挥发性有机物产生量 = 46.08 × 338388 = 15592919.04（g/a）

排放量 = 15592919.04 × (1−0.3 × 0.8) = 11850618.47（g/a）

工业废水产生量：无。

6.4.5.3　核算关键问题说明

（1）产品计量单位转换

1）木门窗的计量单位转换

木门窗生产加工企业的产量一般按套计，在调查中需将套换算成m³。换算方法为按套计算的产量乘以单套木门窗的体积。例如：某企业产量为高分子套装门2000套/年，实木复合门6000套/年。单套套装门尺寸为：1500mm × 2000mm × 100mm=0.3m³。则：

实际产量（m³/年）=实际产量（套/年） × 套装门尺寸（m³/套）=（2000+6000） × 0.3=2400 m³/a。

2）家具的计量单位转换

家具制造企业的产量一般按件计，在调查中需将件换算成m²。换算方法为：将有准确产品类型、数量的企业，按照椅子每件4m²，桌子每件8m²，床、衣柜每件12m²，计算出相应的产品面积，再除以使用的涂料数量，得出涂料和产量之间的关系为10m²产品/kg

涂料，利用这个系数计算只填报了准确涂料用量的企业的产量。

（2）报表填报过程中常见问题的解决方法

在企业调查过程中遇到了几个与四同组合表不能一致的问题，主要如下：

① 某县在入户调查时，无法查询到门窗制造行业的包装工艺和包装原料，反馈回来后我们进行了答复，一般用瓦楞纸箱包装。

② 末端治理设施的运行效率，在四同组合表中是用企业实际用电量与额定用电量的比值来表征。在入户调查时，发现很难收集到这些数据，因此调整了k值的计算方法，可以用企业末端治理设施的年运行时间与额定运行时间的比值来表示。

第 **7** 章

文教相关用品与橡胶塑料制品行业产排污规律与特征

□ 主要环境问题分析

□ 文教相关用品与橡胶塑料制品行业产排污特征
  分析

□ 文教相关用品与橡胶塑料制品行业污染物产排
  特征及治理情况

□ 文教相关用品与橡胶塑料制品行业产排污定量
  识别诊断技术

7.1 主要环境问题分析

24文教、工美、体育和娱乐用品制造业，29橡胶和塑料制品业，41其他制造业（不包括4120核辐射加工）三个行业的污染物排放以工业废水和工业废气为主。

对于本项目涉及的三个行业2011～2015年的工业废水排放量，文教、工美、体育和娱乐用品制造业占全国废水排放量的0.084%～0.10%，橡胶塑料制品行业占全国废水排放量的0.53%～0.63%，其他制造业占全国废水排放量的0.17%～0.40%。

对于本项目涉及的三个行业2011～2015年的化学需氧量和氨氮排放量，文教、工美、体育和娱乐用品制造业占全国化学需氧量和氨氮排放量的0.056%～0.061%和0.048%～0.061%，橡胶和塑料制品行业占全国化学需氧量和氨氮排放量的0.39%～0.54%和0.413%～0.511%，其他制造业占全国化学需氧量和氨氮排放量的0.145%～0.341%和0.094%～0.273%。

（1）文教、工美、体育和娱乐用品制造业及其他制造业

文教办公用品制造行业属于轻工产品制造领域，行业整体污染水平不高。行业整体产业集中度不高，规上企业环境保护情况良好，环保设施健全；部分规下小微企业存在污染物排放不达标等问题。

文教办公用品制造行业主要污染物包括塑料注塑过程中的废气、金属模具制造和金属制品加工中的乳化油类等一般固体废物和危险废物，产品电镀和印刷过程中产生的废气和废水等。此外，行业特有污染物包括修改/黏合类文具制造中复配工段产生的废气、墨水/墨汁及类似品制造中清洗工段产生的清洗废水、金属类文具/铅笔杆/塑料类笔杆等制造过程中喷涂工段产生的废气、铅芯制造过程中淘洗工段产生的淘洗废水、高分子笔头制造过程中前处理和成型工段产生的废气等。

工艺美术及礼仪用品、玩具和体育用品、日用杂品制造这些行业的企业集中地域分布特征明显，但生产企业主要是中小型企业，技术水平不高，涉及废水排放量不大，多以直接排放至园区的集中处理设施或其他处理设施为主，而废气处理多以吸附或吸收处理方法为主，但无组织排放的工段较多，需要系统核算以确定。

（2）橡胶制品业

目前橡胶制品业（除再生橡胶制造外）污染治理还停留在对炼胶、硫化烟气集中收集后直接排放的阶段。轮胎制造企业现在都在就生产过程中产生的烟气和颗粒物进行收集处理的摸索，部分先进企业已对于烟气进行处理，例如中国最大的轮胎企业现在已经投资7亿元，进行了7次处理技术的更新换代。其他橡胶板、管、带、橡胶零件及其他橡胶制品由于生产工艺的特点不同，还在积极探索废气的治理方法。但是整个行业的炼胶工序基本上都安装了颗粒物和烟气的处理装置。

针对目前采用的各种方法（布袋除尘、管式过滤、热氧化法、低温等离子体法、光催化法、好氧生物处理法等）均有不同程度的处理效率，可达到排放标准要求。但是第一次全国污染源普查时发现好多技术没有高效应用，导致很多末端处理设备运行效率低。同时，日用及医用橡胶制品制造业的规模较小，企业不具备对污染物的处理能力，如废气中的氨很多都是直接排放。

生产再生橡胶的污染物主要是胶粉脱硫工艺产生的工业废水、工业废气（COD、硫化氢、非甲烷总烃等）。根据有关标准要求，原材料方面，禁止使用多环芳烃严重超标的有毒有害煤焦油等助剂，采用国家推广的硫化橡胶粉常压连续脱硫成套装置、螺杆挤压、挤出再生胶生产线工艺，工业废水、工业废气中的 COD、硫化氢、非甲烷总烃等能够达到重点行业挥发性有机物削减行动计划的排放要求。

（3）塑料制品行业

塑料制品成型过程中废气的产污节点为塑化阶段，主要成分为非甲烷总烃。除极少数地区（如北京执行地方标准）外，大多数企业执行的标准为：有组织排放中有机废气排放浓度需满足《大气污染物综合排放标准》（GB 16297—1996）中排放限值；无组织排放中有机废气需满足《大气污染物综合排放标准》（GB 16297—1996）中无组织排放限值；工艺废气中非甲烷总烃、颗粒物排放执行《大气污染物综合排放标准》（GB 16297—1996）中排放限值。

7.2　文教相关用品与橡胶塑料制品行业产排污特征分析

7.2.1　产排污主要影响因素分析

根据行业生产的特点，分析行业产污的主要影响因素，包括主要原材料种类、生产规模、工艺路线、主要产品、运行工况和技术水平等，但不局限于这些因素；分析行业排污的主要影响因素，包括污染防治措施、常用的污染治理技术及应用占比、治理设施运行状况等。

7.2.2　产污工段识别及划分依据

（1）文教办公用品制造行业

与文教办公用品制造行业产排污量核算相关的主要工艺过程包括塑料挤出注塑工艺过程、金属制品加工工艺过程、修改/黏合类文具产品的配制/复配工艺过程、木杆铅笔产品的胶芯上漆工艺过程、墨水/墨汁及类似品产品的配制/复配工艺过程、笔配件/零件中铅芯/笔头产品的加工工艺过程等。

行业主要生产过程工艺流程和产排污节点如图7-1～图7-8所示。

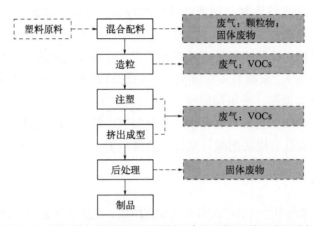

图7-1　塑料类文具教具及配件制品生产注塑工艺及产污分析

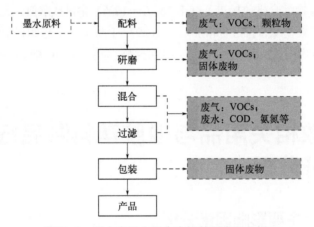

图7-2　墨水产品主要生产工艺及产污分析

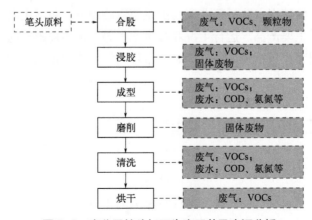

图7-3　高分子笔头加工生产工艺及产污分析

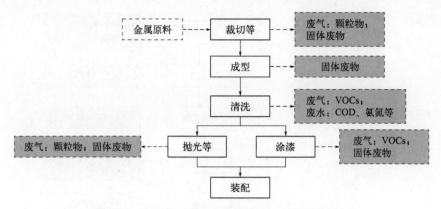

图7-4　金属类文具教具主要生产工艺及产污分析

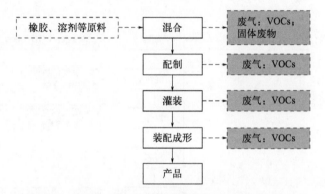

图7-5　修改/黏合类文具教具生产工艺及产污分析

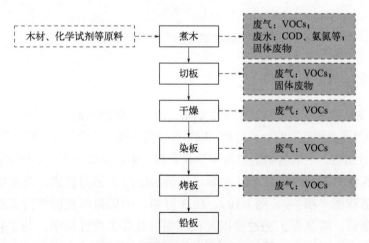

图7-6　铅笔板生产工艺及产污分析

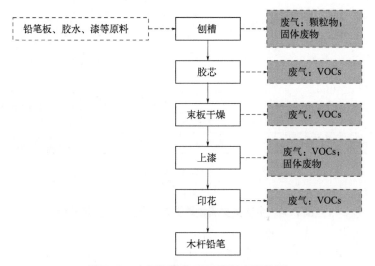

图7-7　木杆铅笔生产工艺及产污分析

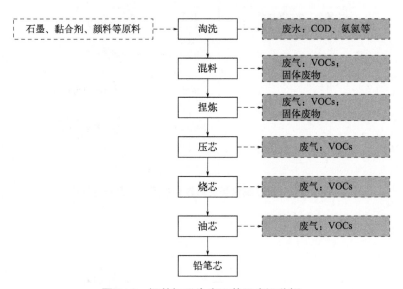

图7-8　铅芯加工生产工艺及产污分析

（2）乐器制造行业

242乐器制造行业分为"2421中乐器制造、2422西乐器制造、2423电子乐器制造以及2429其他乐器及零件制造"四个子行业。以下分别简述四个子行业的工艺过程与产污环节。

①中乐器制造。中乐器制造包括中乐弦乐器、中乐弹拨乐器、中乐吹管乐器、中乐打击乐器及其他中乐器的制造。以古筝与二胡的生产工艺为代表，分别绘制古筝与二胡生产工艺流程图（图7-9、图7-10）。由图可知，中乐器制造的产污节点主要是对中乐器材进行刷油、喷漆等工艺过程以及在二胡、鼓等生产过程中，为了软化动物皮革而进行的泡皮工艺环节。主要产生的污染物有挥发性有机物与泡皮废水。

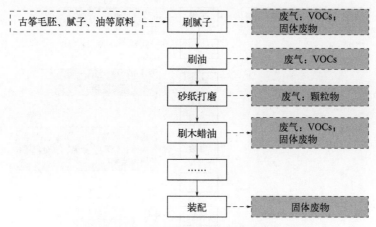

图7-9　古筝生产工艺及产污分析

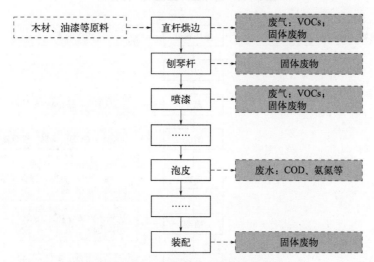

图7-10　二胡生产工艺及产污分析

② 西乐器制造。西乐器制造包括西弦乐器、西管乐器、西乐打击乐器、西乐键盘乐器、口琴以及其他西乐器的制造。以钢琴、管乐器、萨克斯的生产工艺为代表，分别绘制三者的生产工艺流程图（图7-11～图7-13）。由图可知，西乐器制造的产污节点主要是对西乐器材进行喷漆/刷漆等工艺过程，以及电镀过程。主要产生的污染物有挥发性有机物与电镀废水（图7-11～图7-13）。

③ 电子乐器制造。电子乐器加工行业制造包括加工电子琴、电钢琴、电吉他、电子鼓及其他电子乐器。相关的生产工艺流程与西乐器生产工艺流程一致。其产污节点主要是对电子乐器进行喷漆/刷漆等工艺过程，以及电镀过程。主要产生的污染物有挥发性有机物与电镀废水。

④ 其他乐器及零件制造。其他乐器及零件制造行业指其他未列明的乐器、乐器零件及配套产品的制造，包括音响器、百音盒、哨子；乐器辅助用品及零件（节拍器、音叉、定音管、百音盒机械装置、乐器用弦、其他乐器零件）；各种乐器的零件及配套产

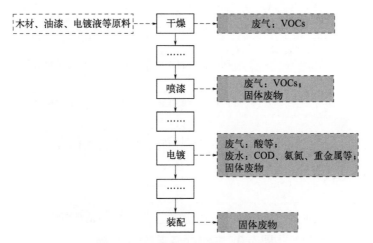

图7-11 钢琴生产工艺及产污分析

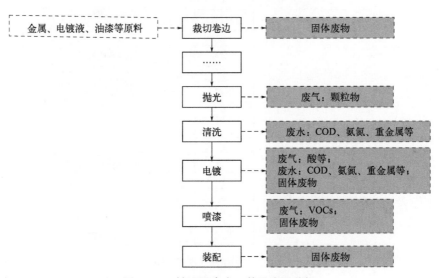

图7-12 管乐器生产工艺及产污分析

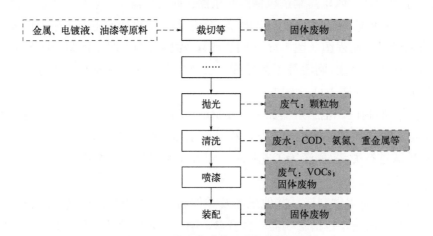

图7-13 萨克斯生产工艺及产污分析

品（琴弦线、琴弓、二胡弓、发音片、音簧片、哨片、琴键、琴脚、拨音琴附件等），而进行的相关加工工艺。相关的产污节点工艺与中乐器制造和西乐器制造的产物工艺节点一致。主要产生的污染物包括挥发性有机物、泡皮废水与电镀废水等。

（3）工艺美术及礼仪用品制造行业

工艺美术品的产生污染物环节存在差异：在环保处理设施配置方面，行业内以私营企业和家族作坊式企业为主，规模普遍较小，大多无环评批复和污染防治设施，如雕塑工艺品制造企业、漆器工艺品制造企业、花画工艺品制造企业、抽纱刺绣工艺品制造企业，仅涉及印染和背胶、胶黏的地毯、挂毯制造等少数行业因为当地环保要求配备一定的污染治理设施，但由于企业缺乏专业的环保知识以及环保意识较为淡薄，配备的污染治理设施大多运行状况较差甚至没有运行。相关生产工艺及产污分析见图7-14～图7-22。

对于工美艺术品生产过程的一般固体废物，主要是生产过程的边角料（大部分回收利用），另外还有每个子行业特定的固体废物：雕塑工艺品产生的废石膏、废石料、废木屑等；金属工艺品和陶瓷工艺品产生的废石膏、废砂型等；脱胎漆器工艺品产生的废石膏；花画工艺品产生的废塑料等；天然植物纤维编织工艺品产生的废天然植物材料；地毯、挂毯产生的废簇绒、废毛料等；而抽纱刺绣工艺品、珠宝首饰及有关制品基本不产生一般固体废物。

对于工美艺术品生产过程的危险废物（表7-1），主要包括：

① 生产设备维护产生的废矿物油与含矿物油废物（HW08）；

② 天然植物纤维编织工艺品、手工染织及机织工艺品和机制地毯、挂毯在浸泡-印染-漂洗环节产生的染料、涂料废物（HW12）；

③ 地毯、挂毯在背胶/胶黏环节产生的有机树脂类废物（HW13）；

④ 地毯、挂毯丝光环节产生的废碱（HW35）；

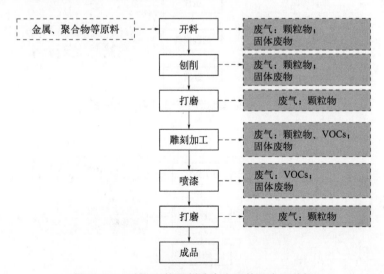

图7-14　雕塑工艺品制造生产工艺及产污分析

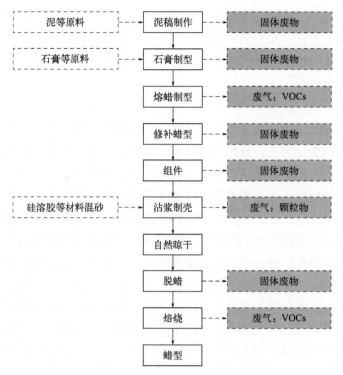

图7-15　蜡型制造生产工艺及产污分析

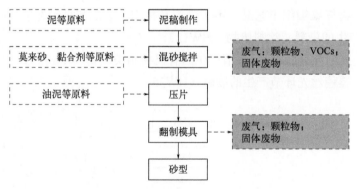

图7-16　砂型制造生产工艺及产污分析

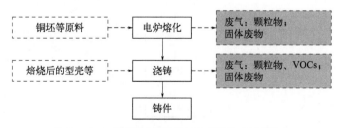

图7-17　金属熔化浇铸生产工艺及产污分析

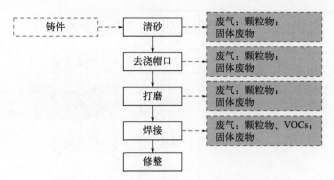

图7-18　铸件清理加工生产工艺及产污分析

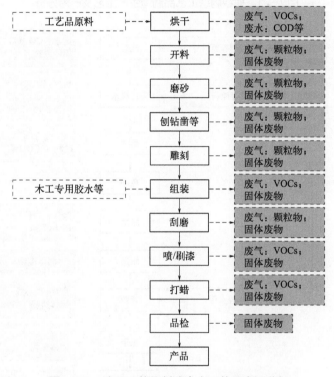

图7-19　漆器工艺品制造生产工艺及产污分析

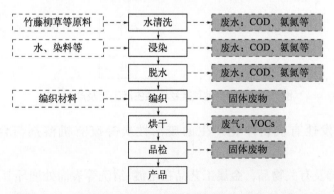

图7-20　天然植物纤维编织工艺品制造生产工艺及产污分析

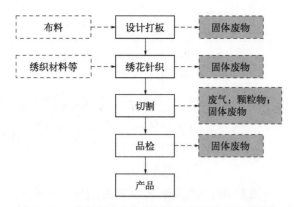

图7-21 抽纱刺绣工艺品制造生产工艺及产污分析

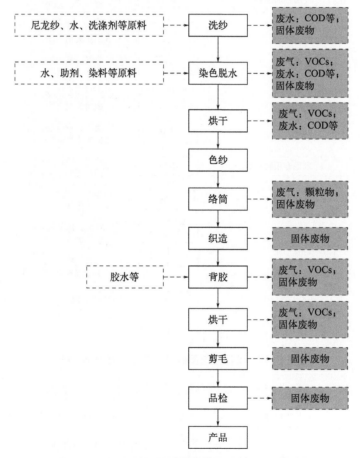

图7-22 机制地毯挂毯制造生产工艺及产污分析

⑤ 废气挥发性有机物净化产生的废活性炭等废有机溶剂与含有机溶剂废物（HW06）；

⑥ 珠宝首饰及有关物品、金属工艺品在电镀/清洗等表面处理环节产生的表面处理废物（HW17）。

表 7-1　工艺美术及礼仪用品制造行业涉及的危险废物类型及产排污工艺环节

产品门类	危废类型	危险废物	产排污工艺环节
所有产品	HW08 废矿物油与含矿物油废物	（1）使用工业齿轮油进行机械设备润滑过程中产生的废润滑油； （2）液压设备维护、更换和拆解过程中产生的废液压油； （3）清洗金属零部件过程中产生的废弃煤油、柴油、汽油及其他由石油和煤炼制产生的溶剂油	生产设备维护共有环节
天然植物纤维编织工艺品、手工染织及机织工艺品、机制地毯、挂毯	HW12 染料、涂料废物	染料包装物，染料废水处理站格栅渣	浸泡-印染-漂洗
雕塑工艺品、漆器工艺品	HW12 染料、涂料废物	（1）油漆、油墨生产、配制和使用过程中产生的含颜料、油墨的有机溶剂废物（可豁免）； （2）使用有机溶剂、光漆进行光漆涂布、喷漆工艺过程中产生的废物； （3）使用油漆（不包括水性漆）、有机溶剂进行阻挡层涂覆过程中产生的废物； （4）使用油漆（不包括水性漆）、有机溶剂进行喷漆、上漆过程中产生的废物	刷漆/喷涂
机制塑料花边、机制地毯、挂毯	HW12 染料、涂料废物	使用油墨和有机溶剂进行丝网印刷过程中产生的废物	印花/丝印/移印/烫金
所有产品	HW12 染料、涂料废物	使用各种颜料进行着色过程中产生的废颜料	涉及着色的所有环节
金属工艺品、塑造工艺品里的蜡塑、其他工艺美术品	HW12 染料、涂料废物	金属、塑料的定型和物理机械表面处理过程中产生的废石蜡和润滑油	砂型制造
机制地毯、挂毯	HW13 有机树脂类废物	废弃的黏合剂和密封剂	背胶/胶黏
机制地毯、挂毯	HW35 废碱	使用氢氧化钠进行丝光处理过程中产生的废碱液	丝光工艺
金属工艺品、塑造工艺品里的蜡塑、其他工艺美术品	HW35 废碱	使用碱进行清洗除蜡、碱性除油、电解除油产生的废碱液	碱洗
所有产品	HW06 废有机溶剂与含有机溶剂废物	（1）900-401-06 中所列废物再生处理过程中产生的废活性炭及其他过滤吸附介质； （2）900-402-06 和 900-404-06 中所列废物再生处理过程中产生的废活性炭及其他过滤吸附介质	废气 VOCs 净化
金属工艺品、珠宝首饰及有关制品	HW17 表面处理废物	（1）金属表面电镀产生的废槽液、槽渣和废水处理污泥； （2）金属和塑料表面酸（碱）洗、除油、除锈、洗涤、磷化、出光、化抛工艺产生的废腐蚀液、废洗涤液、废槽液、槽渣和废水处理污泥	电镀/清洗等表面处理

（4）体育用品制造、游艺器材及娱乐用品制造行业

2442专项运动器材及配件制造、2443健身器材制造、2444运动防护用具制造、2449其他体育用品制造、2453金属玩具制造、2461露天游乐场所游乐设备制造、2462游艺用品及室内游艺器材制造、2469其他娱乐用品制造等行业生产中均主要包含金属加工和塑料件加工。

金属表面处理包括喷粉前处理和静电喷粉两个工序，关于前处理，有些企业采用抛丸（物理法）工序，则整个生产过程中仅有废气产生，而无工业废水产生；对于前处理采用酸碱浸泡处理工艺（化学法）的企业，生产过程中则有废气产生，也有废水产生。废气主要为焊接过程中产生的烟尘、打磨产生的粉尘、静电喷粉产生的粉尘、抛丸工序产生的粉尘、塑料件喷漆产生的有机废气、烘干工序锅炉产生的废气。废水主要为酸碱表面处理产生的废水。

2441球类制造、2442专项运动器材及配件制造包含主要工艺流程是：橡胶—密炼—硫化—球胆—缠线—贴胶皮—硫化（固定）—胶黏(贴皮)—成品。多数企业生产工艺为：球胆（购买或OEM代加工）—缠线—贴胶皮—硫化（固定）—涂胶—贴皮—成品。

球类制造的产污节点主要是硫化和胶黏，两个工段产生有机废气，部分企业专门制造球胆，有密炼和硫化工艺，密炼产生粉尘，硫化产生有机废气。

（5）橡胶制品行业

橡胶制品行业的颗粒物排放主要是在配料和混炼阶段及乳胶制品的后硫化阶段，非甲烷总烃主要在炼胶、挤出压延及硫化（注射）。日用及医用橡胶制品制造业在配料及浸胶工艺会有氨气的排放，废水主要产生于炼制和硫化等环节。生产过程会产生一些废品及边角料等一般工业废物，也会在废气处理过程中产生废活性炭及其他过滤棉等。

轮胎/橡胶管、带、板、橡胶零件/再生胶/其他橡胶制品/再生橡胶/日用及医用橡胶制品生产工艺及产污关键节点如图7-23～图7-25所示。

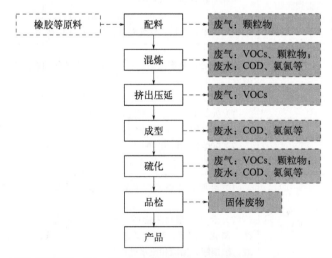

图7-23　轮胎/橡胶管、带、板、橡胶零件/其他橡胶制品制造生产工艺及产污分析

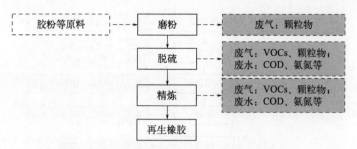

图7-24　再生橡胶制造生产工艺及产污分析

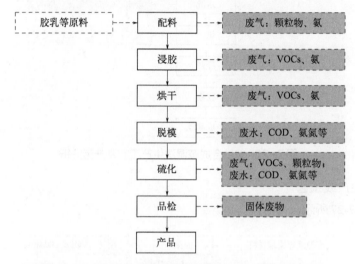

图7-25　日用及医用橡胶制品制造生产工艺及产污分析

（6）塑料制品行业

塑料制品根据成型工艺不同一般可分为挤出、注塑和吹塑等工艺，多以PE、PP、PC、PET、PS、ABS等为原料。废气的产污节点为塑化阶段，主要成分为非甲烷总烃。

塑料合成革制品行业干法线废气产污环节主要在配料车间、涂布及烘干工序。湿法线废气产污环节包括湿法配料车间、烫平、涂布和凝固及烘干工序；后处理生产废气主要来自三版印刷的滚涂、烘干、喷涂；废气中的主要成分为VOCs及二甲基甲酰胺（DMF）。废水的产生主要在洗槽废水、洗塔废水和塔顶废水。产生的主要废气污染源来自有机溶剂二甲基甲酰胺（DMF）及VOCs，目前大多数企业采用喷淋塔水洗、分级精馏来回收DMF，回收效率多为95%以上。因此，PU合成革行业目前主要针对废气中的DMF进行回收及处理，而只有少量企业对VOCs（丁酮、苯、甲苯、二甲苯、乙酸乙酯）进行处理（活性炭吸附和UV光催化法）。目前大多数企业的PU合成革废水监测指标一般包括COD、氨氮和DMF。企业执行的标准为《合成革与人造革工业污染物排放标准》（GB 21902—2008）。

1）湿法生产线工艺

具体如图7-26所示。

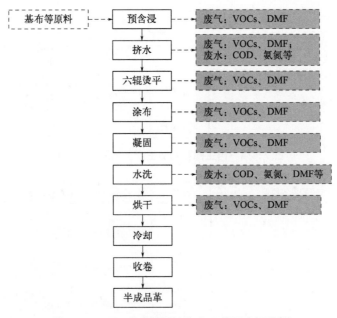

图7-26　PU合成革湿法生产工艺及产污分析

2）干法生产线工艺

具体如图7-27所示。

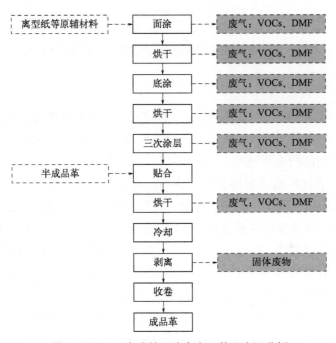

图7-27　PU合成革干法生产工艺及产污分析

3）后处理工艺

具体如图7-28所示。

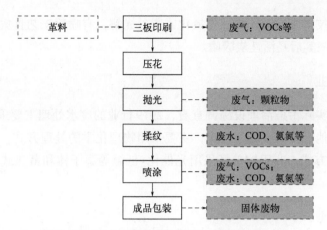

图 7-28　PU 合成革后处理生产工艺及产污分析

塑料制品生产过程的一般固体废物，主要是生产过程的边角料，由于生产废料未经污染，大部分都被企业回收利用；合成革行业的边角料交由回收公司处理。

塑料制品生产过程中的危险废物，主要包括：

① 生产设备维护产生的废矿物油与含矿物油废物（HW08）；

② 末端治理实施中的废活性炭（HW49）；

③ DMF 精馏残渣（HW11）；

④ 合成革干法涂覆产生的废离型纸（HW13）。

7.2.3　主要污染物指标识别

本行业主要污染物指标为工业废水量、化学需氧量、氨氮、总氮、总磷、工业废气量、非甲烷总烃和挥发性有机物，橡胶行业特征污染物为氨，合成革行业的特征污染物为二甲基甲酰胺。

7.3　文教相关用品与橡胶塑料制品行业污染物产排特征及治理情况

（1）文教、工美、体育和娱乐用品制造业及其他制造业

本行业的大部分中小企业由于污染物产生量较小，通常没有污染治理设施，污染物直接排入环境。例如，废气的无组织排放或经集中收集后排放；废水与生活污水混合经化粪池后排入市政管道或污染治理设施并未运行。由于废水产生量及污染物浓度通常不高，有废水治理设施的企业多选择好氧生物处理工艺（如生物接触氧化法）等小型处理

设施，废气治理技术多为紫外光催化氧化或紫外光解，有喷漆工艺且集中处理的会安装水喷淋装置去除漆雾后经活性炭吸附。

（2）橡胶制品行业

在橡胶行业实际污染治理设施调查看，2919行业的废水处理主要采用物理化学+生物处理方法，其他行业的废水量很少，主要采用物理化学的处理方式，废气中的颗粒物采用布袋除尘的方式，非甲烷总烃采用光催化-低温等离子体和蓄热式热力燃烧法的方法进行处理。

（3）塑料制品行业

塑料制品行业人造革和合成革企业全部具有末端治理设施。其他塑料制品行业如板、管、型材、薄膜、丝、绳、编织品及塑料包装制品的生产企业大多数无末端治理设施，全国大部分地区还未有环保设施的安装运行要求。一般具有末端治理设施的企业采用活性炭吸附。

7.4 文教相关用品与橡胶塑料制品行业产排污定量识别诊断技术

7.4.1 产排污数据获取方案

7.4.1.1 实测数据的获取

（1）监测方案

通过现场勘察后并制定具体可行的监测方案。监测方案的主要内容包括确定监测项目、监测方法、监测点位布置、监测周期及频次。废水监测项目包括废水流量、化学需氧量、氨氮、总氮和总磷，有组织排放的废气监测项目包括工业废气量和挥发性有机物（VOCs）。根据监测方案制定质量保证手段（例如全程序空白、仪器设备校准标定、平行双样的采集等），保证样品的采集、保存及运输按照标准要求进行。根据标准要求选择经检定或校准合格的采样设备，并对设备进行核查，保证设备检定或校准合格率达100%，所有检测人员均需经过培训，经考核合格后方可持证上岗。

在样品采集方面，严格参照相关国家标准及技术规范执行。对于有组织排放废气，采样尽可能在设计生产能力70%以上的工况下进行监测。采样位置由调查单位结合实际情况确定，采样的具体设置方法应按《固定源废气监测技术规范》（HJ/T 397—2007）、

《固定污染源排气中颗粒物测定与气态污染物采样方法》（GB/T 16157—1996）等相关标准中的具体规定执行。现场要记录如生产设施、净化设施运行状况或参数，风向、风速等气象资料。注意采样布点的合理性，尽可能采集到废气处理设施进口和出口的废气样品，为计算和核算废气净化处理设施处理效率和排放量提供数据支持；对于生产废水，采样依据《地表水和污水监测技术规范》（HJ/T 91—2002）和《水质采样　样品的保存和管理技术规定》（HJ 493—2009）进行。

（2）分析方法

本行业生产废水和有组织排放废气主要污染指标分析方法如表7-2所列。

表7-2　检测项目及分析方法

类型	检测项目	分析方法	仪器名称
废水	化学需氧量	HJ 828—2017《水质　化学需氧量的测定　重铬酸盐法》	滴定管
	氨氮	HJ 536—2009《水质　氨氮的测定　水杨酸分光光度法》	可见分光光度计
	总磷（以P计）	GB 11893—1989《水质　总磷的测定　钼酸铵分光光度法》	可见分光光度计
	总氮（以N计）	HJ 636—2012《水质　总氮的测定　碱性过硫酸钾消解紫外分光光度法》	紫外可见分光光度计
废气	VOCs	HJ 734—2014《固定污染源废气　挥发性有机物的测定　固相吸附-热脱附/气相色谱-质谱法》	气相色谱-质谱仪

7.4.1.2　历史数据的获取

为有效保证历史数据的有效性，本行业的产污系数制定过程的历史数据主要包括企业委托具有CMA资质的第三方监测机构年度监督性检测数据和环境影响评价报告书中的实测历史数据。另外，为保证历史数据的有效性，对第三方监督性历史数据进行专业审核，主要遵循以下原则：

① 对于特定的污染物，监测数据必须保证有环保处理设施进口和出口的污染物监测数据；

② 必须保证有连续2d、总共6次的污染物监测数据；

③ 对于废水污染物，如果出现化学需氧量低于方法检出限、氨氮浓度高于总氮浓度的异常值情况，默认该份监测历史数据无效。

7.4.1.3　模拟数据的获取

本行业292塑料制品业板、管、型材的数据获取可基于物料守恒的原理，采取实验模拟的方法——热失重法，得到挥发性有机物的产污系数。

热失重法是指在程序控制温度下，测量物质质量与温度关系的一种技术。热失重法试验得到的曲线称为热失重曲线（即TG曲线）。TG曲线以质量损失作纵坐标，从上向下表示质量减少，以温度（或时间）作横坐标，自左至右表示温度（或时间）增加。

通过热失重法（仪器如图7-29所示），分别模拟了PVC、HDPE、LDPE、PP等在与实际加工温度相同情况下的质量损失。

PVC管材的成型工艺中，从捏合到塑化挤出阶段大约需要6min，加工温度为180～200℃，因此TGA模拟条件为：从室温升到200℃，在200℃下保温6min；接着加热到500℃。分析在200℃下保温6min时的PVC质量损失来计算VOCs的产生量（图7-30）。

从模拟数据得出：室温至200℃（保温6min）时，PVC的质量损失为0.79%，PVC挤出成型中的废气会由于PVC分解产生一部分氯化氢，因此VOCs的计算应去除产生的氯化氢。

图7-29 热失重仪器

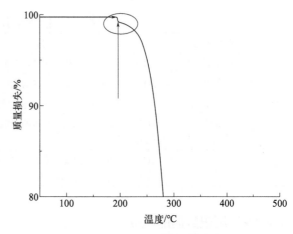

图7-30 PVC热失重曲线

由于PE和PP的加工温度一般为220～240℃，采用相同的方法模拟了PP和PE在加工过程中的质量损失，分别为0.8%～1.12%和0.9%～1.31%，故PP的热稳定性高于PE（图7-31、图7-32）。

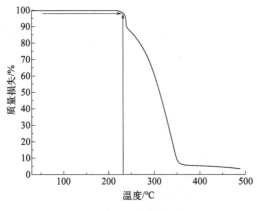

图7-31 PP热失重曲线

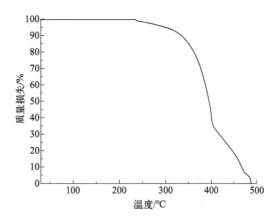

图7-32 PE热失重曲线

7.4.1.4 数据质量控制

（1）实测数据质量控制

本行业的实测数据质量控制体现在样品采集、样品封存和样品分析测试全过程。样品采集和分析测试工作均按有关标准规范的规定执行，监测频次、布点与采样、分析方法和质量保证按生态环境部发布的相关监测技术规范要求执行。保证测试数据的准确性和有效性。

废水样品的采集与保存按照《水质采样 样品的保存和管理技术规定》（HJ 493—2009）、《地表水和污水监测技术规范》（HJ/T 91—2002）水和废水监测分析方法（第四版）（增补版）等标准的相关要求。

气体样品采样前，会对采样系统的气密性进行认真检查，确认无漏气现象后方可进行采样。使用经计量检定单位检定合格的采样器。使用前必须经过流量校准，流量误差应不大于5%，采样时流量应稳定。使用气袋或真空瓶采样时，将气袋和真空瓶用气样重复洗涤3次。采样后，旋塞应拧紧，以防漏气。气态污染物采样前，确认采样管材质及滤料不吸收且不与待测污染物起化学反应，不被排气成分腐蚀，并能耐受高温排气。采样前检查仪器与设备预处理装置（除湿剂、气液分离装置、滤纸或滤膜）是否有效。各连接管不可存在折点或堵塞。

（2）历史数据质量控制

对于历史数据，为有效保证历史数据的有效性和数据质量，本行业的产污系数制定过程的历史数据主要包括企业委托具有CMA资质的第三方监测机构监督性检测数据和环境影响评价报告书中的实测历史数据。另外，为保证历史数据的有效性，对第三方监督性历史进行专业审核，主要遵循以下原则：

① 对于特定的污染物，监测数据必须保证有环保处理设施进口和出口的污染物监测数据；

② 必须保证有连续2d、总共6次的污染物监测数据；

③ 对于废水污染物，如果出现化学需氧量低于方法检出限、氨氮浓度高于总氮浓度等异常值情况，默认该份监测历史数据无效而摒弃。

7.4.2 主要影响因素组合识别与确定

综合考虑本行业所使用原料种类和典型生产工艺，确定本行业的产污主要包括生产工艺（工段）、产品类型、原料类型、污染因子类型及产量等，24行业共识别确认工段（系数组合）共计15（43）个，其中，241行业4（8）个、242行业2（7）个、243行业4（18）个、244行业4（8）个、245行业1（2）个。29行业共识别确认工段（系数组合）共计20（117）个，其中，291行业7（75）、292行业13（42）。41行业共识别确认工段（系数组合）共计2（12）个。

7.4.3 产污系数制定方法

7.4.3.1 个体产污系数的计算及示例

以242乐器制造业个体产污系数的计算为例。

（1）泡皮工艺

其废水中工业废水量、化学需氧量、氨氮、总氮、总磷的产污系数获取方法如下。

1）基础数据来源

本次计算泡皮工艺废水中工业废水量、化学需氧量、氨氮、总氮、总磷的产污系数选取的基准企业为天津乐器行业样本001以及上海乐器行业样本002。

2）污染物浓度、废水量测试

采用模拟实验，相关模拟数据获取委托某第三方检测公司进行检测，检测方法参照相关的标准与规范。检测结果如表7-3和表7-4所列。

表7-3 乐器行业样本001

样品批次	取样时间	指标	计量单位	化学需氧量	氨氮	总磷	总氮
W001	2019.09.29	进口浓度	mg/L	8	0.17	0.24	1.08
		废水量	L	960	960	960	960
		污染物产生量	g	7.68	0.163	0.230	1.03
		产污系数	g/kg动物皮	4.605	0.10	0.14	0.63
W002	2019.09.30	进口浓度	mg/L	15	0.18	0.24	1.24
		废水量	L	960	960	960	960
		污染物产生量	g	14.4	0.173	0.230	1.190
		产污系数	g/kg动物皮	8.73	0.10	0.14	0.72
W003	2019.09.30	进口浓度	mg/L	14	0.17	0.24	1.27
		废水量	L	960	960	960	960
		污染物产生量	g	13.44	0.163	0.230	1.219
		产污系数	g/kg动物皮	8.145	0.099	0.140	0.739

表7-4 乐器行业样本002

样品批次	取样时间	指标	计量单位	化学需氧量	氨氮	总磷	总氮
W001	2018.10.26	进口浓度	mg/L	21	2.71	2.2	3.4
		废水量	L	6	6	6	6
		污染物产生量	g	0.126	0.016	0.013	0.020
		产污系数	g/kg动物皮	0.075	0.010	0.008	0.012

续表

样品批次	取样时间	指标	计量单位	化学需氧量	氨氮	总磷	总氮
W002	2018.10.26	进口浓度	mg/L	2.90	2.31	4.88	24.00
		废水量	L	6	6	6	6
		污染物产生量	g	0.017	0.014	0.029	0.144
		产污系数	g/kg动物皮	0.010	0.008	0.017	0.086

在表7-3、表7-4中，各污染物的进口浓度、废水量等参数均由检测得到，污染物产生量数据由以下公式计算得到：

污染物产生量=进口浓度 × 废水量/1000

3）单个样本产污系数计算

单次采样得到的产污系数计算方法如下：

$$k=\frac{G_i}{M_i} \qquad (7-1)$$

式中　k——单个样本的产污系数；

G_i——第i批次样本单位时间（或调查周期）内a源项的污染物产生量；

M_i——第i批次样本单位时间（或调查周期）内的产品产量或原料量。

得到单个样本的产污系数后，单个企业的产污系数计算公式如下：

$$k_a=\sum\left(w_i\times\frac{G_i}{M_i}\right) \qquad (7-2)$$

式中　k_a——单个样本企业a源项产污系数；

w_i——第i批次样本产污系数的权重。

本次系数确定过程中选取的产污系数权重采用平均系数法，w_i=1/单个样本企业的采样次数。计算得到的单个企业样本的产污系数结果如表7-5所列。

表7-5　单个企业样本的产污系数计算结果

样本企业	计量单位	化学需氧量	氨氮	总磷	总氮
乐器行业样本001	g/kg动物皮	7.18	0.10	0.14	0.70
乐器行业样本002	g/kg动物皮	0.043	0.009	0.013	0.049

（2）喷漆/刷漆工艺

其中的挥发性有机物产污系数获取方法如下。

1）基础数据来源

本次计算挥发性有机物的产污系数选取的基准企业为乐器行业样本001 ～ 003，以及乐器行业样本004 ～ 006。

2）挥发性有机物浓度、废气量测试

采用实测方法与历史数据相结合的方法，实测数据获取委托某第三方检测公司进行检测，检测方法参照相关的标准与规范，实测数据检测结果如表7-6～表7-11所列。

表7-6　乐器行业样本001

样品批次	取样时间	指标	计量单位	非甲烷总烃
G001	2018-9-28	进口浓度	mg/m³	10.2
		排放速率	kg/h	0.092
		污染物产生量	kg（测量周期2d）	1.288
		产污系数	g/kg漆料	2.382
G002	2018-9-29	进口浓度	mg/m³	9.8
		排放速率	kg/h	0.21
		污染物产生量	kg	2.94
		产污系数	g/kg漆料	5.437
G003	2018-9-30	进口浓度	mg/m³	13.3
		排放速率	kg/h	0.26
		污染物产生量	kg	3.64
		产污系数	g/kg漆料	6.732

表7-7　乐器行业样本002

样品批次	取样时间	指标	计量单位	非甲烷总烃
G001	2018-9-28	进口浓度	mg/m³	12.6
		排放速率	kg/h	0.17
		污染物产生量	kg（测量周期2d）	1.02
		产污系数	g/kg漆料	4.644
G002	2018-9-29	进口浓度	mg/m³	22.5
		排放速率	kg/h	0.28
		污染物产生量	kg	1.68
		产污系数	g/kg漆料	7.6485
G003	2018-9-30	进口浓度	mg/m³	16.6
		排放速率	kg/h	0.19
		污染物产生量	kg	1.14
		产污系数	g/kg漆料	5.19007

表7-8　乐器行业样本003

样品批次	取样时间	指标	计量单位	非甲烷总烃
G001	2018-9-28	进口浓度	mg/m³	11.3
		排放速率	kg/h	0.072
		污染物产生量	kg（测量周期2d）	0.432
		产污系数	g/kg漆料	5.900
G002	2018-9-29	进口浓度	mg/m³	20.4
		排放速率	kg/h	0.14
		污染物产生量	kg	0.84
		产污系数	g/kg漆料	11.472
G003	2018-9-30	进口浓度	mg/m³	14.5
		排放速率	kg/h	0.1
		污染物产生量	kg	0.6
		产污系数	g/kg漆料	8.194

表7-9　乐器行业样本004

样品批次	取样时间	指标	计量单位	非甲烷总烃
G001	2018-10-26	进口浓度	mg/m³	6.58
		排放速率	kg/h	0.0604
		污染物产生量	kg	0.4832
		产污系数	kg/t漆料	67.789
G003	2017-8-8	进口浓度	mg/m³	9.275
		排放速率	kg/h	0.093
		污染物产生量	kg	0.744
		产污系数	kg/t漆料	74.377

表7-10　乐器行业样本005

样品批次	取样时间	指标	计量单位	非甲烷总烃
G001	2018-10-28	进口浓度	mg/m³	10.7
		排放速率	kg/h	0.101
		污染物产生量	kg	0.354
		产污系数	g/kg漆料	3.302

表7-11　乐器行业样本006

样品批次	取样时间	指标	计量单位	非甲烷总烃
G001	2018-10-26	进口浓度	mg/m³	39.20
		排放速率	kg/h	0.2
		污染物产生量	kg	1.6425
		产污系数	g/kg漆料	135.744

在表7-6～表7-11中，各污染物的进口浓度、排放速率参数均由检测得到，污染物产生量数据由以下公式计算得到：

污染物产生量＝排放速率 × 装置运行时间

3）单个样本产污系数计算

单次采样得到的产污系数计算方法如下：

$$k=\frac{G_i}{M_i} \tag{7-3}$$

式中　k——单个样本的产污系数；

G_i——第i批次样本单位时间（或调查周期）内a源项的污染物产生量；

M_i——第i批次样本单位时间（或调查周期）内的产品产量或原料量。

得到单个样本的产污系数后，单个企业的产污系数计算公式如下：

$$k_a=\sum\left(w_i\times\frac{G_i}{M_i}\right) \tag{7-4}$$

式中　k_a——单个样本企业a源项产污系数；

w_i——第i批次样本产污系数的权重；

其余符号意义同前。

本次系数确定过程中选取的产污系数权重采用平均系数法，w_i=1/单个样本企业的采样次数。计算得到的单个企业样本的产污系数结果如表7-12。

表7-12　单个企业样本的非甲烷总烃产污系数计算结果

样本企业	计量单位	非甲烷总烃
乐器行业样本001	kg/t漆料	4.850
乐器行业样本002	kg/t漆料	5.828
乐器行业样本003	kg/t漆料	8.522
乐器行业样本004	kg/t漆料	71.083
乐器行业样本005	kg/t漆料	3.302
乐器行业样本006	kg/t漆料	135.744

　　由于在监测报告中，采用的气体污染物浓度均以非甲烷总烃浓度计，其浓度与挥发性有机污染物浓度间存在一定的换算系数。经充分调研文献、测算、咨询相关的环保专家与行业专家，将以非甲烷总烃计的产污系数与以挥发性有机物计的产污系数之间的换算比例定为1：2。由此得到的产污系数见表7-13。

表7-13　单个企业样本的挥发性有机物产污系数计算结果

样本企业	计量单位	挥发性有机物
乐器行业样本001	kg/t漆料	9.700
乐器行业样本002	kg/t漆料	11.656
乐器行业样本003	kg/t漆料	17.044
乐器行业样本004	kg/t漆料	142.166
乐器行业样本005	kg/t漆料	6.604
乐器行业样本006	kg/t漆料	271.488

　　由于本次产污系数计算过程中选用的基础数据为尾气净化装置入口的气体浓度。在实际调研中，发现其对原料产生的挥发性有机物并未做到100%效率的收集。因此，在计算喷漆/刷漆工艺的产污系数时，还需要考虑收集效率（ϕ）的影响。结合行业调研情况与文献调研情况，并与相关的行业专家进行讨论，确定了不同收集类型企业挥发性有机物的收集效率：

　　①无任何集气装置，空间开窗，ϕ=3%～5%；无任何集气装置，空间不开窗，ϕ=5%～10%，如图7-33所示；

　　②具备集气罩，并配备有水幕吸收装置，ϕ=60%～80%，如图7-34所示；

　　③空间基本密闭，微负压条件，ϕ=90%，如图7-35所示。

　　根据上述收集效率，结合各样本企业的车间情况，计算得到最终单个样本的挥发性有机物产污系数，如表7-14所列。

图7-33　无任何集气装置的车间情况

图7-34　具备集气罩并配备有水幕吸收装置的车间情况

图7-35　空间基本密闭且具备微负压条件的车间情况

表7-14　单个企业样本的挥发性有机物折算后产污系数计算结果

样本企业	计量单位	挥发性有机物	收集效率/%	折算后的产污系数
乐器行业样本001	kg/t漆料	9.700	5	194
乐器行业样本002	kg/t漆料	11.656	5	233.12
乐器行业样本003	kg/t漆料	17.044	5	340.88
乐器行业样本004	kg/t漆料	142.166	80	177.71
乐器行业样本005	kg/t漆料	6.604	3	220.13
乐器行业样本006	kg/t漆料	271.488	90	301.65

7.4.3.2　行业平均产污系数的计算及示例

本行业平均产污系数主要采用加权平均法获得，遵循的原则如下：在调研企业个体产污系数差异不大的情况下均采用相同的权重因子，在调研企业个体产污系数差异很大的情况下根据企业规模和企业生产工艺所处的行业水平赋予权重，最终获得行业平均产污系数。由于本次调研对实测数据和历史数据质量保证采取了相关保证措施，因而实测数据获得的个体产污系数差不大，因而选取的权重因子均相等。

行业产污系数计算按照下列公式进行：

$$k_{a行} = \sum_{j=a}^{m}(w_j \times k_a) \tag{7-5}$$

式中　k_a——单个样本企业a源项产污系数；

　　　w_j——行业a源项不同样本产污系数权重。

7.4.3.3　行业类比产污系数的引用

对不涉及本行业主要产污环节,本课题根据产品、原料、工艺和污染物种类基本相同的原则,确定可类比的行业产污系数,详细的类比情况如下。

（1）2411文具制造

① 注塑工段的产污系数参照2927日用塑料制品制造的废气产污系数;

② 冲压等工段的产污系数参照3389其他金属制日用品制造的产污系数;

③ 模具制造工段的产污系数参照3525模具制造的产污系数;

④ 电镀工段的产污系数参照3360金属表面处理及热处理加工的产污系数;

⑤ 印刷工段的产污系数参照2319包装装潢及其他印刷的产污系数;

⑥ 以环氧树脂漆等为漆料进行金属类文具等喷涂的,喷涂工段的产污系数参照2422西乐器制造的产污系数;

⑦ 以PVC、TBR等橡塑材料进行橡皮等文具产品制造的,其产污系数参照2913橡胶零件制造的产污系数。

（2）2412笔的制造

① 以塑料（如PP、ABS等）为原料通过注塑工艺生产笔制品的,注塑工段产污系数参照2927日用塑料制品制造的废气产污系数;

② 以金属材料（如铜合金、铝材、不锈钢等）为原料生产笔制品的,加工工段产污系数参照3389其他金属制日用品制造的产污系数;

③ 模具制造工段的产污系数参照3525模具制造的产污系数;

④ 电镀工段的产污系数参照3360金属表面处理及热处理加工的产污系数;

⑤ 印刷工段的产污系数参照2319包装装潢及其他印刷的产污系数;

⑥ 铅笔板软化加工工艺的产污系数参照2039软木制品及其他木制品制造的产污系数;

⑦ 以硝基漆、水性聚氨酯漆等为涂料进行铅笔杆、塑料笔杆喷涂的,喷涂工段的产污系数参照2422西乐器制造的产污系数;

⑧ 以白乳胶等为胶黏剂进行铅笔黏工段的,胶黏工段产污系数参照2437地毯、挂毯制造行业胶黏背胶工段的产污系数。

（3）2413教学用模型及教具制造

① 以塑料（如PP、ABS等）为原料通过注塑工艺生产教学用模型及教具的,注塑工段产污系数参照2927日用塑料制品制造的废气产污系数;

② 以金属材料（如铜合、铝不锈钢等）为原生产教学用模型及教具的,加工工段产污系数参照3389其他金属制日用品制造的产污系数;

③ 以石膏材料为原生产教学用模型及教具的,加工工段产污系数参照2431雕塑工艺品制造的产污系数;

④ 以木材为原料生产教学用模型及教具的，加工工段产污系数参照2039软木制品及其他木制品制造的产污系数；

⑤ 以金属材料（模具钢等）为原料，通过电脉冲工艺进行教学用模型及教具制造的，模具制造工段产污系数参照3525模具制造的产污系数；

⑥ 存在教学用模型及教具电镀工艺的，电镀工段的产污系数参照3360金属表面处理及热处理加工的产污系数。

（4）2414墨水、墨汁制造

制造圆珠笔油墨专用染料的制备工段，该工段的产污系数参照2645染料制造的废水产污系数。

（5）2419其他文教办公用品制造

① 以塑料（如 PP、ABS 等）为原料通过注塑工艺生产其他文具办公用品的，注塑工段产污系数参照2927日用塑料制品制造的废气产污系数；

② 以金属材料（如铜合、铝不锈钢等）为原料生产其他文具办公用品的，加工工段产污系数参照3389其他金属制日用品制造的产污系数；

③ 存在金属类其他文具办公用品电镀工艺的，电镀工段的产污系数参照3360金属表面处理及热处理加工的产污系数。

（6）2421中乐器制造

① 以漆料为原料通过喷漆/喷涂工艺生产中乐器制品的，喷漆/喷涂工段的产污系数参照2422西乐器制造的废气产污系数；

② 以胶黏剂为原料通过灌胶/胶黏工艺生产中乐器制品的，灌胶/胶黏工段的产污系数参照2437地毯、挂毯制造的废气产污系数；

③ 存在木材切削、打磨、热压工艺生产中乐器制品的，木材切削、打磨、热压工段产污系数参照2021胶合板制造的废气产污系数。

（7）2422西乐器制造

① 存在以动物皮革、合成皮革为原料通过泡皮工艺生产西乐器制品的，泡皮工艺生产工段的产污系数参照2421中乐器制造的废水产污系数；

② 存在木材切削、打磨、热压工艺生产西乐器制品的，木材切削、打磨、热压工段的产污系数参照2021胶合板制造的废气产污系数；

③ 存在金属制品表面电镀处理的，参照通用工序-电镀废水、废气产污系数。

（8）2423电子乐器制造

① 存在以胶黏剂为原料通过灌胶/胶黏工艺生产电子乐器制品的，灌胶/胶黏工段

的产污系数参照 2437 地毯、挂毯制造的废气产污系数；

② 存在木材切削、打磨、热压工艺生产电子乐器制品的，木材切削、打磨、热压工段产污系数参照 2021 胶合板制造的废气产污系数；

③ 存在注塑、吹塑工艺生产电子乐器制品的，注塑、吹塑工段产污系数参照 2929 塑料零件及其他塑料制品制造。

（9）其他乐器及零件制造

① 以漆料为原料通过喷漆/喷涂工艺生产乐器零件制品的，喷漆/喷涂工段的产污系数参照 2422 西乐器制造的废气产污系数；

② 使用泡皮工艺生产乐器零件制品的，泡皮工段产污系数参照 2421 中乐器制造的废水产污系数；

③ 使用漆料进行喷漆/喷涂工艺生产乐器制品的，喷漆/喷涂工段的产污系数参照 2422 西乐器制造的废气产污系数；

④ 存在以胶黏剂为原料通过灌胶/胶黏工艺生产乐器制品的，灌胶/胶黏工段的产污系数参照 2437 地毯、挂毯制造的废气产污系数；

⑤ 存在木材切削、打磨、热压工艺生产其他乐器及零件制品的，木材切削、打磨、热压工段产污系数参照 2021 胶合板制造的废气产污系数；

⑥ 存在注塑、吹塑工艺生产其他乐器及零件制品的，注塑、吹塑工段污系数参照 2929 塑料零件及其他塑料制品制造。

（10）2431 雕塑工艺品制造

① 以天然石料通过雕刻工艺生产坯体的，雕刻工段的产污系数参照 3032 建筑用石加工行业的废气产污系数；

② 以树脂为原料通过注塑工艺生产塑造工艺品坯体的，注塑工段的产污系数参照 2927 日用塑料制品制造的废气产污系数；

③ 以油漆为原料通过刷漆/喷漆（涂）工艺生产雕塑工艺品的，刷漆/喷漆（涂）工艺的产污系数参照 2433 漆器工艺品制造的废气产污系数；

④ 以胶黏剂为原料通过胶黏工艺生产雕塑工艺品，胶黏工艺的产污系数参照 2437 地毯、挂毯制造的废气产污系数。

（11）2432 金属工艺品制造

① 以石蜡、树脂为原料生产砂型的，注塑工段的产污系数参照 2927 日用塑料制品制造的废气产污系数；

② 以油漆为原料的刷漆/喷漆（涂）工段，刷漆/喷漆（涂）工段的产污系数参照 2431 雕塑工艺品制造和 2433 漆器工艺品制造的废气产污系数；

③ 以金属为原料通过金属熔化-浇铸工艺生产坯型的，浇铸工段的产污系数参照3311金属结构制造的废气产污系数；

④ 对金属坯型进行电镀、研磨、焊接、清理/清洗等表面处理及热加工的，金属表面处理及热处理工段的产污系数参照3360金属表面处理及热处理加工的废气和废水产污系数。

（12）2433漆器工艺品制造

① 以胶黏剂为原料通过胶黏工艺生产漆器工艺品，胶黏工艺的产污系数参照2437地毯、挂毯制造的废气产污系数；

② 木材切削、加工生产漆器工艺品木制框架的，木材切削加工工艺参照2039软木制品及其他木制品制造的废气产污系数。

（13）2434花画工艺品制造

① 以树脂为原料通过注塑工艺生产人造花、叶、果实制品的，注塑工艺的产污系数参照2927日用塑料制品制造的废气产污系数；

② 以胶黏剂为原料通过胶黏工艺生产贴画类工艺品，胶黏工艺的产污系数参照2437地毯、挂毯制造的废气产污系数；

③ 以油墨为原料通过印刷工艺生产画类工艺品的，印刷工艺的产污系数参照2436抽纱刺绣工艺品制造的废气产污系数。

（14）2435天然植物纤维编织工艺品制造

① 存在浸泡、印染工段的，其产污系数参照2437地毯、挂毯制造的废水产污系数；

② 以胶黏剂为原料通过胶黏工段生产编织类工艺品，胶黏工段的产污系数参照2437地毯、挂毯制造的废气产污系数；

③ 以油漆为原料通过刷漆/喷漆（涂）工段生产编织工艺品的，刷漆/喷漆（涂）工艺的产污系数参照2433漆器工艺品制造的废气产污系数。

（15）2436抽纱刺绣工艺品制造

① 以胶黏剂为原料的胶黏工段，其产污系数参照2437地毯、挂毯制造的废气产污系数；

② 浸泡、印染工段，其产污系数参照2437地毯、挂毯制造的废水产污系数；

③ 印刷/印花/丝印/移印/烫金工艺的印刷工段，其产污系数参照2437地毯、挂毯制造的废气产污系数。

（16）2437地毯、挂毯制造

以树脂为原料通过挤塑工艺生产编织用塑料丝的，挤塑工段的产污系数参照2923塑料丝、绳及编织品制造的废气产污系数。

（17）2438珠宝首饰及有关物品制造

① 以胶黏剂为原料的胶黏工段，其产污系数参照2437 地毯、挂毯制造的废气产污系数；

② 对产品进行电镀、研磨、焊接、清理/清洗等表面处理及热加工的，其产污系数参照3360金属表面处理及热处理加工的废气和废水产污系数；

③ 印花/丝印/移印/烫金工序，如宠物玩具等，其产污系数参照2452塑胶玩具制造的废气产污系数。

（18）2439其他工艺美术及礼仪用品制造

① 以树脂为原料通过注塑工段的，如树脂拉链、塑料或树脂类纽（揿）扣、宠物塑料用品等，其产污系数参照2927日用塑料制品制造的废气产污系数；

② 以油漆为原料通过刷漆/喷漆（涂）工段的，如金属婴儿推车及其零件等，其产污系数参照2456儿童乘骑玩耍的童车类产品制造的废气产污系数；

③ 印花/丝印/移印/烫金工序，如宠物玩具等，其产污系数参照2452塑胶玩具制造的废气产污系数。

（19）2441球类制造

以胶黏剂为原料的胶黏工段，其产污系数参照2437 地毯、挂毯制造的废气产污系数。

（20）2442专项运动器材及配件制造

① 以树脂为原料通过注塑工段的，如树脂拉链、塑料或树脂类纽（揿）扣、塑料用品等，其产污系数参照2927日用塑料制品制造的废气产污系数；

② 以油漆为原料通过刷漆/喷漆（涂）工段的，其产污系数参照242乐器制造的废气产污系数；

③ 以金属件为原料，通过金属件表面酸碱处理工段的焊接工段，以及以塑粉为原料通过静电喷涂的工段，其产污系数均参照2443健身器材制造的废气产污系数；

④ 以胶黏剂为原料通过灌胶/胶黏工段的，以及以橡胶为原料通过硫化工段的，各工段产污系数参照2437的废气产污系数；

⑤ 金属原料电镀工序，其产污系数参照通用工序电镀的废水产污系数；

⑥ 印花/丝印/移印/烫金工序，其产污系数参照2452塑胶玩具制造的废气产污系数。

（21）2443健身器材制造

① 金属原料电镀工序，其产污系数参照通用工序电镀的废水产污系数；

② 以油漆为原料通过刷漆/喷漆（涂）工段的，其产污系数参照242 乐器制造的废

气产污系数。

（22）2444运动防护用具制造

① 以树脂为原料通过注塑工段的，如树脂拉链、塑料或树脂类纽（揿）扣、塑料用品等，其产污系数参照2927日用塑料制品制造的废气产污系数；

② 手套、鞋、帽等布料水洗工艺，其产污系数参照1811运动机织服装行业的废水产污系数；

③ 以漆料为原料在塑料件表面刷（喷）漆工段的，其产污系数参照242乐器制造的废气产污系数；

④ 以胶黏剂为原料的胶黏工段的，其产污系数参照2437废气产污系数。

（23）2449其他体育用品制造

① 以树脂为原料通过注塑工段的，其产污系数参照2927日用塑料制品制造的废气产污系数；

② 布料水洗工艺，其产污系数参照1811运动机织服装行业的废水产污系数；

③ 以漆料为原料在塑料件表面刷（喷）漆工段的，其产污系数参照242乐器制造的废气产污系数；

④ 焊接打磨、静电喷涂、表面处理工段，其产污系数参照2443健身器材制造行业系数表的相应工艺废气产污系数；

⑤ 胶黏工段产污系数参照2437地毯、挂毯制造的废气产污系数；

⑥ 移印工段产污系数参照2452塑胶玩具制造的废气产污系数。

（24）2451电玩具制造

① 注塑工段的产污系数参照2927日用塑料制品制造的废气产污系数；

② 刷漆/喷漆（涂）工段的产污系数参照2433漆器工艺品制造的废气产污系数；

③ 印刷工段的产污系数参照2452塑胶玩具制造的废气产污系数。

（25）2452塑胶玩具制造

① 行业中存在以树脂为原料通过注塑工段的，其产污系数参照2927日用塑料制品制造的废气产污系数；

② 行业中存在以油漆为原料通过刷漆/喷漆（涂）工段的，其产污系数参照2443健身器材制造的废气产污系数。

（26）2453金属玩具制造

① 行业中存在以树脂为原料通过注塑工段的，其产污系数参照2927日用塑料制品制造的废气产污系数；

② 行业中存在以油漆为原料通过刷漆/喷漆（涂）工段的，其产污系数参照 2443 健身器材制造的废气产污系数；

③ 行业中存在以油墨为原料通过印刷工艺进行装饰的，其产污系数参照 2452 塑胶玩具制造的废气产污系数；

④ 行业中存在金属原料电镀工序的，其产污系数参照通用工序电镀的废水产污系数。

（27）2455 娃娃玩具制造

① 行业中存在以树脂为原料通过注塑工段的，其产污系数参照 2927 日用塑料制品制造的废气产污系数；

② 行业中存在以油墨为原料通过移印工段的，其产污系数参照 2452 塑胶玩具制造的废气产污系数。

（28）2456 儿童乘骑玩耍的童车类产品制造

① 行业中存在以树脂为原料通过注塑工段的，其产污系数参照 2927 日用塑料制品制造的废气产污系数；

② 行业中存在以油墨为原料通过移印工段的，其产污系数参照 2452 塑胶玩具制造的废气产污系数；

③ 行业中存在以陶瓷为原料通过烧制工段的，其产污系数参照 3074 日用陶瓷制品制造的废气产污系数。

（29）2459 其他玩具制造

① 行业中存在以树脂为原料通过注塑工段的，其产污系数参照 2927 日用塑料制品制造的废气产污系数；

② 行业中存在以油漆为原料通过刷漆/喷漆（涂）工段的，其产污系数参照 2443 健身器材制造的废气产污系数；

③ 行业中存在以油墨为原料通过移印工段的，其产污系数参照 2452 塑胶玩具制造的废气产污系数。

（30）2461 露天游乐场所游乐设备制造

① 行业中存在以树脂为原料通过注塑工段的，其产污系数参照 2927 日用塑料制品制造的废气产污系数；

② 行业中存在以油漆为原料通过刷漆/喷漆（涂）工段的，其产污系数参照 2443 健身器材制造的废气产污系数；

③ 行业中存在以油墨为原料通过移印工段的，其产污系数参照 2452 塑胶玩具制造的废气产污系数；

④ 行业中存在木制玩具精加工的，其产污系数参照 2039 软木制品及其他木制品制造。

（31）2462游艺用品及室内游艺器材制造

① 行业中存在以树脂为原料通过注塑工段的，其产污系数参照 2927 日用塑料制品制造的废气产污系数；

② 行业中存在以漆料为原料在塑料件表面刷（喷）漆工段的，其产污系数参照 242 乐器制造的废气产污系数；

③ 行业中存在焊接打磨、静电喷涂、酸碱表面处理工段的，其产污系数参照 2443 健身器材制造行业系数表的相应工艺废气产污系数；

④ 行业中存在移印工段的，其产污系数参照 2452 塑胶玩具制造的废气产污系数。

（32）2469其他娱乐用品制造

① 行业中存在以树脂为原料通过注塑工段的，其产污系数参照 2927 日用塑料制品制造的废气产污系数；

② 行业中存在以漆料为原料的表面刷（喷）漆工段，以及静电喷涂工段的，各工段的产污系数参照 242 乐器制造行业系数表的相应工艺废气产污系数；

③ 行业中存在移印工段的，其产污系数参照 2452 塑胶玩具制造的废气产污系数。

（33）2919其他橡胶制品制造

参照 2641 涂料制造的产污系数。

（34）2921塑料薄膜制造

① 造粒产污系数参照 2929 塑料零件及其他塑料制品制造行业中改性粒料的产污系数。

② 行业中存在采用胶黏剂复合多层膜及膜表面印刷的产污系数参照 2319 包装装潢及其他印刷的产污系数。

（35）2922塑料板、管、型材制造

① 造粒产污系数参照 2929 塑料零件及其他塑料制品制造行业中改性粒料的产污系数；

② 挤塑的产污系数参照 2921 塑料薄膜制造的产污系数。

（36）2923塑料丝、绳及编织品制造

① 造粒产污系数参照 2929 塑料零件及其他塑料制品制造行业中改性粒料的产污系数；

② 本行业的挤塑产污系数参照 2921 塑料薄膜制造的产污系数和末端治理设施处理效率进行核算。

（37）2925塑料人造革、合成革制造

超细纤维聚氨酯合成革企业如有超纤无纺布生产，其生产属于纺织行业，产污系数参照1781非织造布制造的废气产污系数。

（38）2926塑料包装箱及容器制造

本行业的挤塑产污系数参照2921塑料薄膜制造的产污系数和末端治理设施处理效率进行核算。

（39）2927日用塑料制品制造

① 生产过程存在挤塑工段的产污系数参照2921塑料薄膜制造的废气产污系数；
② 生产过程存在注塑工段的产污系数参照2926塑料包装箱及容器制造的废气产污系数。

（40）2928人造草坪制造

① 采用胶黏剂复合多层膜及膜表面印刷的产污系数参照2319包装装潢及其他印刷的产污系数；
② 生产过程存在注塑工段的产污系数参照2926塑料包装箱及容器制造的废气产污系数。

（41）2929塑料零件及其他塑料制品制造

① 生产过程存在挤塑工段的产污系数参照2921塑料薄膜制造的废气产污系数；
② 生产过程存在注塑工段的产污系数参照2926塑料包装箱及容器制造的废气产污系数。

（42）4119其他日用杂品制造

① 行业中存在以树脂为原料通过注塑工艺生产刷柄（如牙刷）的，注塑工段的产污系数参照2927日用塑料制品制造的废气产污系数；
② 行业中存在以油漆为原料通过刷漆/喷漆（涂）工艺生产刷柄的，刷漆/喷漆（涂）工段的产污系数参照2433漆器工艺品制造的废气产污系数；
③ 行业中存在以胶黏剂为原料通过灌胶/胶黏工艺生产刷子制品的，灌胶/胶黏工段的产污系数参照2437地毯、挂毯制造的废气产污系数。

（43）4190其他未列明制造业

① 注塑工段的产污系数参照2927日用塑料制品制造的废气产污系数；
② 刷漆/喷漆（涂）工段的产污系数参照2456儿童乘骑玩耍的童车类产品制造的废气产污系数；

③ 灌胶/胶黏工段的产污系数参照2437地毯、挂毯制造的废气产污系数;

④ 行业中存在印花/丝印/移印/烫金工序的,如宠物玩具等,其产污系数参照2452塑胶玩具制造的废气产污系数。

7.4.4 处理效率和实际运行率的确定

7.4.4.1 处理效率确定方法

末端治理设施的治理效率根据"100-污染物出口浓度/污染物进口浓度×100%"得到。在获取行业末端治理技术治理平均效率时,采用算术平均值的计算方法。

7.4.4.2 污染处理设施实际运行效率确定方法

污染治理设施的实际运行率参数为污水治理设施运行时间和正常生产时间:污染治理设施的实际运行率k=污水治理设施运行时间/正常生产时间。本行业涉及的废气污染治理设施的实际运行率k值计算方法比较如表7-15所列。

表7-15 废气污染治理设施的实际运行率k计算方法比较

污染物指标	末端治理技术	k值计算方法一	k值计算方法二(本行业使用)
颗粒物	多管旋风除尘	—	k=废气治理设施运行时间/废气产污工段正常生产时间
	电除尘		
	布袋除尘	k=除尘设备耗电量/(除尘设备额定功率×除尘设备运行时间)	
	管式过滤		
非甲烷总烃	光催化+低温等离子体	k=工艺废气净化装置耗电量/(工艺废气净化装置额定功率×工艺废气净化装置运行时间)	
	蓄热式热力燃烧法		
	吸附/催化燃烧法		
	活性炭吸附	k=活性炭用量/标准活性炭用量	
	蓄热式催化燃烧法	k=工艺废气净化装置耗电量/(工艺废气净化装置额定功率×工艺废气净化装置运行时间)	
挥发性有机物	光催化+活性炭	—	
	光催化剂微波催化		
	低温等离子体+活性炭		
	活性炭吸附	k=活性炭用量/标准活性炭用量	
	光催化	k=工艺废气净化装置耗电量/(工艺废气净化装置额定功率×工艺废气净化装置运行时间)	
	光解		
	低温等离子体		
氨	水喷淋		
DMF	活性炭吸附	k=活性炭用量/标准活性炭用量	

7.4.5　基于产污系数的产排污量核算方法

7.4.5.1　核算方法

（1）废水污染物产污系数核算方法

实测废水中污染物的进口浓度，以轮胎生产为例，根据工厂提供的每天的废水量，计算该污染物每天的产生量，该数值与对应的每天消耗的橡胶的比值，即为产污系数。按照实测数据，每天采样3次，连续2d的频次，计算算术平均值，即为该污染物的产污系数。

$$废水污染物产污系数(kg/t产品或原料)=\frac{进口浓度(mg/L) \times 废水量(t/d) \times 10^{-3}}{产品或原料(t/d)}$$

治理设施实际运行效率（k）计算：

$$治理设施实际运行效率(k)=\frac{污水治理设施运行时间(h)}{正常生产时间(h)}$$

废水中污染物处理效率的计算公式如下，多次测量取平均值，得到样本的平均处理效率。

$$\frac{废水中污染物}{处理效率(\%)}=\frac{污染物进口的浓度(mg/L)-污染物排放口的浓度(mg/L)}{污染物进口的浓度(mg/L)} \times 100\%$$

样本的排放量计算公式如下，多次测量，得出样本的实际平均排放量。

$$废水样本排放量(kg/d)=\frac{样本污染物排放口的浓度(mg/L) \times 废水量(t/d) \times 10^{3}}{10^{6}}$$

或是样本核算的排放量，公式如下：

$$P_{排}=P_{产}(1-k\eta) \tag{7-6}$$

式中　$P_{排}$——污染物排放量；

$P_{产}$——污染物产生量；

η——末端治理设施平均运行效率；

k——末端治理设施实际运行率。

（2）废气污染物产污系数核算方法

废气污染物的产污系数计算公式如下。

$$废气污染物产污系数(kg/t产品或原料)=\frac{进口浓度(mg/m^3) \times 废水量(m^3/d) \times 10^{-6}}{产品或原料(t/d)}$$

治理设施实际运行效率（k）计算：

$$治理设施实际运行效率(k)=\frac{污水治理设施运行时间(h)}{正常生产时间(h)}$$

样本排放量计算公式如下，每个采样点经连续两天6次测量，得出样本的实际平均排放量。

废气样本排放量(kg/d)=样本污染物排放口的浓度(kg/d)×工段实际生产时间(h/d)

或是样本核算的排放量，公式如下：

$$P_{排}=P_{产}(1-k\eta) \tag{7-7}$$

式中　$P_{排}$——污染物排放量；

　　　$P_{产}$——污染物产生量；

　　　η——末端治理设施平均运行效率；

　　　k——末端治理设施实际运行率。

需要说明的是主要废气污染物的产生是在多个工艺阶段。以轮胎生产为例，非甲烷总烃的产生在混炼和硫化阶段，需要对不同阶段的产污情况进行加和后，再与消耗的橡胶作比。

7.4.5.2　核算案例

（1）案例一：某合成革企业

该企业采用湿法+干法+后处理工艺生产合成革。年产2.0×10^7m合成革，湿法和干法工艺废气中的DMF采用全密闭收集后经水喷淋塔回收处理，然后经活性炭吸附处理后排放。

第一步，确定该企业属于"2925塑料人造革、合成革制造"行业。

第二步，确定该企业合成革生产的工段、产品、原料、生产工艺、生产能力，对应系数表中的组合名称为"合成革+聚氨酯+（湿法+干法+后处理）+所有规模"。

第三步，根据企业的实际产品产量，测算污染物的年产生量和排放量。

① 合成革产品的废水年污染物产生量

将企业合成革产量折算成平方米：

合成革年产量=$2000 \times 10^4 \times 1.37 = 2.74 \times 10^7$（$m^2$）

工业废水量=系数表产污系数×合成革产量=$19.7 \times 2740 = 53978$（t）

化学需氧量=系数表产污系数×合成革产量=$26.99 \times 2740 = 73.953$（t）

氨氮、总氮、总磷污染物产生量按同样方法计算。

② 计算合成革产品的废水年污染物排放量

工业废水量=53978t

化学需氧量=污染物产生量×（$1-k\eta$）=$73.953 \times$（$1-94\%$）=4.437（t）（k为1）

氨氮、总氮、总磷污染物排放量按同样方法计算。

③ 合成革产品的废气年污染物产生量

工业废气量＝系数表产污系数 × 合成革产量＝7.81 × 10^5 × 2740＝2.14 × 10^9（m^3）

挥发性有机物＝系数表产污系数 × 合成革产量＝83.47 × 2740＝229（t）

DMF＝系数表产污系数 × 合成革产量＝33.63 × 2740＝92（t）

④ 合成革产品的废气年污染物排放量

工业废气量＝2.14 × 10^{9}m^3。

挥发性有机物＝污染物产生量 × （1−$k\phi\eta$）＝228 × （1−1 × 1 × 74%）＝59.28（t）

DMF＝污染物产生量 × （1−$k\phi\eta$）＝92 × （1−1 × 1 × 96%）＝3.68（t）

第四步，将计算得到的各类污染物产生量和排放量按照不同产品、原料、工艺和生产能力组合填入报表中。

第五步，该企业全年工业废水污染物的总产生量和总排放量为以上单个产品污染物之和。

① 该企业全年工业废水污染物的总产生量

工业废水量＝53978t

化学需氧量＝73.953t

氨氮、总氮、总磷污染物产生量按同样方法计算。

② 该企业全年工业废水污染物的总排放量

工业废水量＝53978t

化学需氧量＝4.437t

氨氮、总氮、总磷污染物产生量按同样方法计算。

③ 合成革产品的废气年污染物总产生量

工业废气量＝2.14 × 10^{9}m^3

挥发性有机物＝228t

DMF＝92t

④ 合成革产品的废气年污染物总排放量

工业废气量＝2.14 × 10^{9}m^3

挥发性有机物＝59.28t

DMF＝3.68t

（2）案例二：某漆器工艺品生产企业

该企业以木料为原料，通过雕刻-刷漆-打磨生产漆器工艺品。年使用木料5t、化学油性漆1t、腰果漆0.5t，无末端治理技术，废气直接排入环境。

第一步，确定该企业属于"2433漆器工艺品制造行业"。

第二步，确定该企业漆器工艺品生产的产品、原料、生产工艺、生产能力，对应系数表中的组合名称为"漆器工艺品＋漆料＋刷漆/喷涂＋所有规模"。

第三步，根据企业的实际漆料使用量，测算污染物的年产生量和排放量。

① 漆器工艺品的年污染物产生量

工业废气量=系数表产污系数 × 漆料使用量=753000 × 1=753000m³

挥发性有机物=系数表产污系数 × 化学漆使用量+系数表产污系数 × 腰果漆使用量= 598 × 1+299 × 0.5=747.5（kg）

② 计算漆器工艺品的年污染物排放量

工业废气量=753000m³。

挥发性有机物=污染物产生量 × （1−$k_1k_2\eta$）=747.5 × （1−0）=747.5（kg）（无末端治理设施，则运行率k_1、收集效率k_2和处理效率η均为0，排污量即为产污量）。

第四步，将计算得到的各类污染物产生量和排放量按照不同产品、原料、工艺和生产能力组合填入报表中。

第五步，该企业全年工业废气污染物的总产生量和总排放量为以上单个产品污染物之和。

① 该企业全年工业废气污染物的总产生量

工业废气量=753000m³。

挥发性有机物=747.5kg。

② 该企业全年工业废气污染物的总排放量

工业废气量=753000m³。

挥发性有机物=747.5kg。

7.4.6　基于类比的产排污量核算方法

某地毯生产企业，以聚丙烯为原料，通过制丝-机织-背胶烘干-修饰后整等工序生产威斯明顿地毯，聚丙烯树脂年使用量约500t，聚乙烯醇胶黏剂使用量为300t，制丝和背胶烘干工段生产车间有集气罩收集设施（未密闭），生产时间废气净化装置即打开，废气经紫外光催化氧化处理排放。

第一步，确定该企业属于"2437 地毯、挂毯制造行业"。

第二步，确定该企业地毯生产的工段、产品、原料、生产工艺、生产能力，对应注意事项中的说明，制丝工段参照2923塑料丝、绳及编织品制造的废气产污系数，背胶烘干选用本行业的废气产污系数。

第三步，根据企业的聚丙烯原料用量，测算污染物的年产生量和排放量。

① 制丝工段的年污染物产生量

工业废气量=系数表产污系数 × 树脂丝产量=3.6×10^5 × 500=1.8×10^8（m³）。

非甲烷总烃=系数表产污系数 × 树脂用量=4 × 500=2000（kg）。

② 背胶/胶黏工段的年污染物产生量。

工业废气量=系数表产污系数 × 胶黏剂用量=3.18×10^4 × 500=1.59×10^7（m³）。

挥发性有机物=系数表产污系数 × 胶黏剂用量=9.28 × 10^{-1} × 400=371.2（kg）。

③ 计算制丝工段的年污染物排放量

工业废气量=1.8 × 10^8 m^3。

非甲烷总烃=污染物产生量 ×（1−$k_1k_2\eta$）=2000 ×（1−1 × 40% × 40%）=1680（kg）（工艺废气净化装置运行时间与工厂正常生产时间相等，则运行率k_1=1；未密闭车间的集气罩收集效率以k_2=40%计；UV光催化氧化装置按污染物去除效率以η=40%计）。

④ 计算背胶工段的年污染物排放量

工业废气量=1.59 × 10^7 m^3。

挥发性有机物=污染物产生量 ×（1−$k_1k_2\eta$）=371.2 ×（1−1 × 40% × 40%）=311.81（kg）（工艺废气净化装置运行时间与工厂正常生产时间相等，则运行率k_1=1；未密闭车间的集气罩收集效率以k_2=40%计；UV光催化氧化装置按污染物去除效率以η=40%计）。

第四步，将计算得到的各类污染物产生量和排放量按照不同产品、原料、工艺和生产能力组合填入报表中。

第五步，该企业全年工业废气污染物的总产生量和总排放量为以上单个产品污染物之和。

① 该企业全年工业废气污染物的总产生量

工业废气量=1.8 × 10^8+1.59 × 10^7=1.959 × 10^8（m^3）。

非甲烷总烃=2000kg。

挥发性有机物=371.2kg。

② 该企业全年工业废气污染物的总排放量

工业废气量=1.959 × 10^8 m^3。

非甲烷总烃=1680kg。

挥发性有机物=311.81kg。

附录

附录1 行业产排污核算企业调研工作手册

1 工作守则

（1）出发前做好准备工作，按调研任务安排好工作，带齐工作表格、记录、拍照工具、仪器设备等，并严格按工作流程开展调研工作。

（2）调研全过程，遵守交通安全条例、企业安全生产条例、环境监测安全防护要求等，不得违法违规操作，发现任何安全隐患应及时提出并制止其行为，采取有效措施后方可行为。

（3）所有调研资料及数据均需保密，未经负责人同意，不得用于其他用途。

（4）调研期间，未经负责人允许，不得向外透露有关研究的经费等信息。

（5）企业调研期间，沟通应耐心有礼貌，不得与企业发生任何冲突。

（6）企业调研期间，未经企业负责人同意，不得操作任何企业的生产设备、污染治理设施等，以免影响企业正常工作。

（7）调研期间，未经调研现场负责人同意，不得自行安排与调研无关的事情；如需单独开展工作或有事需离开调研队伍的，必须与调研负责人报备。

（8）如遇调研计划之外的情况或问题，必须与负责人沟通后确定解决方案。

（9）当天调研工作结束后，及时整理资料，将所有电子版资料汇总后上传至通信群，纸质资料按文件袋存好；及时提出存在的、发现的问题。

（10）出发前或者到达企业了解情况后，组长合理安排分工，保证各方面工作有序进行。

2 企业调研工作流程

3 调查内容及方案

3.1 调查数据来源

包括通过企业、行业权威机构、地方环保部门、第三方检测及服务机构等。

3.2 数据类型

包括（但不限于）近2～3年内的以下数据：

（1）企业监督性监测报告及数据；

（2）日常监测报告及数据；

（3）在线监测数据；

（4）清洁生产审核报告及数据资料；

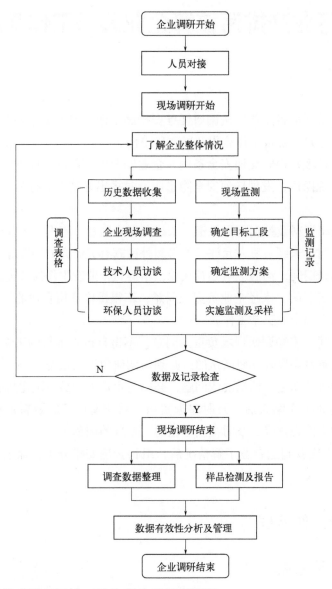

（5）环境保护建设项目竣工验收报告及数据资料；

（6）历史生产性数据资料；

（7）行业技术报告；

（8）技术文献。

3.3 主要内容

　　包括生产性数据和环保数据，如工序工艺及参数、原辅料、产品、规模、水平衡、物料平衡、产污节点、污染物产生量、环境管理、污染因子、污染处理工艺、污染物排放量等。此外，涉及的环境监测报告中的信息和结果，主要包括采样/监测时间、现场工况、企业生产概况、监测点位、污染物类型及数量、污染物产量及排放量、污染物处理方法及状况、生产工艺技术参数等。

3.4 调查方法

通过纸质材料、电子材料、照片材料、访谈记录等方式收集各类数据资料，并完成附表的填写。

4 监测内容及方案

4.1 监测内容

包括（但不限于）现场采样布点、采样/监测时间、现场工况、企业生产概况、污染物类型及数量、污染物产量及排放量、污染物处理方法及状况、生产工艺技术参数、监测/检测结果。完成附表及监测记录填写。

4.2 监测指标

监测指标选择需要根据企业生产工序（工段）的具体情况确定，不同行业的监测指标有所不同，根据行业、产品、工艺工序的不同，从行业通用监测指标（以电子行业为例，详见下方）中选择合适的指标进行监测。调查必须包括废水排放量、废气排放量、固废产生量等属性指标。

4.2.1 电气机械和器材制造业

（1）废水：化学需氧量、氨氮、总磷、总氮、石油类、氰化物、氟化物、汞、镉、铅、铬、砷、铜、镍、银。

（2）废气：氮氧化物、颗粒物、挥发性有机物、氨、汞、铅、锡。

（3）工业固体废物：HW16感光材料废物、HW21含铬废物、HW22含铜废物、HW23含锌废物、HW26含镉废物、HW29含汞废物、HW31含铅废物、HW32无机氟化物废物、HW33无机氰化物废物、HW34废酸、HW35废碱、HW36石棉废物、HW13有机树脂类废物；污泥；一般固体废物等。

4.2.2 计算机、通信和其他电子设备制造业

（1）废水：化学需氧量、氨氮、总磷、总氮、石油类、氰化物、氟化物、镉、铅、铬、砷、铜、镍、银。

（2）废气：氮氧化物、颗粒物、挥发性有机物、氨、铅、锡。

（3）工业固体废物：HW16感光材料废物、HW21含铬废物、HW22含铜废物、HW23含锌废物、HW26含镉废物、HW29含汞废物、HW31含铅废物、HW32无机氟化物废物、HW33无机氰化物废物、HW34废酸、HW35废碱、HW36石棉废物、HW13有机树脂类废物；污泥；一般固体废物等。

4.2.3 仪器仪表制造业

（1）废水：化学需氧量、氨氮、总磷、总氮、石油类、汞、镉、铅、铬、砷。

（2）废气：颗粒物、挥发性有机物、汞、铅、锡。

（3）工业固体废物：HW16感光材料废物、HW21含铬废物、HW22含铜废物、HW23含锌废物、HW26含镉废物、HW29含汞废物、HW31含铅废物、HW32无机氟化物废物、HW33无机氰化物废物、HW34废酸、HW35废碱、HW36石棉废物、HW13有机树脂类废物；污泥；一般固体废物等。

4.2.4 电气设备、仪器仪表及其他机械和设备修理业

（1）废气：颗粒物、铅、锡、挥发性有机物。

（2）工业固体废物：HW16感光材料废物、HW21含铬废物、HW22含铜废物、HW23含锌废物、HW26含镉废物、HW29含汞废物、HW31含铅废物、HW32无机氟化物废物、HW33无机氰化物废物、HW36石棉废物、HW13有机树脂类废物、HW49其他废物；一般固体废物等。

4.3 监测对象

根据产排污量核算需要，结合调研企业污染物产生和处理情况，分别针对企业全生产过程（总排放口）、第一类污染物产生工段（车间排放口）、独立生产产污的工段（有效样品收集口）、其他产污工序（有特定污染物产生，如VOCs、氰化物）。以电子行业为例，根据行业特点，企业主要监测工段（工序）包括（但不限于）以下分类情况。

4.3.1 电气机械和器材制造业

（1）整机设备：开料/制模、焊接、电焊、清洗/清洁等。

（2）部件/组件：开料/制模、涂漆、涂油、清洗/清洁、印刷、除油/脂、电镀、焊接、电焊、封装等。

（3）元器件：开料/制模、贴膜/压膜/显影、蚀刻、印刷、除油/脂、电镀、注塑/挤塑、烧结、清洗/清洁等。

（4）线缆：注塑（套塑）、印刷、焊接等。

4.3.2 计算机、通信和其他电子设备制造业

（1）整机设备：开料/制模、焊接、电焊、清洗/清洁等。

（2）部件/组件：开料/制模、涂漆、涂油、清洗/清洁、印刷、除油/脂、电镀、焊接、电焊、封装等。

（3）印制线路板：开料/制模、涂漆、涂油、清洗/清洁、图形印刷、蚀刻、电镀、棕化/氧化、贴膜/压膜、显影、去膜、除油/脂、喷锡、退锡、涂覆等。

（4）元器件：开料/制模、贴膜/压膜/显影、蚀刻、印刷、除油/脂、电镀、注塑/挤塑、烧结、清洗/清洁等。

（5）电子材料：包括半导体材料、光电子材料、磁性材料、锂电池材料、电子陶瓷材料、覆铜板及铜箔材料、电子化工材料等，其生产工艺与其他石油化工、金属冶炼及加工、陶瓷业等的生产工艺及产排污情况相似，因此不列入本行业核算方法研究重点，产污系数采用类比方式取得。

4.3.3 仪器仪表制造业

（1）整机设备：开料/制模、焊接、电焊、清洗/清洁等。

（2）部件/组件：开料/制模、涂漆、涂油、清洗/清洁、印刷、除油/脂、电镀、焊接、电焊、封装等。

4.3.4 电气设备、仪器仪表及其他机械和设备修理业

根据行业生产链的特点，本任务行业中，类型可分为厂内维修、厂外维修。因产品的修理过程简单，多涉及拆解、擦拭、除尘、电焊、除焊、焊接、更换零配件。经初步分析，拆解和擦拭工序可以忽略，产污量大的工序为除尘、补焊（包含电焊、除焊、焊接）和更换零配件。

4.4 监测点位设置

监测点位应设置在研究对象的前端和后端，当包括污染处理过程时，还应包括污染处理前和污染处理后，主要监测点位包括（但不限于）：

（1）企业总排放口污染处理前；企业总排放口污染处理后。

（2）第一类污染物产生车间排放口处理前；第一类污染物产生车间排放口处理后。

（3）独立生产产污且可收集到样品的工段排放口：可能是企业预留，也可能需要现场创造采样条件；当所排放的污染物有独立处理设施时，则应同时采集其处理前、处理后的样品。

（4）特定污染物（如VOCs、Cu、氰化物、氟化物等）产生工序排放口：可能是企业预留，也可能需要现场创造采样条件；当所排放的污染物有独立处理设施时，则应同时采集其处理前、处理后的样品。

（5）其他：包括现在具备模拟监测条件的工序，参考以上原则进行监测点位设置。

4.5 监测频次

每次监测或采样应覆盖至少一个完整的生产周期（可以按生产批次，也可以按时间）；每个对象（企业或工段）应该监测2～3个生产周期或采集2～3个生产周期的样品。一般要求如下：

（1）连续监测2～3d；

（2）每天监测3～4次；

（3）每次监测时间应该满足对应监测方法标准的要求（详见监测方法）。

4.6 监测记录

根据监测质量控制的有关要求，应做好完整的监测记录，符合有关标准的要求，监测记录包括（但不限于）：

（1）手写监测记录，如附表记录；

（2）机打监测记录；

（3）现场照片；

（4）视频、语音。

4.7 监测方法

现场监测及分析方法严格按照国家标准方法（表 1）进行。其中，采集生产过程中产污工序时，样品采集于该工序的直接排放口；无法设置明显排放口的，可通过手动收集的方式进行分散式收集监测，结合物料衡算法以核算其产污量；有条件进行实验模拟生产，采取实验模拟监测；当无法实现监测时，采取物料衡算法、结合材料/产品检测的方式对产污量进行估算。

表1 样品采集及分析方法（以电子行业为例）

序号	排污类型	污染物	采样方法	检测分析方法
1	废水	化学需氧量	HJ/T 91—2002 HJ/T 92—2002	HJ 828—2017 HJ/T 399—2007
2		氨氮		HJ 535—2009
3		总磷		GB 11893—1989
4		总氮		HJ 636—2012
5		石油类		HJ 637—2018
6		氰化物		HJ 484—2009
7		重金属		HJ 700—2014 HJ 694—2014
8	废气	颗粒物	GB/T 16157—1996 HJ/T 397—2007 HJ/T 55—2000	GB/T 16157—1996 GB/T 15432—1995
9		重金属		HJ 657—2013 HJ 777—2015 HJ 542—2009
10		氮氧化物		HJ 693—2014
11		氨		HJ 533—2009
12		VOCs（含TVOC、苯、甲苯、乙苯、三氯乙烯等）		HJ 734—2014 HJ 644—2013 GB/T 18883—2022
13		NMHC		HJ 38—2017

4.8 质量控制措施

4.8.1 质控依据

现场监测及分析方法严格按照国家标准方法进行，其中布点、采样、分析、数据处理等的质量保证与质量控制均严格按照国家及地方现行相关文件和标准进行，主要包括：

（1）HJ/T 373—2007《固定污染源监测质量保证与质量控制技术规范（试行）》；

（2）HJ 819—2017《排污单位自行监测技术指南　总则》；

（3）HJ/T 397—2007《固定源废气监测技术规范》；

（4）HJ/T 55—2000《大气污染物无组织排放监测技术导则》；

（5）HJ 733—2014《泄漏和敞开液面排放的挥发性有机物检测技术导则》；

（6）HJ 493—2009《水质采样　样品的保存和管理技术规定》；

（7）HJ 494—2009《水质　采样技术指导》；

（8）HJ 495—2009《水质　采样方案设计技术规定》；

（9）HJ/T 91—2002《地表水和污水监测技术规范》；

（10）HJ/T 92—2002《水污染物排放总量监测技术规范》；

（11）HJ 664—2013《环境空气质量监测点位布设技术规范（试行）》；

（12）HJ 630—2011《环境监测质量管理技术导则》；

（13）HJ 194—2017《环境空气质量手工监测技术规范》；

（14）《广东省污染源监督性监测质量保证和质量控制工作方案（试行）》；

（15）《关于加强生态环境监测机构监督管理工作的通知》（环监测〔2018〕45号）；

（16）《关于深化环境监测改革提高环境监测数据质量的意见》（厅字〔2017〕35号）。

4.8.2 质控要点

（1）监测在工况稳定、生产负荷达到设计能力的75%以上时进行。

（2）监测过程严格按"质控依据"中有关规定进行。

（3）监测项目须获得省级以上CMA资质认定。

（4）监测过程严格按国家有关规定及监测技术规范相关的质量控制与质量保证要求进行。

（5）监测人员均持证上岗，所用计量仪器通过计量部门的检定并在有效期内使用。

（6）废气采样分析系统在采样前进行气路检查、流量校准，保证整个采样过程中分析系统的气密性和计量准确性。

（7）采样及样品的保存方法符合相关标准要求，监测数据严格，实行三级审核制度。水样采集不少于10%的平行样；实验室分析过程加不少于10%的平行样；对可以得到标准样品或质量控制样品的项目，在分析的同时做10%质控样品分析；对无标准样品或质控样品且可进行加标回收测试的项目，在分析的同时做10%加标回收样品分析。

5 数据有效性分析及管理

5.1 有效性分析

5.1.1 历史数据

5.1.1.1 资料来源的有效性保证

数据来源必须为污染源企业、行政主管部门、国家及地方权威统计部门、具备CMA、CNAS等第三方检测资质的机构、通过行业专家认可的报告资料、行业协会认可的报告资料中的一个或多个；无法从以上来源直接获取的资料数据，必须通过召开专家评审会对数据有效性进行评审，通过后方可使用。

一般历史数据的时效性应为2～3年；对于超过3年的特别重要的历史数据，在经过专家评审确认后，方可使用。

5.1.1.2 稳定性判定

定期或长期（企业自行监测或监督性监测）的监测结果"稳定性"必须同时满足以下判定条件：

（1）有效监测数据至少为最近连续6次，且最近一年内至少有4次；

（2）主要监测污染物指标的浓度结果的相对标准偏差分别不得高于100%（结果在方法检出限的2倍以内）、50%（结果在方法检出限的3倍以内）和30%（结果在方法检出限的3倍以上）；

（3）监测废水量、废气量的相对标准偏差不得高于30%。

在线监测结果"稳定性"必须同时满足以下判定条件：

（1）有效监测数据至少为2～3年，可选择使用连续1周有效数据，且次数不得低于12次；

（2）主要监测污染物指标的浓度结果的相对标准偏差分别不得高于100%（结果在方法检出限的2倍以内）、50%（结果在方法检出限的3倍以内）和30%（结果在方法检出限的3倍以上）；

（3）监测废水量、废气量的相对标准偏差不得高于30%。

5.1.1.3 数据分析统计过程质量保证

所取得的有效数据，在进一步分析统计时，应尽量与原数据来源的场景、基准、依据等保持一致，如污染物产生量的基准应与产品产量单位对应并保持不变；当需要对产量单位进行变更时，如从"吨"变更为"台"时，应在建立产品单位的关系后，再进行变更，以保证分析统计过程的质量。

5.1.2 现场调查与监测数据

5.1.2.1 物料衡算数据

符合质量守恒原理、生产工艺过程复杂但产排污节点清晰、生产性数据稳定必须同时满足以下判定条件：

（1）质量守恒可以是物理守恒，也可以是化学守恒，质量守恒公式（物理或化学反应公式）清晰明确，目标污染指标可单独进行衡算；

（2）污染物（指标）与物料（原辅材料）是直接相关的或能建立定量关系；

（3）生产工艺明确，生产单元可清晰划分，可建立生产单元的物料衡算系统；

（4）各节点的输入、输出数据可定量获得，且数据稳定性需要满足"稳定性判定"的要求，也应该满足各监测方法标准的要求。

5.1.2.2 现场监测数据

现场监测数据的获取方法应满足各监测方法标准的要求，监测过程符合"现场监测质量控制措施"的要求，监测记录完整可查。

5.2 数据管理

按研究表格进行电子化，按数据库进行管理，便于研究分析。

6 环境监测安全防护要求

6.1 工业化学气体监测

6.1.1 防护部位

内脏器官、皮肤、手、身体等暴露部位。

6.1.2 防护措施

挥发性、腐蚀性化学污染物（气体）除做好必要的手防护、身体防护外，还要对呼吸系统、视力器官进行保护。在现场配置药品过程中随时注意风向，最好在上风向配置药品，防止喷溅。化工尾气监测中，人员应站在上风向，开启阀门等应配备废气止气装置，必要时配备危险气体报警器及安全带等。尾气排放口监测时特别要注意排气风机，以防被卷入。监测过程中，禁止戴隐形眼镜，以防化学药剂溅入眼内，腐蚀眼睛。监测过程中严禁吸烟、饮食。

6.1.3 具体措施

戴有具有防护作用的口罩和手套，包括活性炭口罩（有机气体）、防酸口罩（腐蚀性气体）、硅胶手套、防烫手套（棉手套等），必要时佩戴防护眼镜等。

6.2 高空监测

6.2.1 防护部位

全身。

6.2.2 防护措施

高处作业人员首先要找到固定点系好安全带，戴好安全帽，衣着要灵便但绝不可赤膊裸身。脚下要穿软底防滑鞋，绝不能穿着拖鞋、硬底鞋和带钉易滑的靴鞋。高处作业中所用的设备应摆放平稳，传递物件时不能抛掷。各施工作业场所内，凡有坠落可能的任何物料，都要一律先行撤除或者加以固定，以防跌落伤人。监测过程中若发现高处作业的安全设施有缺陷或隐患，务必及时报告并立即处理解决。冬天攀爬梯子的时候注意手脚并用，防止滑落。禁止用电笔试高压电。手上有水或潮湿时，请勿接触电器或电器设备。

6.2.3 具体措施

配安全绳、安全帽、防滑鞋、防滑/磨手套，尽可能在作业下方做一些防坠落措施，如一些泡沫或将尖硬物品移除。

6.3 水环境监测

6.3.1 防护部位

全身。

6.3.2 防护措施

采样前必须考察采样点是否平稳，采样时全过程要戴防护手套、口罩，穿防护服，动作要放缓慢，防止喷溅。进入江河湖海中作业时，必须穿上救生衣，至少2人一组，相互帮扶取水，防止落水。采集沉积物或底泥时，应至少双人配合，注意平衡，控制好抓泥斗等较重的采样工作，以防落水。工业废水、医疗废水、生活污水等取样要谨防腐蚀、挥发气体、恶臭等，还要防范病毒和细菌的侵入。

6.3.3 具体措施

戴有防护作用的口罩和手套，包括活性炭口罩（有机气体）、防酸口罩（腐蚀性气体）、硅胶手套、防烫手套（棉手套等）、救生衣或救生圈，必要时佩戴防护眼镜等。

6.4 其他监测

执行以上监测类型和监测环境以外的任务之前，应该对监测环境做好调查，不清楚时应向企业等知情方了解情况，并认真做好防护准备，才可以开展监测工作。在夜间执行监测任务时，应多人操作，在不熟悉环境的情况下，尽量选择人员流动大的采样地点，或请熟悉当地环境的人员陪同采样。

6.5 交通安全

驾驶环境监测车时，驾驶员必须为有证人员，驾驶员睡眠等精神状态应该良好，严禁酒驾、醉驾或睡眠不足期间驾驶车辆。驾驶期间严格遵守交通规则，安全驾驶，文明驾驶。

6.6 现场事故的紧急处理

监测等野外作业中，遇到大小事故的时候，需要冷静应对，在监测时应该备好急救箱，以应对以下的紧急事故，第一时间保障事故人员的生命、财产，使事故影响降至最低。

6.6.1 玻璃割伤

用消毒过的镊子取出玻璃碎片，用蒸馏水冲洗，涂上碘酒，用创可贴或绷带包好，送医就诊。

6.6.2 灼伤处理

普通伤口。以生理食盐水清洗伤口后，可用胶布固定。

烧烫（灼）伤。以冷水冲洗 15 ~ 30 min 至散热止痛，以生理盐水擦拭(勿以药膏、牙膏、酱油涂抹或以纱布包扎)，如发现皮肤起泡，不可自行刺破，灼伤严重的，应急送医院治疗。

化学药物灼伤。以大量清水冲洗，以消毒纱布或消毒的布块覆盖伤口，紧急送至医院处理。

6.6.3 火灾处理

万一着火，要冷静判断情况，采取正确的灭火方法，不要轻易用水灭火，防止适得其反。除了灭火器，在必要的地方还要备有适量的黄沙和灭火毡。

6.6.4 触电

人体的安全电压为 36 V，人体通过 1 mA 的电流，会产生发麻或针刺的感觉；10 mA以上电流，人体肌肉会强烈收缩；25 mA 以上的电流，会导致人呼吸困难，有生命危险。万一触电，应先及时断电，马上将受伤人员送往医院救治。

6.6.5 中毒

急性中毒的症状：恶心、呕吐、心跳加速、眩晕、口吐白沫、嘴唇发紫、痉挛抽搐等。

遇到以上症状应尽快切断毒物来源。吸入刺激性毒物中毒者，应立即转移出中毒现场施救。口服毒物中毒者，应立即引吐、洗胃及导泻，及时送医院救治。

6.6.6 摔、坠等事故

发生摔伤、坠伤等事故时，应该更加冷静对待。首先应确认伤者的精神状态，同时拨打 120 等急救电话，在没有把握时，不可移动伤者，以防进一步受伤。当伤者可以移动时，也可采取自动送医的方式尽快就医，将伤情控制在最轻的程度。

7 附表

附表1 企业基本情况调查表（以电子行业为例）

企业名称					
曾用名称					
行业编号		行业名称			
通信地址		企业规模	□大型□中型□小型□微型		
行政区划代码		所在的工业园区	名称：_____ 代码：_____		
统一社会信用代码		单位性质	内资（□国有□集体□民营） □中外合资□港澳台□外商独资		
注册机关		行业类别	名称：_____ 代码：_____		
注册资本		成立时间			
法定代表人		联系人			
联系电话		传真			
手机		电子邮箱			
是否发放新版排污许可证	□是 □否 许可证编号：_____	企业地理位置	E:_°_′_″; N: _°_′_″		
分季度正常生产时间/h	一季度_____ 二季度_____ 三季度_____ 四季度_____				
产生工业废水	□是 □否	有生产工艺废气 □是 □否		有工业锅炉	□是 □否
有工业窑炉	□是 □否	有烧结/球团工序 □是 □否		有固体物料堆存	□是 □否
产生固体废物	□是 □否	产生危险废物 □是 □否		使用有机溶剂	□是 □否

一、主要产品、副产品								
主要产品	实际产量			生产能力	副产品	实际产量		
	××年	××年	××年			××年	××年	××年
……								

二、经济指标			
类型	××年	××年	××年
产值/万元			
利税/万元			

三、主要原辅材料					
主要原辅材料名称	原辅材料代码	单位	年使用量		
			××年	××年	××年
……					

四、主要能源					
能源名称	能源代码	单位	实际使用量		
			××年	××年	××年
……					

五、主要工艺流程及产物节点分析

工艺流程图

序号	生产工艺名称	生产工艺代码	生产能力	操作工序详细说明
1				
2				
……				

备注：根据各产品生产过程的实际工序填写

六、产污工序、工艺及指标						
序号	行业类别	工序	工艺	影响产品工艺的关键指标及指标量		
				指标① ———	指标② ———	指标③ ———
1		□开料/制模 （机械加工）				
2	38类电气机械和器材制造业（不包括3825光伏设备及元器件制造，384电池制造）	□除油 （机械加工）				
3		□涂漆 （机械加工）				
4		□涂油 （机械加工）				

序号	行业类别	工序	工艺	影响产品工艺的关键指标及指标量		
				指标① ___	指标② ___	指标③ ___
5	38类电气机械和器材制造业（不包括3825光伏设备及元器件制造，384电池制造）	□清洗（机械加工）				
6		□电焊（机械加工）				
7		□开料/制模（元器件）				
8		□贴膜/压膜/显影（元器件）				
9		□蚀刻（元器件）				
10		□印刷（元器件）				
11		□电镀（元器件）				
12		□注塑（元器件）				
13		□烧结（元器件）				
14		□清洗/清洁（元器件）				
15		□注塑/挤塑（电线电缆）				
16		□印刷（电线电缆）				
17		□焊接（组装）				
18	39类计算机、通信和其他电子设备制造业	□开料/制模（PCB）				
19		□印刷图形（PCB）				
20		□蚀刻（PCB）				
21		□清洗/清洁（PCB）				
22		□电镀（PCB）				
23		□棕化/氧化（PCB）				
24		□贴膜/压膜/显影（PCB）				
25		□去膜（PCB）				
26		□除油/脂（PCB）				
27		□喷锡（PCB）				
28		□涂覆（PCB）				
29		□涂漆（PCB）				
30		□开料/制模（元器件）				
31		□贴膜/压膜/显影（元器件）				

序号	行业类别	工序	工艺	影响产品工艺的关键指标及指标量		
				指标① ———	指标② ———	指标③ ———
32		□蚀刻（元器件）				
33		□印刷（元器件）				
34		□电镀（元器件）				
35	39类计算机、通信和其他电子设备制造业	□注塑（元器件）				
36		□烧结（元器件）				
37		□清洗/清洁（元器件）				
38		□焊接（组装）				
39		□清洗（组装）				
40		□开料/制模（仪器仪表）				
41		□除油（仪器仪表）				
42		□涂漆（仪器仪表）				
43	40类仪器仪表制造业	□涂油（仪器仪表）				
44		□清洗（仪器仪表）				
45		□电焊（仪器仪表）				
46		□焊接（仪器仪表组装）				

七、废水治理及排放情况					
指标名称		数量/吨			
		××年	××年	××年	
取水量	城市自来水				
	自备水				
	其他工业企业				
	合计				
废水产生量					

废水治理设施	数量/套	设施编号	治理废水类型名称/代码	处理方法名称/代码	设计处理能力/(t/d)	年运行小时/h	年实际处理水量/t	废水去向

续表

废水总排放口	数量/个	废水总排放口编号	废水排放去向	总排放口经纬度

指标名称		数量/t			指标名称		数量/t		
		××年	××年	××年			××年	××年	××年
化学需氧量	产生量				氨氮	产生量			
	排放量					排放量			
总磷	产生量				总氮	产生量			
	排放量					排放量			
石油类	产生量				挥发酚	产生量			
	排放量					排放量			
氰化物	产生量				汞	产生量			
	排放量					排放量			
镉	产生量				铅	产生量			
	排放量					排放量			
铬	产生量				砷	产生量			
	排放量					排放量			
特征污染物:铜	产生量				其他特征污染物	产生量			
	排放量					排放量			
废水排放量				—					

备注：其他特征污染物根据企业实际生产过程填写，如有多个可另行附页

类型	污染物指标	处理工艺	影响废水处理设施的关键指标			
			关键运行指标	指标值	指标权重	处理效率/去除率
	化学需氧量					
	氨氮					
	总磷					
	总氮					
	石油类					
	挥发酚					
	氰化物					
	汞					
	镉					
	铅					
	铬					
	砷					
	特征污染物：铜					
	其他特征污染物					

备注：其他特征污染物根据企业实际生产过程填写，如有多个可另行附页

续表

废水监测数据结果						
监测点名称	监测点位类型（进口/出口）	对应排水总排放口	指标名称	单位	实际监测结果	
			平均流量	t/h		
			年排放时间	h		
			化学需氧量	mg/L		
			氨氮	mg/L		
			总磷	mg/L		
			总氮	mg/L		
			石油类	mg/L		
			挥发酚	mg/L		
			氰化物	μg/L		
			汞	μg/L		
			镉	μg/L		
			铅	μg/L		
			铬	μg/L		
			砷	μg/L		
			特征污染物：铜	μg/L		
			其他特征污染物	μg/L		

注：1.如有多个监测点，可继续追加上表内容；
2.其他特征污染物根据企业实际生产过程填写，如有多个可另行附页

八、废气治理及排放情况

废气治理设施	设施编号	废气设施工艺名称	废气处理效率	废气设施年运行时间/h	废气处理使用药剂名称	废气处理药剂使用量/t
脱硫						
脱硝						
除尘						
VOCs						
氨回收			—	—	—	—

废气排放口	数量/个	废气排放口编号	废气排放口经纬度

续表

指标名称		数量/t			指标名称		数量/kg		
		××年	××年	××年			××年	××年	××年
二氧化硫	产生量				废气砷	产生量			
	排放量					排放量			
氮氧化物	产生量				废气铅	产生量			
	排放量					排放量			
烟（粉）尘（颗粒物）	产生量				废气镉	产生量			
	排放量					排放量			
VOCs	产生量				废气铬	产生量			
	排放量					排放量			
废气排放量	10⁴m³				废气汞	产生量			
						排放量			

类型	污染物指标	处理工艺	影响废气处理设施的关键指标			处理效率/去除率
			关键运行指标	指标值	指标权重	
废气	二氧化硫					
	氮氧化物					
	颗粒物					
	汞					
	镉					
	铅					
	铬					
	砷					
	氨					
	VOCs					

废气监测数据结果

监测点名称	监测点位类型（进口/出口）	对应废气排放口	指标名称	单位	实际监测结果
			平均流量	m³/h	
			年排放时间	h	
			二氧化硫	mg/m³	
			氮氧化物	mg/m³	
			颗粒物	mg/m³	
			汞及其化合物	μg/m³	
			镉及其化合物	μg/m³	
			铅及其化合物	μg/m³	
			铬及其化合物	μg/m³	
			砷及其化合物	μg/m³	
			氨	mg/m³	
			VOCs	mg/m³	

注：如有多个监测点，可继续追加上表内容

九、危险废物产生与处理		
类型	污染物指标	数量/t
危险废物	HW16 感光材料废物	1.产生量_____ 2.接收外来危险废物量_____ 3.综合利用量_____ （其中：□综合利用往年贮存量_____ □送持证单位综合利用量_____ □内部综合利用量_____ □接收外来危险废物的综合利用量_____） 4.处置量_____ （其中：□处置往年贮存量_____ □送持证单位综合利用量_____ □内部处置量_____ □接收外来危险废物的处置量_____） 5.贮存量_____ （其中： □接收外来危险废物的贮存量_____） 6.累计贮存量_____ 7.倾倒丢弃量_____
	HW21 含铬废物	1.产生量_____ 2.接收外来危险废物量_____ 3.综合利用量_____ （其中：□综合利用往年贮存量_____ □送持证单位综合利用量_____ □内部综合利用量____ □接收外来危险废物的综合利用量_____） 4.处置量_____ （其中：□处置往年贮存量_____ □送持证单位综合利用量_____ □内部处置量_____ □接收外来危险废物的处置量_____） 5.贮存量_____ （其中： □接收外来危险废物的贮存量_____） 6.累计贮存量_____ 7.倾倒丢弃量_____
	HW22 含铜废物	1.产生量_____ 2.接收外来危险废物量_____ 3.综合利用量_____ （其中：□综合利用往年贮存量_____ □送持证单位综合利用量_____ □内部综合利用量_____ □接收外来危险废物的综合利用量_____） 4.处置量_____ （其中：□处置往年贮存量_____ □送持证单位综合利用量_____ □内部处置量_____ □接收外来危险废物的处置量_____） 5.贮存量_____ （其中： □接收外来危险废物的贮存量_____） 6.累计贮存量_____ 7.倾倒丢弃量_____
	HW23 含锌废物	1.产生量_____ 2.接收外来危险废物量_____ 3.综合利用量_____ （其中：□综合利用往年贮存量____ □送持证单位综合利用量_____ □内部综合利用量____ □接收外来危险废物的综合利用量_____）

类型	污染物指标	数量/t
危险废物	HW23 含锌废物	4.处置量_____（其中：□处置往年贮存量_____ □送持证单位综合利用量_____ □内部处置量_____ □接收外来危险废物的处置量_____） 5.贮存量_____（其中： □接收外来危险废物的贮存量_____） 6.累计贮存量_____ 7.倾倒丢弃量_____
	HW26 含镉废物	1.产生量_____ 2.接收外来危险废物量_____ 3.综合利用量_____（其中：□综合利用往年贮存量____ □送持证单位综合利用量_____ □内部综合利用量_____ □接收外来危险废物的综合利用量_____） 4.处置量_____（其中：□处置往年贮存量_____ □送持证单位综合利用量_____ □内部处置量_____ □接收外来危险废物的处置量_____） 5.贮存量_____（其中： □接收外来危险废物的贮存量_____） 6.累计贮存量_____ 7.倾倒丢弃量_____
	HW29 含汞废物	1.产生量_____ 2.接收外来危险废物量_____ 3.综合利用量_____（其中：□综合利用往年贮存量____ □送持证单位综合利用量_____ □内部综合利用量_____ □接收外来危险废物的综合利用量_____） 4.处置量_____（其中：□处置往年贮存量_____ □送持证单位综合利用量_____ □内部处置量_____ □接收外来危险废物的处置量_____） 5.贮存量_____（其中： □接收外来危险废物的贮存量_____） 6.累计贮存量_____ 7.倾倒丢弃量_____
	HW31 含铅废物	1.产生量_____ 2.接收外来危险废物量_____ 3.综合利用量_____（其中：□综合利用往年贮存量____ □送持证单位综合利用量_____ □内部综合利用量_____ □接收外来危险废物的综合利用量_____） 4.处置量_____（其中：□处置往年贮存量_____ □送持证单位综合利用量_____ □内部处置量_____ □接收外来危险废物的处置量_____） 5.贮存量_____（其中： □接收外来危险废物的贮存量_____）

类型	污染物指标	数量/t
危险废物	HW31 含铅废物	6.累计贮存量_____ 7.倾倒丢弃量_____
	HW32 无机氟化物废物	1.产生量_____ 2.接收外来危险废物量_____ 3.综合利用量_____（其中：□综合利用往年贮存量____） □送持证单位综合利用量_____ □内部综合利用量____ □接收外来危险废物的综合利用量_____） 4.处置量_____（其中：□处置往年贮存量_____ □送持证单位综合利用量_____ □内部处置量____ □接收外来危险废物的处置_____） 5.贮存量_____（其中： □接收外来危险废物的贮存量_____） 6.累计贮存量_____ 7.倾倒丢弃量_____
	HW33 无机氰化物废物	1.产生量_____ 2.接收外来危险废物量_____ 3.综合利用量_____（其中：□综合利用往年贮存量____） □送持证单位综合利用量_____ □内部综合利用量____ □接收外来危险废物的综合利用量_____） 4.处置量_____（其中：□处置往年贮存量_____ □送持证单位综合利用量_____ □内部处置量____ □接收外来危险废物的处置_____） 5.贮存量_____（其中： □接收外来危险废物的贮存量_____） 6.累计贮存量_____ 7.倾倒丢弃量_____
	HW34 废酸	1.产生量_____ 2.接收外来危险废物量_____ 3.综合利用量_____（其中：□综合利用往年贮存量____） □送持证单位综合利用量_____ □内部综合利用量____ □接收外来危险废物的综合利用量_____） 4.处置量_____（其中：□处置往年贮存量_____ □送持证单位综合利用量_____ □内部处置量____ □接收外来危险废物的处置_____） 5.贮存量_____（其中： □接收外来危险废物的贮存量_____） 6.累计贮存量_____ 7.倾倒丢弃量_____
	HW35 废碱	1.产生量_____ 2.接收外来危险废物量_____ 3.综合利用量_____（其中：□综合利用往年贮存量____） □送持证单位综合利用量_____ □内部综合利用量____ □接收外来危险废物的综合利用量_____）

类型	污染物指标	数量/t	
危险废物	HW35 废碱	4.处置量_____（其中：□处置往年贮存量_____ □送持证单位综合利用量_____ □内部处置量_____ □接收外来危险废物的处置量_____） 5.贮存量_____（其中： □接收外来危险废物的贮存量_____） 6.累计贮存量_____ 7.倾倒丢弃量_____	
	HW36 石棉废物	1.产生量_____ 2.接收外来危险废物量_____ 3.综合利用量_____（其中：综合利用往年贮存量____ □送持证单位综合利用量_____ □内部综合利用量____ □接收外来危险废物的综合利用量_____） 4.处置量_____（其中：□处置往年贮存量_____ □送持证单位综合利用量_____ □内部处置量_____ □接收外来危险废物的处置量_____） 5.贮存量_____（其中： □接收外来危险废物的贮存量_____） 6.累计贮存量_____ 7.倾倒丢弃量_____	

十、一般工业固体废物产生与处理			
类型	污染物指标	数量/t	
一般工业固体废物	尾料	1.产生量_____ 2.综合利用量_____（其中：□综合利用往年贮存量_____） 3.处置量_____（其中：□处置往年贮存量_____） 4.贮存量_____ 5.倾倒丢弃量_____	
	污泥	1.产生量_____ 2.综合利用量_____（其中：□综合利用往年贮存量_____） 3.处置量_____（其中：□处置往年贮存量_____） 4.贮存量_____ 5.倾倒丢弃量_____	
	其他	1.产生量_____ 2.综合利用量_____（其中：□综合利用往年贮存量_____） 3.处置量_____（其中：□处置往年贮存量_____） 4.贮存量_____ 5.倾倒丢弃量_____	

一般工业固体废物贮存处置场情况		
项目	单位	数量
贮存处置场类型	—	
处置场设计容量	m^3	
处置场已填容量	m^3	
处置场设计处置能力	t/a	

备注	

附录2 典型电子焊接工艺产污模拟实验

1 目标

通过顶空瓶法和密闭舱法对焊接工艺原材料进行模拟，得出颗粒物、铅、锡和VOCs产污系数，用于产污核算。

2 模拟实验原理

根据焊接工艺的产污特点，顶空瓶法模拟实验主要用于研究助焊剂材料VOCs散发特征及机理。密闭舱法主要模拟实际手工焊接过程中产生的颗粒物、铅、锡和VOCs，取得污染物产生量，计算其产污系数。

3 模拟方法

3.1 样品采集及分析方法

样品采集及分析方法主要参考现行的相关国家及行业标准，如表1所示。

表1 样品采集及分析方法

序号	排污类型	污染物	排放标准	采样方法	检测分析方法
1	废气	颗粒物	GB 16297—1996大气污染物综合排放标准	参考HJ/T 55—2000	参考GB/T 15432—1995
2		铅		参考HJ/T 55—2000	HJ 777—2015
3		锡		参考HJ/T 55—2000	HJ 777—2015
4		VOCs		参考HJ/T 55—2000	HJ 644—2013、GB/T 18883—2022

3.2 质控依据

（1）HJ 819—2017《排污单位自行监测技术指南 总则》
（2）HJ/T 55—2000《大气污染物无组织排放监测技术导则》
（3）HJ 664—2013《环境空气质量监测点位布设技术规范（试行）》
（4）HJ 630—2011《环境监测质量管理技术导则》
（5）HJ 194—2017《环境空气质量手工监测技术规范》
（6）《广东省污染源监督性监测质量保证和质量控制工作方案（试行）》
（7）《关于加强生态环境监测机构监督管理工作的通知》（环监测〔2018〕45号）
（8）《关于深化环境监测改革提高环境监测数据质量的意见》（厅字〔2017〕35号）

4 顶空法模拟实验

4.1 样品信息

根据试验目的，分别选取市面上常见的锡丝和锡膏作为模拟试验样品，样品信息见表2、表3。

表2 锡丝样品基本信息

序号	生产厂家	重量/g	型号规格	助焊剂含量/%	粗细/mm	是否含铅	其他
1	厂家1	500	Alloy1	2.5	0.6	含铅	—
2	厂家2	500	—	2.5	0.6	含铅	—
3	厂家3	500	S-Sn63PbA	1.8	0.5	含铅	活性型
4	厂家4	500	Alloy107	2.5	0.6	无铅	SnCu
5	厂家5	500	YTW101AF	2.2	0.8	无铅	活性型
6	厂家6	500	HF-850	3.3	0.6	无铅	—

表3 锡膏样品基本信息

序号	生产厂家	Lot No.	型号规格	是否含铅
1	厂家1	81010013Z	Sn96.5Ag3.0Cu0.5	无铅
2	厂家2	18103101	Sn96.5Ag3.0Cu0.5	无铅
3	厂家3	PSS018231	Sn96.5Ag3.0Cu0.5	无铅
4	厂家4	MT83521029	Sn63Pb37	含铅
5	厂家5	PSS018019	Sn63Pb37	含铅
6	厂家6	MT83733175	Sn63Pb37	含铅

4.2 数据分析

根据实验方案，使用顶空瓶法来模拟焊接工艺过程中VOCs释放量。

（1）称取1g（精确至0.1mg）锡丝并剪碎放于顶空瓶中，记录称量质量，并做3个平行样品；

（2）称取0.01～0.03g（精确至0.1mg）锡膏并均匀放置于顶空瓶底部，记录称量质量，并做3个平行样品；

（3）测试过程中做相应的样品空白，并做3个平行空白。

根据仪器性能和焊接温度，本模拟试验选择以230℃平衡5min来模拟材料挥发出VOCs的含量，VOCs释放量见表4。

表4　顶空瓶法模拟试验结果

序号	样品名称	模拟工艺	性质	模拟温度/℃	模拟时间/min	材料种类/种	产污系数/（g/kg）	产污系数及标准偏差/（g/kg）
1	锡丝	手工焊	含铅	230	5	3	6.92	6.92 ± 0.920
2	锡丝	手工焊	无铅	230	5	3	6.21	6.21 ± 0.213
3	锡膏	回流焊	含铅	230	5	3	25.21	25.21 ± 5.21
4	锡膏	回流焊	无铅	230	5	3	27.61	27.61 ± 7.61

注：产污系数为材料种类检测结果的平均值。

在顶空瓶法模拟焊接过程中，锡丝和锡膏中的助焊剂在受热后，其释放出的VOCs成分占测试样品中助焊剂含量的比例如表5所示。

表5　挥发性有机物占样品中助焊剂含量

序号	样品名称	模拟工艺	性质	助焊剂含量/%	产污系数/（g/kg）	产物量占样品助焊剂比例/%
1	锡丝	手工焊	含铅	2.27	6.924	30.53
2	锡丝	手工焊	无铅	2.67	6.211	23.29
3	锡膏	回流焊	含铅	11	25.21	22.92
4	锡膏	回流焊	无铅	12	27.61	23.01

注：1. 助焊剂含量为所测样品证书中助焊剂含量占比的平均值。
　　2. 产污系数参考顶空瓶法模拟测试结果。

通过对比发现，锡丝和锡膏中的助焊剂在顶空模拟中所释放出来的VOCs占样品中助焊剂成分的范围是20%～30%，因此，可以通过锡丝和锡膏中助焊剂的百分含量来估算焊接工艺过程中VOCs的释放量。

5　密闭舱法模拟实验

5.1　模拟实验前准备

5.1.1　采样滤膜准备

将石英滤膜放在恒温恒湿设备［温度（25±1）℃；湿度（50±5）%RH］中进行恒重（两次称量质量之差应＜0.4mg），记录滤膜模拟实验前恒重质量结果，待用。

5.1.2　VOCs采样管准备

将VOCs采样管径流量为50mL/min、温度为320℃、时间为120 min的活化仪活化，放置于密封袋中，4℃保存，待用。

5.1.3 产污相关材料恒重

将样品锡丝和锡膏放置于恒温恒湿设备[温度（25±1）℃；湿度（50±5）%RH]中进行恒重（两次称量质量相对偏差应＜0.4mg），记录各材料恒重后的质量结果，待用。

5.1.4 模拟装置的安装

将试验环境进行通风，使用在线VOCs测试仪对背景进行监控确认，记录监控结果。使用纯水擦拭密闭罩、内外部工作台、采样器等外表面，待水干后，安装试验舱，依次放入模拟焊台、焊枪、已称量好的锡丝、已固定好元器件的PCB板、循环风机、镊子、中流量大气采样器、平衡好的滤膜、电源等于试验舱中，连接好缓冲气袋，使用封口膜和密封胶带将密闭罩连接处密封，充入6000L的高纯氮气来冲洗舱内空气，待用。

5.2 数据结果分析

5.2.1 空白试验

5.2.1.1 VOCs空白试验

根据试验方案，开启将已安装好并通入6000L的试验舱中的循环风机，平衡10min后，使用TENAX TA采集管采集1L舱内空气，并采集2个平行样。采集完成后，打开舱体进气和出气阀门，充入1000L高纯氮气，始终保持舱体和舱外压力平衡，充气完毕后，平衡舱内空气10min，采集1L舱内空气，并采集2个平行样。重复采集气体和充气1000L操作共5次，并采集平行样品，试验完成后，进行TD-GCMS测试分析，并进行定量，试验结果见表6。

表6 试验舱空白检测结果

充气体积/L	检测结果/（mg/m³）					
	平行1	平行2	平行3	均值	相对标准偏差/%	均值±标准偏差
0	0.032	0.033	0.030	0.032	4.38	0.032±0.001
1000	0.030	0.028	0.023	0.027	11.76	0.027±0.003
2000	0.029	0.029	0.025	0.028	7.84	0.028±0.002
3000	0.027	0.032	0.029	0.029	9.16	0.029±0.003
4000	0.029	0.024	0.032	0.028	15.07	0.028±0.004
5000	0.026	0.029	0.033	0.029	12.47	0.029±0.004
均值				0.029	—	—
相对标准偏差/%				5.94	—	—

注：充气体积2000L为两次充气1000L气体体积，其他体积以此类推。

由测试数据分析，舱体清洗后，充入1000L、2000L、3000L、4000L、5000L高纯氮气后，其空气中的挥发性有机化合物浓度变化趋势较小，表明安装好试验舱，冲洗6000L高纯氮气后可以保证舱内空气浓度达到稳定状态。

5.2.1.2 颗粒物、铅和锡空白试验

将试验舱按照VOCs空白测试方法相同的方式安装完成后，充入6000L高纯氮气，打开循环风机循环10min，放入已平衡好的滤膜于中流量采样器中，以100L/min的采集流速采集颗粒物、铅和锡，采集1h，共采集6000L气体。采集完成后，换上新的滤膜，再次采集6000L气体，重复2次，共采集3张滤膜。采集完成后，取出滤膜，放在恒温恒湿设备中进行恒重（两次称量质量之差应＜0.4 mg），记录滤膜质量。按照《空气和废气　颗粒物中金属元素的测定　电感耦合等离子体发射光谱法》（HJ 777—2015）测定滤膜中铅和锡的含量。空白测试重复3次。数据结果见表7。

表7　颗粒物、铅和锡空白试验检测结果

测试项目	样品采集次数	检测结果/（µg/m³）			均值/（µg/m³）	相对标准偏差/%	均值±标准偏差
		空白测试1	空白测试2	空白测试3			
颗粒物	采集次数1	20	23	18	20.333	12.38	20.333±2.517
	采集次数2	18	19	25	20.667	18.32	20.667±3.786
	采集次数3	25	17	20	20.667	19.56	20.667±4.041
铅	采集次数1	<0.5	<0.5	<0.5	—	—	—
	采集次数2	<0.5	<0.5	<0.5	—	—	—
	采集次数3	<0.5	<0.5	<0.5	—	—	—
锡	采集次数1	<1.0	<1.0	<1.0	—	—	—
	采集次数2	<1.0	<1.0	<1.0	—	—	—
	采集次数3	<1.0	<1.0	<1.0	—	—	—

注：检出限结果按照采气体积为6 m³计算。

根据检测结果，试验舱中颗粒物、铅和锡的含量均较低，且经前处理（充入6000L高纯氮气）后稳定，舱内背景符合测试要求。

5.2.2　手工焊接工艺分析

将已经称量好的锡丝（精确至0.1mg）放置于试验舱中，密封试验仓后，充入6000L高纯氮气，开启循环风，稳定10min后采集VOCs（3根采集管）和滤膜，舱内背景样品采集完成后，进行模拟手工焊接，检测结果见表8。

表8 模拟手工焊接数据结果

样品名称		样品1	样品2	样品3	样品4	样品5	样品6
是否含铅		含铅			无铅		
VOC	检测结果/（g/kg）	1.599	1.188	1.572	1.774	0.699	2.015
	平均值/（g/kg）	1.453			1.496		
	相对标准偏差/%	15.83			46.83		
	平均值 ± 标准偏差/（g/kg）	1.453 ± 0.23			1.496 ± 0.701		
颗粒物	检测结果/（mg/kg）	127.67	246.31	539.08	424.25	162.53	620.22
	平均值/（mg/kg）	304.35			402.33		
	相对标准偏差/%	69.58			57.08		
	平均值 ± 标准偏差/（mg/kg）	304.35 ± 211.76			402.33 ± 229.63		
铅	检测结果/（mg/kg）	0.085	0.009	0.084	0.034	0.008	0.071
	平均值/（mg/kg）	0.05933			0.03767		
	相对标准偏差/%	73.48			84.05		
	平均值 ± 标准偏差/（mg/kg）	0.05933 ± 0.04			0.03767 ± 0.03		
锡	检测结果/（mg/kg）	1.441	1.236	3.351	1.045	0.910	2.369
	平均值/（mg/kg）	2.0093			1.4413		
	相对标准偏差/%	58.05			55.94		
	平均值 ± 标准偏差/（mg/kg）	2.0093 ± 1.17			1.4413 ± 0.81		

6 顶空瓶法和密闭舱法VOCs产污系数相互验证

通过对相同材料使用顶空瓶法和密闭舱法的检测结果进行对比（表9），密闭舱法VOCs释放量占顶空瓶法VOCs释放量的范围在15%～30%之间，且相对标准偏差在30%以下，表明密闭舱法焊接过程中，VOCs可能会进行沉降等其他过程，挥发到空气中的VOCs含量约占其助焊剂产生VOCs总量的22%。因此焊接过程中产生的VOCs含量是可以预估的。

表9 顶空瓶法和密闭舱法VOCs检测结果对比

序号	是否含铅	检测结果/（g/kg）		密闭舱法检测结果占顶空瓶法比率/%	平均值/（g/kg）	相对标准偏差/%	平均值 ± 标准偏差/（g/kg）
		顶空瓶法	密闭舱法				
1	含铅	7.035	1.599	22.73	21.45	26.20	21.45 ± 5.62
2		7.762	1.188	15.3			
3		5.973	1.572	26.32			
4	无铅	7.224	1.774	24.56	23.08	21.57	23.08 ± 4.98
5		3.988	0.699	17.53			
6		7.421	2.015	27.15			

附录3　某汽车企业工厂创建"绿色工厂"案例❶

1　概况

企业规划产能规模约30万辆，总投资约100亿元。本次创建按照《绿色工厂评价通则》（GB/T 36132—2018）等相关政策和标准，满足所有的"基本要求"和"必选要求"，且满足绝大部分的"可选要求"，获取工业和信息化部"绿色工厂"，得到了工业和信息化部及省市各级评审组专家的一致肯定。本次创建成果包括基础设施、管理体系、节能降耗、绿色产品、环保低碳等方面。

2　基础设施成果

该工厂规划总用地面积约为$1.0 \times 10^6 \text{m}^2$，建筑密度约50%，容积率约0.9，绿地率约15%，满足"固定资产投资项目节能评估审查制度""三同时制度""工业项目建设用地控制指标"等产业政策和规定。危险品仓库、危废暂存库、油库等产生污染物的区域独立设置。主要建筑均采用钢结构，属于资源消耗少、对环境影响小的建筑结构体系；建筑材料在全生命周期中的能源消耗较低；材料中醛、苯、氨、氡等有害物质均符合国家标准要求。

厂区内照明参照《建筑照明设计标准》（GB 50034），根据不同区域及用途，执行照明功率密度、照度、照度均匀度、眩光限制、光源颜色、反射比以及照明等标准值。厂区均使用节能灯高效照明；办公区域采用LED灯具，并充分利用自然采光、优化窗墙面积比，照明采用分级设计；厂房设置侧窗及屋顶采光带，采光满足天然采光要求，根据功能需要设置必要的LED灯具。

该工厂采用国际先进的绿色工艺，采用高效设备，自动化的乘用车生产平台，降低生产能耗。采用模块化设计，通过产品的模块化设计，生产装配过程中无有害废物产生。引进自动化智能生产线、生产设备，努力提高生产效率，管控产品整个生产链条，降低单位产品能耗。该工厂使用的水泵、风机、变压器、空压机、冷却塔、空调机组等通用设备达到相关标准中能效限定值强制性要求；使用的通用设备及其系统的实际运行效率符合该设备经济运行的要求；使用的通用设备采用了节能型产品或效率高、能耗低、水耗低、物耗低的产品。该工厂根据国家有关标准要求，各项用能都装有计量装置，对用能、用水、用气等进行分类计量、记录，并在全厂区建有自动化的能源管理中心，可实时监控各项用能情况。

---

❶ 引自：魏奇锋，杜长凯，张贺，阴亮，尹运基. 某三十万辆汽车整车厂绿色工厂创建实践[J]. 建设科技，2021(1): 28-33.

3 管理体系成果

该工厂高度重视"三标一体化"等管理体系工作，根据《质量管理体系　要求》（GB/T 19001）、《质量管理体系》（ISO 9001）、《环境管理体系　要求及使用指南》（GB/T 24001）、《环境管理体系》（ISO 14001）、《职业健康安全管理体系》（ISO 45001）、《能源管理体系》（ISO 50001）的要求，在工厂的建设、调试、运行阶段相应建立、实施并保持了相关体系的要求，并通过《质量管理体系认证》（ISO 9001）、《国际环境管理体系认证》（ISO 14001）、《国际职业健康安全管理体系认证》（ISO 45001）、《国际能源管理体系认证》（ISO 50001）认证，并取得相关证书。该工厂以两年为周期，连续发布了《企业社会责任报告》，并在网上进行了公示，报告公开后可获得。

4 节能降耗成果

该工厂采用工艺节能、建筑节能、电气节能、余热利用、可再生能源以及其他节能技术措施，建立节能管理制度，有效优化用能结构，在保证安全、质量的前提下减少了能源的投入和使用。主要体现在以下几个方面：

（1）工艺节能：工艺设备均采用国际先进成熟技术，水泵、风机、电机等通用设备均采用国家推荐的节能产品，实际运行效率或主要运行参数应符合该设备经济运行的要求。进行智能工厂建设，以领先的自动化规划和工艺革新为引导，运用自动化、信息化、精益物流等技术，打造"智能化、数字化"标杆工厂。

（2）建筑节能：厂区内建筑在设计和建设中，根据建筑节能法规，采用节能型新技术、新材料，在保证质量和使用功能的前提下，充分考虑建筑物自然采光、自然通风。

（3）余热利用：该工厂电泳、PVC、面漆、KPR焚烧炉的废气，增加余热回收装置，利用热气的热量，对槽液、新风进行加热，可有效减少天然气及高温水使用量，每年可节省大量能源费用。焊装车间采用9台带转轮的组合式空调机组，选用全热转轮热回收器，通过热回收装置，使排风和新风进行交换，对室内排风总蕴含的冷（热）量进行有效回收，提高能源的利用率。

（4）可再生能源：联合站房屋顶设置了550余组太阳能集热器，总集热面积约1300m²，全年可提供热水超过10000m³，约占全年使用热水比例40%。

（5）水蓄冷系统：建立了一套水蓄冷系统，水蓄冷设备罐体有效容积14000m³。蓄冷介质为水，设计工作温度4～50℃。利用夜间低谷负荷电力制冷，白天高峰负荷电力放冷，能有效减少电网高峰时段用电负荷及空调系统装机容量，大大降低制冷系统配电容量和系统运行费用，充分利用夜间低谷电，达到对电网削峰填谷、平衡电力负荷、降低运行费用的工效。

在资源投入及回收利用方面，该工厂通过各种经济激励和行政制度等手段，不断地强化工厂资源节约的管理，主要体现在大规模中水回用、大量采用节水器具、免冲洗技术、高效节水节材工艺、废品废材再利用等。

在绿色供应链管理方面，实施绿色化采购，根据采购管理制度向供方提供采购要求，其中包含有害物质使用、可回收材料使用、能效等环保要求。加强实施绿色供应商的管理，完善绿色生产，加强对产品的绿色回收，加强绿色信息平台的建设，加大绿色信息披露，促使绿色供应链管理体系更加完善，满足国家绿色供应链评价的要求。

5 绿色产品成果

该工厂在产品设计中引入生态设计理念，严格遵循绿色产品技术规范，要求产品设计应按照现代设计的基本理念和要求，除了考虑功能、性能、质量、成本等方面外，还考虑产品在其整个生命周期中对人类以及环境等的影响，在考虑多方面的影响后最终实现产品的绿色设计。在产品生命周期前端，注重环保产品开发及环保材料运用，倾力打造绿色汽车。在产品开发方面，近年来积极推动1.2L TSI发动机和电动车应用、精准续航里程管理系统、人性化低电量管理系统、先进能量回收技术等，减少能耗和排放。该工厂主要产品均通过CCC认证，并荣获中华环境保护基金会"绿色产品奖"。

该工厂制定了《有害物质控制管理规定》《供应商有害物质管理规范》《产品中有害物质检验规范》等相关控制标准以及《限制物质过程管理办法》，产品设计时均根据已识别的客户对环境管理物质的要求，根据已识别与确定的受公司管控的有害物质清单，选择符合规定环保要求的零部件、原材料及辅助材料，并在设计输出文件中注明限制物质的控制指标和要求。该工厂在禁用物质监控、材料信息收集、零部件材料标识等方面建立了系统的规范，保障产品环保无害。

该工厂与国内同行业企业相比规模和技术优势明显，产品应用的先进节能技术，包括发动机启停技术和能量回收系统、轻质底盘、前悬铝质副车架提升动态性能、LED日间行车灯、涡轮增压缸内直喷技术等，降低产品油耗，该工厂生产的车型的能效值（油耗）在行业中处于领先地位。

汽车相比其他回收原材料，具有存量大、资源价值高、零件可再制造应用等特点。通过原材料的合理选用及优化，减少整车重量，并全面开展车辆回收利用（ELV）工作，提高资源综合利用效率。报废汽车中含有大量可再生资源，72%的钢铁（69%钢铁+3%铸铁）、11%的塑料、8%的橡胶和6%的有色金属，汽车的钢铁、有色金属材料的零部件90%以上都可以回收、利用，玻璃、塑料的回收利用率可达50%以上。按GB/T 19515进行可再利用率和可回收利用率核算，各款车型可再利用率≥85%且可回收利用率≥95%，满足标准要求。

6 环保低碳成果

该工厂对焊装车间主焊工段、下部、车间门盖、车间侧围等排气筒，涂装车间PVC、电泳、面漆、烘干炉等排气筒，有组织排放废气中颗粒物、SO_2、NO_x、甲苯、二甲苯、VOCs、NMHC的排放浓度及排放速率均满足《大气污染物综合排放标准》（GB 16297—1996）中的二级标准限值要求，无组织废气中颗粒物、二甲苯、NMHC的浓度均满足《大气污染物综合排放标准》（GB 16297—1996）中的二级标准限值要求。

该工厂建有大型污水（中水）处理站，设计处理能力不低于96 m^3/h，最大处理能力为105 m^3/h。污水站采用先进的MBR工艺，由磷化废水处理、电泳废水处理、酸碱废水处理、混合废水生化处理、污泥处理、化学药剂投加等多个系统组成。回用水质达到了《城市污水再生利用 城市杂用水水质》（GB/T 18920—2020）的要求，排放水质达到了《污水综合排放标准》（GB 8978—1996）中二级标准限值的要求。

该工厂一般固体废弃物主要包含包装物、纸壳、散木、废塑料、大余料、小余料、角料、平板料、废铁、废铝、铁屑、铝屑、钢屑等，危险废物包括沾染废物、废漆渣、废胶、废漆、刹车油、废树脂、石蜡、污泥、化学试剂、废活性炭、电子废弃物、非危险化学品及其他危废等，工厂按要求统一分类收集，并由具备资质能力的公司进行综合利用处理。工业固体废物综合利用率达到92%。

该工厂厂区昼、夜间均满足《工业企业厂界环境噪声排放标准》（GB 12348—2008）中3类区标准限值要求。

根据中国《机械设备制造企业温室气体排放核算方法与报告指南（试行）》的要求，对厂区厂界范围内的温室气体排放进行自核算及第三方核查，并在网站上将温室气体排放自核算报告及第三方核查报告对外公布。

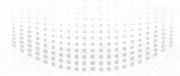

参考文献

[1] Allen V K, Ayres R U, Ralph C D.Economics and the environment: a materials balance approach[M]// H. Wolozin. The Economics of Pollution. Morristown: General learning Press, 1974: 22-56.

[2] Anderberg S. Industrial metabolism and the linkages between economics, ethics and the environment[J]. Ecological Economics, 1998, 24(2): 311-320.

[3] Ayres R U, Kneese A V.Production, consumption, and externalities[J]. The American Economic Review, 1969, 59(3): 282-297.

[4] Ayres R U, Leslie A. A handbook of industrial ecology[M]. Cheltenham, UK · Northampton MA, USA: Edward Elgar Publishing Ltd, 2002.

[5] Ayres R U, Samuel R R. Patterns of pollution in the Hudson-Raritan basin[J]. Environment, 1986, 28(4): 14-43.

[6] Ayres R U, Udo E S. Industrial metabolism: restructuring for sustainable development[M]. Tokyo: United Nations University Press, 1994.

[7] Ayres R U. Industrial metabolism and global change[J]. International Social Science Journal, 1989, 121: 363-373.

[8] Ayres R U. Industrial metabolism: theory and policy[M]// Robert U A, Udo E S. Industrial Metabolism: Restructuring For Sustainable Development. Tokyo: United Nations University Press, 1994.

[9] Ayres R U. Industrial metabolism[M]// Technology and Environment. Washington, DC: National Academy Press, 1989.

[10] Ayres R U. Resources, environment, and economics: Applications of the materials/energy balance principle[M]. John Wiley & Sons New York Ny, 1978.

[11] Ayres R U. Self-organization in biology and economics[R]. Luxemburg, Austria: International Institute for Applied Systems Analysis, 1988.

[12] Bain A, Shenoy M, Ashton W, et al.Industrial symbiosis and waste recovery in an Indian industrial area[J]. Resources, Conservation and Recycling, 2010, 54(12): 1278-1287.

[13] Boulding, Kenneth. The economics of the coming spaceship earth[M]// Environmental Quality in a Growing Economy. Baltimore: John Hopkins University Press. 1966: 3-14.

[14] Bouman, M, Heijungs R,Voet E VD. Material flows and economic models: an analytical comparison of

SFA, LCA and patical equilibriun models[J]. Ecological Economics, 2000, 32(2): 195-216.

[15] Bourque P J.Embodied energy trade balances among regions[J]. International Regional Science Review, 1981, 6(2): 121-136.

[16] Boyden S, Millar S, Newcombe K, et al.Ecology of a city and its people: The case of Hong Kong[M]. Australian National University, 1981.

[17] Brunner P H,Rechberger H.Practical handbook of material flow analysis[J]. International Journal of Life Cycle Assessment, 2016.

[18] Cha K, Son M, Matsuno Y, et al. Substance flow analysis of cadmium in Korea[J]. Resources, Conservation and Recycling, 2013, 71(2): 31-39.

[19] Chancerel P, Meskers C E M, Hagelüken C, et al. Assessment of precious metal flows during preprocessing of waste electrical and electronic equipment[J]. Journal of Industrial Ecology, 2009, 13(5): 791-810.

[20] Chen W Q, Graedel T E. Dynamic analysis of aluminum stocks and flows in the United States: 1900-2009[J]. Ecological Economics, 2012, 81(5): 92-102.

[21] Chen W Q, Shi L. Analysis of aluminum stocks and flows in Mainland China from 1950 to 2009: exploring the dynamics driving the rapid increase in China's aluminum production[J]. Resources, Conservation and Recycling, 2012, 65(8): 18-28.

[22] Daigo I, Hashimoto S, Matsuno Y, et al. Material stocks and flows accounting for copper and copper-based alloys in Japan[J]. Resources, Conservation and Recycling, 2009, 53(4): 208-217.

[23] Daigo I, Matsuno Y, Adachi Y. Substance flow analysis of chromium and nickel in the material flow of stainless steel in Japan[J]. Resources, Conservation and Recycling, 2010, 54(11): 851-863.

[24] Darnay A, Nuss G. Environmental impacts of Coca-Cola beverage containers[R]. Kansas City: Midwest Research Institute for CocaCola USA, 1971.

[25] Elshkaki A, Graedel T E. Dynamic analysis of the global metals flows and stocks in electricity generation technologies[J]. Journal of Cleaner Production, 2013, 59(11): 260-273.

[26] Elshkaki A, van der Voet E, Van Holderbeke M, et al. Long-term consequences of non-intentional flows of substances: Modelling non-intentional flows of lead in the Dutch economic system and evaluating their environmental consequences[J]. Waste Management, 2009, 29(6): 1916-1928.

[27] Elshkaki A, Van der Voet E, Van Holderbeke M, et al. The environmental and economic consequences of the developments of lead stocks in the Dutch economic system[J]. Resources, Conservation and Recycling, 2004, 42(2): 133-154.

[28] Ester van der Voet, Jeroen B Guinée, Helias A Udo de Haes. Metals in the Netherlands: application of FLUX, Dynabox and the indicators[M]. Springer Netherlands, 2000.

[29] Fischer-Kowalski M. On the history of industrial metabolism[J]. Perspectives on Industrial Ecology, 2003, 2: 35-45.

[30] GB/T 22124.1-2008.面向装备制造业产品全生命周期工艺知识第1部分：通用制造工艺分类[S].

[31] GB/T 4754-2017.国民经济行业分类[S].

[32] Guo X, Song Y. Substance flow analysis of copper in China[J]. Resources, Conservation and Recycling, 2008, 52(6): 874-882.

[33] Guo X, Zhong J, Song Y, et al. Substance flow analysis of zinc in China[J]. Resources, Conservation and Recycling, 2010, 54(3): 171-177.

[34] Hatayama H, Yamada H, Daigo I, et al. Dynamic substance flow analysis of aluminum and its alloying elements[J]. Materials Transactions, 2007, 48(9): 2518-2524.

[35] International Organization for Standardization(ISO). ISO 14040Environmental Management Life Cycle Assessment General Principles and Framework[S]. Geneva:ISO, 2006.

[36] International Organization for Standardization(ISO). ISO 14040Environmental Management Life Cycle Assessment General Principles and Framework[S]. Geneva: ISO, 1997.

[37] Jeong Y S, Matsubae-Yokoyama K, Kubo H, et al. Substance flow analysis of phosphorus and manganese correlated with South Korean steel industry[J]. Resources, Conservation and Recycling, 2009, 53(9): 479-489.

[38] Knees e A V, Ayre s R U, d'Arge R C.Economics and the environment: a materials balance approach[M]. Routle Dge, 2015.

[39] Kwonpongsagoon S , Waite D T , Moore S J , et al. A substance flow analysis in the southern hemisphere: cadmium in the Australian economy[J]. Clean Technologies and Environmental Policy, 2007, 9(3):175-187.

[40] Kyounghoon Chaa, Minjung Sona, Yasunari Matsunoc,et al.Substance flow analysis of cadmium in Korea[J]. Resources, Conservation and Recycling, 2013(71): 31-39.

[41] Leontief W W. Quantitative input and output relations in the economic systems of the United States[J]. The Review of Economic Statistics, 1936, 18 (3) :105-125.

[42] Leontief W. The structure of American economy, 1919-1939: an empirical application of equilibrium analysis[M]. 2nd ed. New York: Oxford University Press, 1951.

[43] Leontief W. The structure of American economy1919—1929[M]. Harvard UP, Cambridge, Mass, 1941.

[44] Lifset R J, Eckelman M J, Harper E M, et al. Metal lost and found: dissipative uses and releases of copper in the United States 1975—2000[J]. Science of the Total Environment, 2012, 417-418(4): 138-147.

[45] Llewellyn, Thomas O. U. S. Bureau of Mines Information Circular 9380: Cadmium (Materials Flow)[J]. U. S. geological Survey.

[46] Lohm U, Anderberg S, Bergbäck B. Industrial metabolism at the national level: A case-study on chromium and lead pollution in Sweden, 1880–1980[M]// Industrial Metabolism: Restructuring for Sustainable Development. Tokyo: United Nations University Press, 1994.

[47] Månsson N. Substance flow analyses of metals and organic compounds in an urban environment: –the Stockholm example[D]. Kalmar: University of Kalmar, School of Pure and Applied Natural Sciences, 2009.

[48] Mao J S, Dong J, Graedel T E. The multilevel cycle of anthropogenic lead I. Methodology [J]. Resource Conservation & Recycling, 2008, 52(8-9): 1058-1064.

[49] Mao J S, Dong J, Graedel T E. The multilevel cycle of anthropogenic lead. II. Results and discussion[J].

Resource Conservation & Recycling, 2008, 52(8-9): 1050-1057.

[50] Mao J S, Graedel T E. Lead In—Use Stock[J]. Journal of Industrial Ecology, 2009, 13(1): 112-126.

[51] Marilyn B B, Daniel E S, Lorie A W. Total materials consumption an estimation methodology and example using lead—a materials flow analysis report[R]. Washington : United States Covernment Printing Office, 1999.

[52] Marsh G P. Man and nature; or, physical geography as modified by human action[M]. London, New York: Scribners and Sampson Low, 1864.

[53] Michaelis P, Jackson T. Material and energy flow through the UK iron and steel sector. Part 1: 1954–1994[J]. Resources, Conservation and Recycling, 2000, 29(1): 131-156.

[54] Moleschott J. Der Kreislauf des Lebens[M]. Mainz: Von Zabern, 1857.

[55] Murakami S, Yamanoi M, Adachi T, et al. Material flow accounting for metals in Japan[J]. Materials transactions, 2004, 45(11): 3184-3193.

[56] Nakajima K, Yokoyama K, Matsuno Y, et al. Substance flow analysis of molybdenum associated with iron and steel flow in Japanese economy[J]. ISIJ international, 2007, 47(3): 510-515.

[57] Nakajima K, Yokoyama K, Nakano K, et al. Substance flow analysis of indium for flat panel displays in Japan[J]. Materials transactions, 2007, 48(9): 2365-2369.

[58] Newcombe K, Kalma J D, Aston A R. The metabolism of a city: the case of Hong Kong[J]. Ambio, 1978: 3-15.

[59] Oda T, Daigo I, Matsuno Y, et al. Substance flow and stock of chromium associated with cyclic use of steel in Japan[J]. ISIJ international, 2010, 50(2): 314-323.

[60] Oguchi M, Sakanakura H, Terazono A. Toxic metals in WEEE: Characterization and substance flow analysis in waste treatment processes[J]. Science of the Total Environment, 2013, 463(5): 1124-1132.

[61] Palmquist H. Substance flow analysis of hazardous substances in a Swedish municipal wastewater system [J]. Vatten, 2004, 60(4): 251-260.

[62] Pandelova M , Lopez W L , Michalke B , et al. Ca, Cd, Cu, Fe, Hg, Mn, Ni, Pb, Se, and Zn contents in baby foods from the EU market: Comparison of assessed infant intakes with the present safety limits for minerals and trace elements[J]. Journal of Food Composition and Analysis, 2012, 27(2): 120-127.

[63] Radoti K, Dui T, Mutavdi D. Changes in peroxidase activity and isoenzymes in spruce needles after exposure to different concentrations of cadmium[J]. Environmental and Experimental Botany, 2000, 44(2): 105-113.

[64] Rees W E. Ecological footprint and appropriated carrying capacity: what urban economics leaves out[J]. Environment and Urbanization, 1992, 4 (2) : 121-130.

[65] Rotter V S, Kost T, Winkler J, et al. Material flow analysis of RDF-production processes[J]. Waste Management, 2004, 24(10): 1005-1021.

[66] Schuetz H, Bringezu S. Economy-wide mate rial flow accounting[J]. Wuppe rtal: Wuppertal Institute, 1998, 1: 31.

[67] Sendra C, Gabarrell X, Vicent T. Material flow analysis adapted to an industrial area [J]. Journal of

Cleaner Production, 2007, 15 (17) : 1706-1715.

[68] Shaler, Nathaniel S. Man and the Earth[M]. New York: Duffield & Co, 1905.

[69] Shi J J, Shi Y, Feng Y L, et al. Anthropogenic cadmium cycles and emissions in Mainland China 1990-2015[J]. Journal of Cleaner Production, 2019, 230: 1256-1265.

[70] Spatari S, Bertram M, Fuse K, et al. The contemporary European copper cycle: 1 year stocks and flows[J]. Ecological Economics, 2002, 42(1): 27-42.

[71] Stephane Audry, Gerard Blanc, Jorg Schafer. Cadmium transport in the Lot–Garonne Riversystem (France)-temporal variability and a model for flux estimation[J]. The Science of the Total Environment, 2004(319): 197-213.

[72] Stigliani, William M, Peter F. Jaffé, et al. Industrial metabolism and long-term risks from accumulated chemicals in the Rhine[J]. Industry and Environment, 1993, 16(3): 30-35.

[73] Suren Erkman，徐兴元. 工业生态学[M]. 北京：经济日报出版社，1999.

[74] Tabayashi H, Daigo I, Matsuno Y, et al. Development of a dynamic substance flow model of zinc in Japan[J]. ISIJ international, 2009, 49(8): 1265-1271.

[75] Thomas, William L J. Man's role in changing the face of the earth[M]. Chicago: University of Chicago Press, 1956.

[76] Udo de Haes H A, Van der Voet E, Kleijn R. Substance flow analysis (SFA), an analytical tool for integrated chain management[R]// Regional and national material flow accounting: From paradigm to practice of sustainability. Leiden: The ConAccount Workshop, 1997: 32-42.

[77] Voet E V D, René Kleijn, Oers L V, et al. Substance flows through the economy and environment of a region: Prat I: Systems definition[J]. Environmental Science & Pollution Research International, 1995, 2(2): 90-96.

[78] Vexler D, Bertram M, Kapur A, et al. The contemporary Latin American and Caribbean copper cycle: 1 year stocks and flows[J]. Resources, conservation and recycling, 2004, 41(1): 23-46.

[79] Wackernagel M, Rees W E. Our ecological footprint: reducing humanimpact on the earth[M]. Gabriela Island, BC: New SocietyPublishers, 1996.

[80] WALTER I. The pollution content of American trade[J]. Economic Inquiry, 1973, 11 (1) : 61-70.

[81] WarrenRhodes K, Koenig A. Escalating trends in the urban metabolism of Hong Kong: 1971- 1997[J]. AMBIO: A Journal of the Human Environment, 2001, 30 (7) : 429- 438.

[82] Wolman, Abel. The metabolism of cities[M]. Scientific American. 1956, 213(3): 178-193.

[83] Ziemann S, Weil M, Schebek L. Tracing the fate of lithium—The development of a material flow model[J]. Resources, Conservation and Recycling, 2012, 63(2): 26-34.

[84] Zijm W H M, Buitenhek R. Capacity planning and lead time management [J]. International Journal of Production Economics, 1996, 46: 165-179.

[85] 白卫南，孙启宏，乔琦，等. 铅蓄电池行业重金属产污系数修正[J]. 环境工程技术学报，2015，5(5): 435-441.

[86] 卜庆才. 物质流分析及其在钢铁工业中的应用[D]. 沈阳：东北大学，2005.

[87] 蔡九菊，王建军，陆钟武，等. 钢铁企业物质流与能量流及其相互关系 [J]. 东北大学学报：自然科学版，2006, 27(9): 979-982.

[88] 蔡九菊，吴复忠，李军旗，等. 高炉 - 转炉流程生产过程的硫素流分析 [J]. 钢铁，2008, 43(7): 91-95.

[89] 曹学章，沈渭寿，唐晓燕. 建立我国生态环境标准体系的初步构想 [J]. 农村生态环境，2005, 21(4): 77-80.

[90] 曹勇. 纳米材料在环境保护方面的应用 [J]. 当代石油石化，2001, 9(8): 30-33.

[91] 曾海东. 工业 VOCs 精细化环境管理的对策研究 [J]. 节能环保，2017(4): 9-10.

[92] 曾润，毛建素. 2005 年北京市铅的使用蓄积研究 [J]. 环境科学与技术，2010, 33(8): 49-52.

[93] 柴祯. 废杂铜冶炼过程中污染物迁移转化规律研究 [D]. 北京：中国矿业大学（北京），2014.

[94] 陈贵. 产业生态的背后逻辑 [J]. 发现，2018(36): 1.

[95] 陈家庆. 面向加油站的油气回收处理装置及其关键技术 [J]. 环境工程，2007, 25(1): 41-46.

[96] 陈伟强，石磊，钱易. 1991 年～ 2007 年中国铝物质流分析 (Ⅱ): 全生命周期损失估算及其政策启示 [J]. 资源科学，2009, 31(12): 2120-2129.

[97] 陈伟强，石磊，钱易. 2005 年中国国家尺度的铝物质流分析 [J]. 资源科学，2008(09): 1320-1326.

[98] 陈效述，乔立佳. 中国经济 - 环境系统的物质流分析 [J]. 自然资源学报，2000, 15(1): 17-23.

[99] 楚春礼，马宁，邵超峰，等. 中国铝元素物质流投入产出模型构建与分析 [J]. 环境科学研究，2011, 24(09): 1059-1066.

[100] 戴铁军. 工业代谢分析方法在企业节能减排中的应用 [J]. 资源科学，2009(4): 703-711.

[101] 翟一杰，张天祚，申晓旭，等. 生命周期评价方法研究进展 [J]. 资源科学，2021, 43(03): 446-455.

[102] 杜翠华. 环境影响评价制度与排污许可证制度"一体化"效应分析 [J]. 皮革制作与环保科技，2020, 1(21): 5.

[103] 杜涛，戴坚. 钢铁生产流程的物流对大气环境负荷的影响 [J]. 钢铁，2002, 37(6): 59-63.

[104] 段宁，傅泽强，乔琦，等. 工业代谢与生态工业网络分类理论研究 [M]. 北京：清华大学出版社，2006.

[105] 段宁，郭庭政，刘景洋. 基于产排污系数的产品污染负荷评价方法研究 [J]. 现代化工，2009, 29(2): 78-82

[106] 段宁，郭庭政，孙启宏，等. 国内外产排污系数开发现状及其启示 [J]. 环境科学研究，2009, 22(5): 622-626

[107] 段宁，孙启宏，傅泽强，等. 我国制糖 (甘蔗) 生态工业模式及典型案例分析 [J]. 环境科学研究，2004, 17(4): 29-33.

[108] 段宁. 物质代谢与循环经济 [J]. 中国环境科学，2005, 25(3): 320-323.

[109] 段文立，宋文立. 两段循环流化床吸附有机气体实验 [J]. 过程工程学报，2004, 4(3): 210-215.

[110] 段晓东，孙德智，余政哲. 光催化氧化法降解废气中苯系物的研究 [J]. 化工环保，2003, 23(5): 253-256.

[111] 高天明，代涛，王高尚，等. 铝物质流研究进展 [J]. 中国矿业，2017, 26(12): 117-122.

[112] 郭学益，钟菊芽，宋瑜，等. 我国铅物质流分析研究 [J]. 北京工业大学学报，2009, 35 (11): 1554-1561.

[113] 国家统计局, 中国标准化研究院. GB/T 4754—2017 国民经济行业分类[S]. 北京: 中国标准出版社, 2017.

[114] 国家统计局, 国家数据库. http://data.stats.gov.cn.

[115] 国务院第一次全国污染源普查领导小组办公室. 第一次全国污染源普查工业污染源产排污系数手册（第十分册）[M]. 2008.

[116] 韩峰. 生态工业园区工业代谢及共生网络结构解析[D]. 济南: 山东大学, 2017.

[117] 韩骥, 周燕. 物质代谢及其资源环境效应研究进展[J]. 应用生态学报, 2017, 28(03): 1049-1060.

[118] 姜文英. 典型铅锌冶炼企业循环经济建设的物质流分析方法研究[D]. 长沙: 中南大学, 2007.

[119] 姜玉芝, 贾嵩阳. 硅藻土的国内外开发应用现状及进展[J]. 有色矿冶, 2011, 27(5): 31-37.

[120] 蓝盛芳, 钦佩. 生态系统的能值分析[J]. 应用生态学报, 2001 (01): 129-131.

[121] 雷德雨. 贵州工业实现绿色发展的路径思考[J]. 经济研究导刊, 2017(15): 143-146.

[122] 李慧明, 王军锋. 物质代谢, 产业代谢和物质经济代谢——代谢与循环经济理论[J]. 南开学报: 哲学社会科学版, 2008 (6): 98-105.

[123] 李吉喆. 基于投入产出模型的城市碳排放代谢分析[D]. 北京: 华北电力大学, 2019.

[124] 李坚, 马广大. 电晕法处理易挥发性有机物（VOCs）的实验研究[J]. 环境工程, 1999, 17(3): 30-32.

[125] 李娜. 环境监测工作在排污许可工作中的价值和实施建议[J]. 皮革制作与环保科技, 2022: 139-141.

[126] 栗战书. 深入贯彻习近平生态文明思想加快完善中国特色社会主义生态环境保护法律体系[R]. 全国人大环资委在北京召开生态环保立法工作座谈会上的讲话. 2022.

[127] 梁赛, 王亚菲, 徐明, 等. 环境投入产出分析在产业生态学中的应用[J]. 生态学报, 2016, 36(22): 7217-7227.

[128] 刘刚, 楚春礼. 物质流分析的理论与实践[M]. 北京: 化学工业出版社, 2022.

[129] 刘敬智, 王青, 顾晓薇, 等. 中国经济的直接物质投入与物质减量分析[J]. 资源科学, 2005, 27(1): 46-51.

[130] 卢伟. 废弃物循环利用系统物质代谢分析模型及其应用[D]. 北京: 清华大学, 2010.

[131] 陆钟武, 谢安国. 钢铁生产流程的物流对能耗的影响[J]. 金属学报, 2009, 36(4): 370-378.

[132] 罗涛. 基于排放清单的丁蜀镇镉污染来源解析[D]. 南京: 南京大学, 2019.

[133] 马超. VOCs排放、污染以及控制对策[J]. 环境工程技术学报, 2012, 2(2): 103-109.

[134] 毛建素, 陆钟武, 杨志峰. 铅酸电池系统的铅流分析[J]. 环境科学, 2006, 27(3): 442-447.

[135] 潘继芳. 汽车制造企业的环境管理[J]. 科技信息, 2011(21): 813, 771.

[136] 潘齐, 谷树茂, 李恒庆, 等. VOCs的危害、控制技术及防治对策[J]. 第十八届全国二氧化硫、氮氧化物、汞污染防治暨细颗粒物（$PM_{2.5}$）治理技术研讨会论文集.

[137] 彭建, 王仰麟, 吴健生. 净初级生产力的人类占用: 一种衡量区域可持续发展的新方法[J]. 自然资源学报, 2007(01): 153-158.

[138] 齐海洋. "十四五"固定污染源排污许可工作重点探析[J]. 节能环保, 2021(7): 29-30.

[139] 钱易. 清洁生产与循环经济——概念、方法和案例[M]. 北京: 清华大学出版社, 2006.

[140] 乔琦，万年青，欧阳朝斌，等.工业代谢分析在生态工业园区规划中的应用[C]//中国环境科学学会.中国环境科学学会2009年学术年会论文集（第三卷）.中国环境科学学会：中国环境科学学会，2009: 1077-1080.

[141] 生态环境部关于印发《"十四五"环境影响评价与排污许可工作实施方案》的通知[EB/OL]. (2022-04-02). https://www.mee.gov.cn/xxgk2018/xxgk/xxgk03/202204/t20220418_974927.html.

[142] 石海琴.低碳经济背景下机械电子行业的发展前景分析[J].经管园地，2020: 79-80.

[143] 石磊，张天柱.如何度量区域循环经济的发展——以贵阳市为例[J].中国人口·资源与环境，2005(5): 63-66.

[144] 宋国君，方丹阳，贾册.固定源大气污染物排放标准完善及其与排污许可管理制度关系研究[J].环境影响评价，2021, 43(4): 24-26.

[145] 宋国君，钱文涛.实施排污许可证制度治理大气固定源[J].环境经济，2013(11): 21-25.

[146] 宋国君，赵英煚，耿建斌，等.中美燃煤火电厂空气污染物排放标准比较研究[J].中国环境管理，2017, 9(1): 21-28.

[147] 宋国君.环境政策分析（第二版）[M].北京：化学工业出版社，2019.

[148] 孙建卫，陈志刚，赵荣钦，等.基于投入产出分析的中国碳排放足迹研究[J].中国人口·资源与环境，2010, 20(05): 28-34.

[149] 牛翠娟，娄安如，孙儒泳，等.基础生态学[M].北京：高等教育出版社，2002: 192-193.

[150] 谭民强.环境影响评价、排污许可、生态环境执法制度衔接进展及展望[J].环境影响评价，2022, 44(4): 13-16.

[151] 汤景文.SKS铅冶炼过程有害元素砷流向分析[D].长沙：中南大学，2014.

[152] 王洪才.基于SKS炼铅法能耗系统的分析研究[D].长沙：中南大学，2009.

[153] 王雅珍.生物科学[M].吉林：吉林大学出版社，2005.

[154] 王亚琼，赵英煚，王颖，等.固定源大气污染物排放标准体系构建：原则、框架与路径[J].中国人口·资源与环境，2021, 31(8): 54-61.

[155] 王艳红.面向绿色制造的钢铁制造系统辅料资源运行特性研究[D].武汉：武汉科技大学，2013.

[156] 魏奇锋，杜长凯，张贺，等.某三十万辆汽车整车厂绿色工厂创建实践[J].建设科技，2021(1): 28-33.

[157] 文婕，孙文晶，杨文.氧化改性活性炭吸附脱氮选择性研究[J].功能材料，2013, 20(44): 2954-2958.

[158] 吴复忠.钢铁生产过程的硫素流分析及软锰矿、菱锰矿烟气脱硫技术研究[D].沈阳：东北大学，2008.

[159] 夏启斌，余谟鑫，姬乔娜，等.超大比表面积活性炭对柴油中噻吩类硫化物的吸附性能[J].功能材料，2009, 40(10): 1730-1733.

[160] 肖忠东，孙林岩.工业生产中物质流程的均衡分析[J].管理工程学报，2003, 17(2): 36-40.

[161] 肖忠东，孙林岩.工业生态制造——剩余物质的管理[M].西安：西安交通大学出版社，2003: 126-127.

[162] 谢莉，黎冰，杨巍，等.排污许可证制度管理政策与支撑技术探讨[J].中国资源综合利用，2019,

37(12): 118-120.

[163] 徐大伟, 王子彦, 李亚伟. 基于工业代谢的工业生态链梯级循环物质流研究[J]. 环境科学与技术, 2005, 28(2): 43-45, 53.

[164] 徐一剑, 张天柱, 石磊, 等. 贵阳市物质流分析[J]. 清华大学学报: 自然科学版, 2004, 44(12): 1688-1691.

[165] 徐中民, 张志强, 程国栋. 甘肃省1998年生态足迹计算与分析[J]. 地理学报, 2000 (05): 607-616.

[166] 晏乃强, 吴祖成, 施耀, 等. 电晕 - 催化技术治理甲苯废气的实验研究[J]. 云南环境科学, 1999, 20(1): 11-14.

[167] 杨建新, 刘晶茹. 基于MFA的生态工业园区物质代谢研究方法探析[J]. 生态学报, 2010, 30(1): 228.

[168] 杨建新, 王如松. 产业生态学基本理论探讨[J]. 城市环境与城市生态, 1998, 11(2): 56-60.

[169] 杨建新, 王如松, 刘晶茹. 产业生态学理论框架与主要方法探析[A]// 复合生态与循环经济——全国首届产业生态与循环经济学术讨论会论文集. 中国生态学学会, 2003: 9.

[170] 杨建新. 产品生态循环评价方法研究[D]. 北京. 中国科学院研究生院, 1999.

[171] 杨宁, 陈定江, 胡山鹰, 等. 中国氯元素工业代谢分析[J]. 过程工程学报, 2009, 9(01): 69-73.

[172] 姚猛, 韦保仁. 生态足迹分析方法研究进展[J]. 资源与产业, 2008(03): 70-74.

[173] 叶祖达, 田野, 王静懿. 工业代谢方法在生态产业园区规划中应用[C]//城市规划和科学发展——2009中国城市规划年会论文集. 中国城市规划学会, 2009: 1535-1546.

[174] 伊冰. 室内空气污染与健康[J]. 国外医学: 卫生学分册, 2001, 28（3）: 167-216.

[175] 于乃功, 王新爱, 方林. 离散制造业生产排产算法研究及应用[J]. 甘肃科学学报, 2016, 28(1): 39-44.

[176] 于庆波, 陆钟武. 钢铁生产流程中物流对能耗影响的计算方法[J]. 金属学报, 2009, 36(4): 379-382.

[177] 余漠鑫, 李忠, 奚红霞. 椰壳类活性炭孔隙结构对苯并噻吩脱附活化能的影响[J]. 功能材料, 2007, 38(10): 1664-1668.

[178] 袁增伟, 毕军. 产业生态学[M]. 北京: 科学出版社, 2010: 81.

[179] 岳良举. "新陈代谢的基本类型"的教学构思[J]. 生物学教学, 2003(08): 20-21.

[180] 张超. 中国铝物质流综合分析[D]. 沈阳: 东北大学, 2017.

[181] 张新力. 工业代谢分析法在啤酒行业清洁生产审核中的应用[J]. 河南科技, 2008(01): 35-36.

[182] 张永泽, 马骏. 流程制造业与离散制造业物流特点[J]. 北京邮电大学学报(社会科学版), 2010, 12(6): 72-76.

[183] 赵宝顺, 肖新颜, 邓沁, 等. 挥发性有机化合物及二氧化锌光催化控制技术[J]. 化工环保, 2004, 24(4): 275-279.

[184] 赵贺春, 张立娜. 我国铝业生产的物质流分析——基于2010年我国铝行业的数据[J]. 北方工业大学学报, 2014, 26(04): 1-8.

[185] 赵佳骏. 基于投入产出法的钢铁企业能耗分析模型研究[D]. 南京: 东南大学, 2015.

[186] 郑秀君, 胡彬. 我国生命周期评价(LCA)文献综述及国外最新研究进展[J]. 科技进步与对策, 2013, 30(06): 155-160.

[187] 中华人民共和国工业和信息化部. 工业和信息化部办公厅关于开展绿色制造体系建设的通知: 工信厅节函［2016］586号[A/OL].（2016-09-20）[2020-11-11]. https: //www. miit. gov. cn/jgsj/jns/gzdt/art/2020/art_db58aa7e972642948a1be9cb41280c7b. html.

[188] 中华人民共和国工业和信息化部. 工业绿色发展规划（2016-2020 年）: 工信部规［2016］225号[A/OL].（2016-07-11）[2020-11-11]. https: //www. miit. gov. cn/jgsj/ghs/gzdt/art/2020/art_d65b801965dc491d80184985833b9e97. html.

[189] 钟琴道. 典型铅冶炼过程铅元素流分析 [D]. 北京: 中国环境科学研究院, 2014.

[190] 周景博, 吕卓, 周敬峰, 等. 环境统计与排污许可衔接的工业源排放核算研究 [J]. 中国环境监测, 2022, 38(2): 52-60.

[191] 周哲, 李有润, 沈静珠, 等. 煤工业的新陈代谢及其生态优化 [J]. 计算机与应用化学, 2001, 18(3): 193-198.

[192] 朱佳, 张冬逢, 高静思, 等. 电镀行业铜、镍、锌产排污系数的核算 [J]. 环境工程学报, 2015, 9(4): 2027-2032.

[193] 左开慧, 郑治祥, 汤文明. 用于环保的功能材料 [J]. 合肥工业大学学报: 自然科学版, 2003, 26(1): 85-91.